KB026563

케/이/크/편

누구나 홈베이킹

by J'ADORE

지식오름

Prologue

따뜻하지만 동시에 선선한 바람이 불어오는 뉴욕의 어느 카페 테라스에 앉아서 두 번째 베이킹 책을 위한 프롤로그를 썼다가 지웠다가 한다. 일단 먹자. 상큼한 라임파이 한 조각과 시원한 아이스 아메리카노를 먹으며 언제 처음 베이킹을 시작했는지 돌아본다. 바야흐로 2017년, 회사에 다니면서 취미로만 하던 베이킹에 대해 점점 진지한 마음이 생기면서 나카무라 아카데미 수업을 들을까 고민했을 때다. "집에서 혼자 베이킹 하지 무슨 큰돈을 들여 학교를 또 다녀?"라고 주변 사람들 모두가 나를 말렸다. 응원을 해줘도 할까 말까 고민하게 되는데 하물며 모두가 말릴 때는 왠지 그 말이 정답처럼 느껴진다. 하지만 누구의 도움 없이 혼자서 무언가를 해내기란 웬만한 의지로는 되지 않는다. 그때부터였던 것 같다. 내가 가야 할 길을 정하면, 나는 일단 가보는 쪽을 택한다. 모두 가지 말라고 하면 불안해하면서도 슬금슬금 진입한다. 그게 내가 제과를 전문적으로 공부하게 된 시작이었다.

2018년, 자도르라는 이름으로 유튜브 채널을 개설했다. 당시에도 나는 유튜브 영상 올리는 법을 배우기 위해 오프라인 수업을 들었다. 그땐 지금처럼 유튜브가 활성화되지 않았을 때다. 이렇게 말하니 아주 오래된 것처럼 느껴지지만 이제 6년차. 새롭게 무언가를 배울 때마다 나보다 잘하는 사람들의 노하우를 듣는 게 가장 지름길이라고 생각해 왔다. 그래서 내가 운영하고 있는 유튜브 채널 '자도르'의 컨셉 또한 베이킹을 배우고 싶은 사람들에게 아주 쉽고 자세하게 설명해서 노하우를 알려주는 것으로 잡았고, 지금까지도 그 컨셉을 지키려고 노력하고 있다.

영광스럽게도 그렇게 1년 후 작지만 드문드문 베이킹 강의를 시작하면서 이제는 베이킹을 가르치는 사람으로도 불리고 있다. 그럼에도 나는 언제나 아직도 배울 것이 많다고 느낀다. 한국에서 유튜브만 하기에도 바쁜데 미국으로 건너가 뉴욕에서 요리 학교를 다닌 것도 그런 이유에서였다. 비싼 맨해튼에서도 가장 비싼 동네에 있는 학교라서 그런지 한국에서 보다 학비가 몇 배는 비쌌다. 그동안의 유튜브 수입과 퇴사 후 통장에 모아 뒀던 퇴직금을 털어 학비를 냈다. 다시 베이킹 스쿨에 들어간다고 하니 이번에도 주변 사람들이 말렸다. "이미 잘 되고 있는데 뭐 하러 그 비싼 돈을 내고 들어가?"라고 말이다. 나는 살짝 또 고민했다. 그 돈이면 주식도 사고, 맛있는 디저트도 마음껏 사 먹고, 예쁜 신상 명품가방도 살 수 있을 텐데, 하고 말이다. 그렇지만 배움에 대한 투자는 결코 마이너스가 될 리는 없다고 믿으며 살아왔기 때문에 그렇게 또 남들이 가지 말라는 길로 진입했다.

유럽, 남미, 인도 등 세계 곳곳에서 온 친구들과 선의의 경쟁을 하면서 처음엔 영어로 진행되는 수업이 너무 힘들어 후회도 했다. 게다가 뉴저지에서 맨해튼까지 매일 새벽 5시에 일어나서 등교해야 했다. 학교가 끝나는 오후에는 맨해튼 구경할 정신도 없이 바로 집으로 가서 유튜브 촬영을 위해 레시피를 연구하고 저녁 내내 디저트를 구웠다. 울며불며 악바리처럼 버틴지 1년, 클래스에서 가장 좋은 성적으로 학교를 졸업할 수 있었다. 그 덕에 꿈에 그리던 맨해튼 다운타운에 있는 미슐랭 3스타 레스토랑에서 인턴으로 일할 기회를 얻었다.

Prologue

“자 이제 다 됐다.” 나는 그게 끝인 줄 알았다. 다 잘 될 줄 알았다. 하지만 인생은 정말이지 단맛을 본 후엔 쓴맛을 봐야 하는 건가 보다. 그곳에서 일하는 건 지옥만큼 힘이 들었다. 하루 13시간씩 서서 일하는 건 기본이고 가장 나이 많은 인턴으로 띠동갑 이상 차이 나는 동료들과 어울리는 것도 쉽지 않았다. 매일 7시에 출근해 5시간씩 빵 반죽을 분할하고 4시간씩 불 앞에서 팬케익을 구워야 하는 하루가 반복됐다. 인턴 기간이 끝나기 전에 수도 없이 그만두고 싶었지만 버티고 또 버텼다. 수습 기간 후 정식으로 일하기를 제안받았지만 고민 끝에 거절하고 나를 더 필요로 하는 다른 미슐랭 레스토랑 파티셰로 이직을 했다. 나는 아무래도 내가 만든 디저트를 사람들이 맛있게 먹을 때 행복을 느끼는 사람 같다. 최저임금에 가까운 시급을 받고 새벽 늦게까지 일해야 했지만 내 손으로 구워낸 디저트를 세계 각국의 사람들이 즐긴다는 자부심에 행복했다. 비록 손목은 아작이 났지만 말이다.

그 모든 일들을 거치면서도 내가 빼먹지 않으려고 노력하는 건 유튜브에 베이킹 레시피를 만들어 공유하는 일이다. 이번에 그간 유튜브에 공개했던 나의 레시피 137가지를 책으로 엮어서 좀 더 일목요연하게 담아냈다. 개인적인 이야기를 많이 공유하지 않아서인지 이렇게 내 이야기를 하는 게 조금 어색하게 느껴지지만 분명한 것은 아마도 세 번째 책을 낼 때도 나는 또 무언가를 배웠다는 이야기를 추가하게 될 거라는 점이다. 그때도 역시 대다수가 말렸다는 이야기를 덧붙이게 되지 않을까.

이번 책에 10년 가까이 배워온 베이킹에 대한 노하우를 최대한 다 담아내려고 애썼다. 비싼 돈을 들여 클래스를 듣지 않아도 여기 담긴 레시피를 따라서 만들다 보면 충분히 맛있는 디저트를 나누며 행복해질 수 있기를 바란다. 글과 사진으로 부족할 때는 유튜브 영상도 참고할 수 있도록 QR코드도 담았으니 부디 여러분의 즐거운 베이킹 생활에 도움이 되었으면 좋겠다.

처음부터 지금까지 나를 구독해주고 응원해주는 구독자님들에게 진심으로 감사한다. 구독자님들이 아니었으면 지금의 나는 없었을 것이다.

2023년 여름 뉴욕에서,

자도르 드림

Contents

01
들어가며

02
알아두면 평생 써먹는 진짜 기본 레시피

03
CAKE 케이크

01 들어가며

재료 소개

도구 소개

베이킹 할 때 실패를 줄이는 팁

레시피에 제시된 틀 크기와 내가 가진 틀이 다를 때 계산법

오븐의 종류별 특징

알아두면 유용한 기본 베이킹 용어

재료 소개

1. 버터

1) 버터의 종류

버터는 지방 80~82%, 수분 16~17%, 그 밖에 소량의 단백질, 비타민 등으로 이루어져 있습니다. 버터는 소금이 첨가되었는지 여부에 따라 가염버터와 무염버터로 나누어지는데, 베이킹에서는 짠맛을 컨트롤하기 용이하도록 무염버터를 기본으로 사용합니다. 레시피에 별다른 설명이 없다면 전부 무염버터를 사용한 것으로 이해하셔도 됩니다. 버터 제조 과정에서 젖산균을 넣어 발효하였는지 여부에 따라 발효버터와 비발효버터(감성버터)로 나눌 수도 있는데, 발효버터는 독특한 발효취가 있어 버터의 풍미를 살리고자 하는 품목에 사용하면 고급스러움을 줄 수 있습니다. 어떤 버터가 발효버터인지 비발효버터인지 확인하고자 할 때에는 제품 뒷면의 '원재료명 및 함량' 부분을 보시면 됩니다. '유크림 100%'로 표기되어 있다면 비발효버터이고, 유크림 외 젖산발효균, 유산균배양액, 스타터 등이 함께 표기되어 있다면 발효버터입니다.

2) 버터의 3가지 성질

버터는 온도가 낮으면 단단해지고, 온도가 높을수록 부드러워지는 독특한 특성을 가지고 있습니다. 버터는 온도가 높아질수록 점점 부드러워지다가 약 32도에 이르면 녹아서 액체 상태가 되는데, 한번 액체가 된 버터는 하단에 기술한 버터의 특성을 모두 잃어버리게 됩니다. 다시 온도를 내려서 버터를 굳힌다고 해도 절대로 본래의 상태로 돌아갈 수 없으므로 유의해야 합니다.

크림성

버터를 휘저으면 공기를 포집하는 성질로, 버터가 18~21도 사이일 때 최대로 발휘됩니다. 부드러운 상태의 버터를 휘핑하여 만드는 파운드케이크나 버터크림 제조 시에 사용되는 성질입니다. 버터에 공기가 포집될수록 색이 밝아지며 부피가 커집니다. 버터에 유입된 공기는 반죽이 오븐 안에서 열을 받을 때 팽창하여 반죽을 부풀리는 역할을 합니다.

쇼트닝성

버터(유지)는 밀가루와 수분이 만나면 생기는 '글루텐'이라는 물질의 형성을 방해합니다. 과자나 페이스트리 반죽을 만들 때 글루텐 형성이 억제되면 제품이 바삭바삭하고 잘 부서지는 식감으로 만들어집니다. 버터의 쇼트닝성은 주로 버터와 밀가루를 먼저 혼합한 후 액체를 투입하는 제법에서 발휘되는 성질입니다. 밀가루와 버터를 잘게 혼합해 밀가루에 버터를 피복시키면, 버터가 얇은 막을 형성하여 그 후에 투입되는 수분과 밀가루가 만나 글루텐이 생기는 것을 막습니다. 이를 통해 과자는 바삭바삭하고 부서지기 쉬운 질감이 됩니다. 버터의 온도가 너무 높거나 밀가루와 버터를 너무 오랫동안 치대면 밀가루 반죽에 버터가 스며들면서 쇼트닝성이 잘 발휘되지 않고, 과자 반죽이 딱딱해지므로 주의해야 합니다.

가소성

외부에서 가해진 힘에 의해 모양을 자유롭게 변형할 수 있는 성질입니다. 13~18도 사이의 버터는 찰흙처럼 모양을 자유롭게 변형할 수 있고, 변형된 모양이 잘 유지되는 텍스처를 가지고 있습니다. 버터의 온도가 이보다 낮으면 너무 단단하여 모양을 변형하기 어렵고, 온도가 높으면 버터가 너무 부드러워져 모양을 유지하기 어렵습니다. 버터의 가소성이 필요한 반죽은 제과에서는 퍼프 페이스트리, 제빵에서는 크루아상이 대표적인데 위 제품 제조 시 버터의 온도에 특히 유의하여 작업하여야 좋은 결과물을 얻을 수 있습니다.

3) 버터 대용품

마가린, 쇼트닝 등 식물성 경화 유지

식물성 기름에 수소(H2)를 첨가하는 경화공정을 거쳐 고체 상태로 만든 것으로, 태생 자체가 저렴한 가격에 버터를 대체하고자 개발된 일종의 버터 모조품이기 때문에 버터를 대신하여 사용 시 과자의 맛과 풍미가 떨어집니다. 다만 마가린과 쇼트닝은 버터보다 작업이 용이한 온도의 범위가 훨씬 넓어 사용이 편리한 측면이 있습니다.

포도씨유, 코코넛 오일 등 식물성 기름

버터가 가지고 있는 세 가지 성질(크림성, 쇼트닝성, 가소성)을 가지고 있지 않습니다. 따라서 이러한 성질을 요하는 반죽에는 대체가 어렵습니다. 다만 완전히 녹인 버터를 사용하는 경우에는 대부분 동량의 식물성 기름으로 대체가 가능한데, 과자의 풍미와 식감이 버터를 사용한 것과는 달라집니다. 버터 특유의 고소한 풍미가 사라지고, 케이크의 경우 더 가볍고 촉촉한 텍스처가, 과자의 경우 다소 퍼석퍼석한 텍스처가 됩니다.

2. 설탕

1) 설탕의 역할

제과에서 설탕은 반죽에 단맛을 내고, 아미노카르보닐 반응(메일라드 반응)으로 인해 제품의 구움색을 노릇노릇하게 만듭니다. 또한 수분을 끌어당기는 성질(흡습성)과 수분을 머금고 있는 성질(보수성)이 있어 제품을 촉촉하게 만들고, 촉촉함을 오랫동안 유지하도록 하며 전분의 노화를 지연시켜 제품의 보존성을 높여 줍니다. 또한 거품형 반죽의 경우 설탕이 기포를 안정화시켜 반죽이 쉽게 가라앉지 않고 더 잘 부풀어 오르도록 합니다. 유지와 수분을 유화하여 만드는 제품의 경우 설탕이 수분을 끌어당겨 유화가 잘되도록 돕기도 합니다. 즉 레시피에 제시된 설탕의 양을 임의로 줄일 경우, 제품의 식감이 퍼석퍼석해지거나 보존성이 떨어질 수 있고, 거품형 반죽의 경우 거품이 쉽게 꺼져 제품의 볼륨이 제대로 나오지 않을 수 있으며, 유지와 수분을 유화시켜 만드는 반죽의 경우 재료들이 잘 섞이지 않고 분리될 수 있기 때문에 주의해야 합니다.

2) 설탕의 종류

백설탕

설탕의 원료인 사탕수수로부터 불순물을 완전히 걸러내어 순수한 당 성분만 남기는 과정을 '정제'라고 합니다. 백설탕은 정제 과정의 최종 결과물로, 깔끔하고 순수한 단맛을 가지고 있습니다. 제과에서는 백설탕을 기본으로 사용합니다.

비정제 설탕

정제 과정을 전혀 거치지 않았거나 백설탕에 비해 덜 거친 설탕입니다. 백설탕에 비해 미네랄과 비타민 등이 들어있어 복합적이고 풍부한 감칠맛이 나기 때문에 상대적으로 덜 달게 느껴집니다. 정제 방식, 입자 크기, 당밀 함유량에 따라 머스코바도, 터비나도, 카소나드, 데메라라 등 다양한 제품이 있습니다.

황설탕/흑설탕

비정제 설탕의 맛을 흉내 내기 위해 정제된 백설탕에 다시 당밀이나 카라멜을 첨가하여 맛과 색을 입힌 것입니다. 따라서 비정제 설탕에 비해 저렴합니다. 비정제 설탕과 황설탕/흑설탕은 백설탕에 비해 수분을 많이 함유하고 있어 제품에 사용하면 수분 보유력을 높여 촉촉함을 더할 수 있습니다.

슈가파우더

백설탕을 가루 형태로 곱게 분쇄한 것입니다. 3~5%의 전분이 첨가된 제품도 있고 100% 설탕으로만 이루어진 제품도 있는데, 100% 슈가파우더는 국내 시중에 '분당'이라는 명칭으로 유통되고 있습니다. 소량의 전분이 첨가되면 쉽게 덩어리지지 않아 사용 및 보관이 편리합니다.

3. 밀가루

1) 밀가루의 특성

밀가루는 반죽의 골격이 되며 부풀어 오른 반죽을 지탱해 줍니다. 이는 다른 곡식에는 없고 오직 밀 전분에만 있는 특별한 단백질 성분인 '글루텐' 때문인데, 글루텐은 밀가루와 수분이 만났을 때 생기는 점성과 탄력이 있는 물질입니다. 글루텐은 반죽 안에서 고운 그물 모양을 형성하며, 단백질이기 때문에 오븐 안에서 열에 의해 굳어서 반죽의 골격을 지탱합니다. 글루텐이 과도하게 생성된 반죽은 굽고 나면 단단해지며, 글루텐이 부족한 반죽은 쉽게 부스러집니다.

2) 밀가루의 종류

밀가루는 단백질 함량에 따라 박력분/중력분/강력분으로 나눌 수 있습니다. 박력분은 단백질 함유량 6.5~8%로, 가볍고 입자가 고우며 단백질 함량이 적어 글루텐이 가장 적습니다. 따라서 폭신한 케이크나 가볍게 부서지는 바삭한 과자를 만들기에 적합합니다. 강력분은 단백질 함유량 11~13%로, 입자가 거칠고 큽니다. 빵을 만들 때에는 반죽 발효 과정에서 생기는 가스를 빠져나가지 않게 유지하려면 충분한 양의 글루텐 막이 필요하기 때문에 단백질 함량이 높은 강력분이 적합합니다. 필요에 따라 제과에 강력분을 의도적으로 사용하기도 하는데, 강력분을 사용하면 무겁고 단단한 식감을 낼 수 있습니다. 중력분은 단백질 함유량 8~10%로, 박력과 강력의 중간적 성질을 가졌으며, 제과와 제빵에 두루 사용됩니다. 어떤 밀가루를 사용하는지에 따라 제품의 식감이 크게 달라지므로, 반드시 레시피에 기재된 종류의 밀가루를 사용하는 것이 좋습니다.

3) 밀가루 대체 재료

옥수수 전분(콘스타치)

입자가 매우 작고 고우며, 글루텐이 전혀 없기 때문에 밀가루의 일부를 대체하여 반죽에 넣으면 가볍고 부드러운 식감이 됩니다. 밀가루를 전분으로 전량 대체하면 텁텁하고 좋지 않은 식감이 되므로 주의해야 합니다. 일반적으로 밀가루의 50%까지는 동량의 콘스타치로 대체할 수 있습니다.

(박력) **쌀가루**

글루텐이 전혀 없어 상대적으로 가벼운 텍스처의 제품이 되기 때문에 케이크는 폭신하며, 과자는 잘 부스러집니다. 식감이 푸석하고 밀가루에 비해 부푸는 힘이 부족하기 때문에 밀가루 전량을 박력 쌀가루로 대체 시 레시피에 따라 베이킹파우더 등의 팽창제를 첨가하거나 수분의 양을 늘려줘야 하는 경우도 있습니다. 쌀가루로 만든 제품은 밀가루로 만든 제품보다 노화가 빨라 보존기간이 짧습니다.

아몬드 가루 및 기타 견과류 파우더

밀가루의 일부를 아몬드 가루 등의 견과류 가루로 대체하면 견과류 자체의 유분 때문에 제품에 촉촉함과 고소한 풍미를 더할 수 있습니다.

4. 계란

1) 계란의 특성 및 역할

계란은 껍질(10%), 흰자(60%), 노른자(30%)로 이루어져 있으며, 제과에서 일반적으로 가장 많이 사용하는 계란은 특란(껍질 포함 60~68g, 껍질 제외 약 50g) 사이즈입니다. 계란에는 베이킹에서 빠질 수 없는 열응고성, 기포성, 유화성이라는 중요한 세 가지 성질이 있습니다.

열응고성

계란의 단백질은 열을 받으면 굳는 성질이 있는데 계란 흰자는 약 60~80도, 노른자는 65~70도 사이에서 응고됩니다. 이러한 계란의 응고성 때문에 계란을 반죽에 섞어 넣으면 제품이 오븐 안에서 형체를 형성하는 것을 도와줍니다.

기포성

계란은 휘저으면 공기를 머금어 거품이 생기는데, 계란의 기포성은 주로 흰자에 포함된 단백질인 알부민과 글로불린에 있습니다. 이러한 성질을 이용해 흰자를 거품내어 머랭을 만들거나, 머랭을 다른 재료들과 섞어 케이크를 만들고, 전란을 거품내어 보송보송한 제누와즈를 만들 수 있는 것입니다.

유화성

본디 서로 잘 섞이지 않는 재료인 유지(기름)와 수분을 기름 안에 수분이 잘게 분산된 형태, 혹은 그 반대의 형태로 균질하고 안정된 상태로 유화(Emulsify)해 주는 성질입니다. 계란의 유화성은 노른자에 포함된 레시틴이라는 성분 때문인데, 버터 케이크 반죽에 계란을 섞을 때 분리되지 않고 잘 섞이는 것은 레시틴이 기름과 수분을 이어주는 다리 역할을 해 주기 때문입니다.

그 밖의 성질

계란은 제품에 풍미와 맛을 내주고, 먹음직스러운 구움색을 내주며, 수분을 75% 포함하고 있어 제품에 촉촉한 식감을 부여합니다.

2) 머랭

머랭은 계란 흰자에 설탕을 넣어 거품을 낸 것으로, 계란 흰자가 가지고 있는 기포성과 공기변성이라는 두 가지 특성이 흰자가 머랭이라는 물질로 변할 수 있도록 만듭니다.

기포성

흰자가 가지고 있는 단백질이 수분의 표면장력을 약하게 해 휘저으면 공기가 잘 유입되도록 만듭니다.

공기변성

흰자를 휘저으면 흰자가 가진 단백질이 공기와 접촉하면서 변성을 일으켜 분자가 연결된 막 상태로 변합니다. 이는 한번 유입된 공기가 빠져나가지 않고 안정화되도록 만듭니다. 그렇기 때문에 흰자를 휘저을수록 기포가 점점 모이고 촘촘해져서 결이 조밀한 머랭 상태로 변하는 것입니다.

머랭에는 왜 설탕을 넣을까?

설탕은 흰자의 수분을 흡수해 거품을 안정화합니다. 설탕을 넣음으로써 흰자에 끈기가 생기고, 거품이 곱고 튼튼해집니다. 반면 설탕은 단백질 변성을 억제하는 작용도 하기 때문에 초반에 많은 양의 설탕을 넣고 휘핑하면 흰자가 끈적해져서 기포가 잘 일어나지 않습니다. 따라서 일반적으로 머랭을 만들 때에는 설탕을 처음부터 넣는 대신 여러 번 나누어서 투입합니다.

머랭 제조 시 유의점

흰자에 기름기가 섞이면 휘핑이 되지 않으므로 볼과 거품기를 깨끗이 세척하고, 지방 성분이 많은 노른자가 흰자 쪽에 섞이지 않도록 주의합니다. 설탕의 양이 흰자의 절반 혹은 그 이하로 들어가는 일반적인 배합의 머랭인 경우, 차가운 상태의 흰자를 사용하면 안정적이고 튼튼한 거품을 얻을 수 있습니다.

5. 책에서 사용된 그 밖의 재료

우유

제과에서 우유는 커스터드 크림이나 크렘 앙글레즈 등 기본 크림을 만드는 재료로 자주 쓰입니다. 우유는 제품에 고소한 맛과 풍미를 주고 반죽에 넣으면 제품을 촉촉하게 해 주며, 우유에 포함된 유당 성분은 반죽의 구움색을 먹음직스러운 갈색으로 만듭니다.

생크림

원심분리기를 통해 우유에서 지방을 농축해 만드는 생크림은 반죽에 넣으면 제품을 촉촉하게 해 주고, 거품을 내면 다양한 크림의 재료가 됩니다. 시중에 다양한 유지방 함량의 생크림이 유통되고 있는데, 유지방 함량이 최소 30% 이상이어야 휘핑이 가능합니다. 이 책에서는 첨가물을 넣지 않은 100% 동물성 생크림(유지방 38%)을 사용했습니다.

베이킹 소다

탄산수소나트륨(Sodium bicarbonate) 단일 원료로 이루어진 화학적 팽창제입니다. 강한 염기성을 띄고 있어 코코아 파우더, 레몬즙 등의 산성 재료와 만나면 반응하여 이산화탄소를 발생시키는데, 이때 생성된 가스가 과자를 부풀게 합니다. 과자나 케이크의 구움색을 갈색으로 더 진하고 먹음직스럽게 만들고, 베이킹파우더에 비해 반응 속도가 빨라 쿠키를 초반에 많이 부풀게 만들어 쿠키가 옆으로 퍼지도록 만드는 특성이 있습니다. 다량 사용 시 과자나 케이크에 특유의 좋지 않은 맛이 남습니다.

베이킹파우더

강한 염기성인 베이킹 소다의 단점(냄새, 맛, 반응 속도 등)을 보완하기 위해 베이킹 소다에 산성 재료 및 전분을 첨가하여 만든 팽창제입니다. 베이킹 소다보다 서서히 그리고 오랫동안 반응하기 때문에 베이킹파우더를 넣은 쿠키는 베이킹 소다에 비해 옆으로는 덜 퍼지면서 위로 봉긋한 모양으로 부풀게 됩니다. 알루미늄 성분이 들어 있지 않은 제품을 사용해야 제품에서 쓴맛이 나지 않습니다.

커버춰 초콜릿

식물성 유지나 정제가공유지가 전혀 포함되지 않은 카카오 버터 함량이 높은 고급 초콜릿입니다. 본 책에서는 깔리바우트 다크 커버춰(카카오 고형분 함량 57.9%), 발로나 과나하 다크 커버춰(카카오 고형분 함량 70%), 발로나 이보아르 화이트 커버춰(카카오 고형분 함량 35%)를 사용했습니다.

코팅 초콜릿

고가의 카카오 버터 대신 값싼 식물성 유지를 첨가한 가공 초콜릿입니다. 커버춰 초콜릿의 경우 녹였다가 굳히는 과정에서 온도를 정확하게 조절하는 '템퍼링'이라는 작업이 필요한데, 코팅 초콜릿은 템퍼링이 필요 없어 간편하게 제품에 초콜릿을 입히거나 글레이즈를 코팅할 때 사용합니다.

초코칩

오븐 안에서 열을 받아도 녹거나 형태가 변하지 않도록 특수하게 처리된 초콜릿입니다. 쿠키를 만들 때 넣으면 굽고 난 후에도 빠르게 굳어 손에 묻어나지 않아 편리합니다.

코코아 파우더

로스팅한 카카오로부터 카카오버터를 추출한 후, 남은 카카오 케이크를 건조 분쇄해 만든 가루로 단맛 없이 진한 초코 맛을 낼 수 있어 여러 제품에 널리 사용됩니다. 이 책에서는 발로나 사의 코코아 파우더를 사용했습니다.

바닐라 빈

녹색의 긴 콩 같이 생긴 꼬투리에 증기를 쏘여 발효와 건조 과정을 거친 것을 '바닐라 포드'라 하고, 그 안에 든 작은 검은 씨앗을 '바닐라 빈'이라고 합니다. 바닐라는 재배 지역에 따라 향이 달라지는데, 마다가스카르산과 다히디산이 가장 흔히 사용됩니다. 미다기스키르산 바닐라는 길고 가느다란 모양이며 달콤하고 크리미한 향을 가지고 있으며, 타히티산 바닐라는 폭이 넓고 통통하며 익은 과일의 향과 향긋한 꽃향기를 가지고 있는 것이 특징입니다.

바닐라 익스트랙(Vanilla Extract)

바닐라 향을 알코올이나 시럽에 우려낸 것으로, 바닐라 빈의 대체 재료로 가장 흔하게 쓰입니다. 바닐라 익스트랙은 바닐라 에센스나 오일과 달리 굽는 제품과 굽지 않는 제품에 모두 사용할 수 있어 활용도가 높습니다. 바닐라 익스트랙은 아무리 사용양을 늘린다고 해도 천연 바닐라 빈의 풍미를 완전히 대체하기는 어렵고, 재료들의 좋지 않은 냄새를 잡아 주는 정도의 역할을 합니다.

바닐라 빈 페이스트

바닐라 빈, 시럽, 바닐라 익스트랙을 섞어서 만든 것으로, 실제 바닐라 빈이 함유되어 있어 바닐라 익스트랙 보다는 훨씬 진한 풍미와 바닐라 빈의 고급스러운 맛이 납니다. 바닐라 빈과 익스트랙의 중간적 성질을 가진 제품입니다.

소금

제과는 기본적으로 강한 단맛이 있기 때문에, 여기에 약간의 소금을 넣으면 맛의 밸런스를 더해 줍니다. 입자가 굵은 소금은 반죽을 만드는 동안 녹지 않고 구워진 후에도 제품에 남아 짠맛을 강하게 느껴지게 만들므로, 사용 전에 곱게 부수어 반죽에 넣는 것이 좋습니다.

판젤라틴/가루 젤라틴

동물의 콜라겐으로부터 얻어지는 응고제의 일종으로, 젤리같이 탱글탱글한 식감으로 굳어지는 특징이 있습니다. 이 책에서 사용된 판젤라틴은 동량의 가루 젤라틴으로 대체 가능하며, 가루 젤라틴 사용 시 젤라틴 무게의 5배의 물을 더해 불린 후 사용합니다.

펙틴

잼이나 젤리, 나파주 등에 사용하는 응고제로, 강한 산성인 환경에서 당이 존재해야 응고가 진행되는 특성이 있습니다. 응고 강도에 따라 HM펙틴(젤리용 펙틴)과 LM펙틴(잼용 펙틴)으로 나뉩니다. 이 책에서 사용한 펙틴은 NH펙틴인데, LM계열 펙틴이지만 HM펙틴의 특징도 가지고 있어 제과에서 가장 흔히 사용하는 펙틴입니다.

미로와

포도당, 펙틴, 카라기난, 구연산 등으로 만든 식용 광택제입니다. 과일 표면에 바르면 과일의 표면이 냉장고 안에서 쉽게 마르지 않도록 해주며 미관상 보기 좋은 광택을 줍니다.

리큐르(리큐어)

리큐르는 과일이나 사탕수수 등을 발효시켜 만드는 술로, 디저트의 맛과 향을 한 단계 끌어올려 주는 역할을 합니다. 이 책에서는 키르슈, 럼, 쿠앵트로, 리몬첼로 등 다양한 리큐르를 사용했는데, 리큐르는 상황에 따라 대체하거나 생략이 가능합니다.

도구 소개

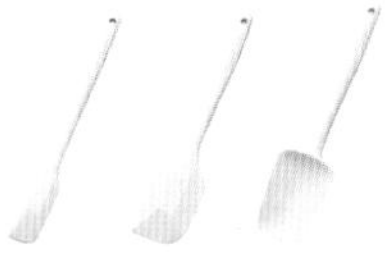

주걱

주걱

재료를 골고루 섞을 때 사용하는 것으로, 손잡이 부분과 머리 부분이 일체화된 내열 실리콘 주걱을 큰 사이즈와 작은 사이즈로 하나씩 장만해 두면 베이킹할 때 다용도로 사용할 수 있어 유용합니다.

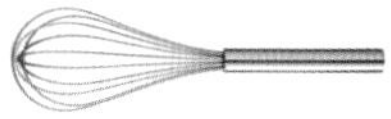

거품기

거품기

재료들을 혼합하거나 반죽을 섞을 때 사용합니다. 날이 굵고 튼튼해서 잘 휘어지지 않는 제품이 베이킹용으로 사용하기에 적합합니다. 거품기를 고를 때에는 거품기의 총길이가 볼의 지름과 비슷하면 사용하기 편리합니다.

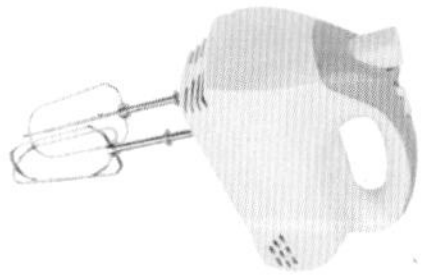

핸드믹서

핸드믹서

재료를 섞거나 머랭, 생크림을 휘핑할 때 거품기보다 쉽고 빠르게 만들 수 있도록 도와줍니다. 소비전력이 300W 이상이며, 날이 넓은 칼국수 모양을 하고 있는 것이 모터 힘이 강하고 휘핑이 빠르게 되어 좋습니다.

스탠드 믹서

스탠드 믹서

많은 양의 반죽을 한꺼번에 만들 때나 빵 반죽을 반죽해 글루텐을 형성할 때, 이탈리안 머랭이나 파트 아 봄브를 만들 때처럼 양손으로 동시에 작업해야 하는 제품을 만들 때 사용합니다.

볼

볼

재료들을 섞거나 크림을 휘핑할 때 사용합니다. 가볍고 관리가 편리하며, 중탕이 빠르게 가능한 스테인리스 재질로 된 것이 좋습니다. 홈베이킹에서 가장 유용하게 쓰이는 사이즈는 지름 23cm 정도로, 머랭이나 크림을 휘핑할 때는 좁고 깊은 볼이, 가루를 넣고 섞을 때는 넓은 볼이 사용하기 편리합니다.

냄비

냄비

재료를 데우거나 끓일 때, 설탕이나 캐러멜을 태울 때 사용합니다. 너무 저렴한 냄비를 사용하면 가열 도중 부분적으로 타거나 바닥이 눌어붙기 쉬우므로, 바닥이 두껍고 열전도율이 높은 스테인리스 냄비를 사용하면 좋습니다.

탐침형 온도계

적외선 온도계

온도계

베이킹에서는 정확한 온도를 체크해야 할 일이 많기 때문에 탐침형 온도계와 적외선 온도계를 하나씩 구비해 두면 편리합니다. 탐침형 온도계는 주로 가열중인 액체 재료의 온도를 정확하게 측정할 때, 적외선 온도계는 고체 상태의 재료나 녹인 초콜릿 등의 표면 온도를 빠르게 잴 때 사용합니다.

푸드프로세서

푸드프로세서

제과에서는 주로 가루류와 버터를 섞어서 만드는 반죽에 사용합니다. 이러한 반죽은 재료들의 온도를 차게 유지하는 것이 중요한데, 푸드프로세서를 사용하면 손으로 작업하는 것보다 빠른 시간 내에 반죽을 완성할 수 있어 좋은 결과물을 손쉽게 얻을 수 있습니다.

핸드블렌더

핸드블렌더

제과에서는 무스 케이크 위에 뿌리는 글라사주를 만들 때나 생크림과 초콜릿을 섞어서 만드는 가나슈를 유화할 때 주로 사용합니다. 핸드블렌더를 사용해 재료를 혼합하면 미세한 입자가 균일하게 섞여 거품기나 주걱으로 섞는 것보다 유화가 빠르고, 양질의 결과물을 얻을 수 있습니다.

스패출러

스패출러

케이크에 크림을 펴바르거나 반죽을 평평하게 만들 때 사용합니다. 이 책에 가장 많이 사용된 1호 틀을 이용한 케이크 아이싱에는 8인치 스패출러가 적당합니다. 작은 크기의 미니 스패출러도 하나 가지고 있으면 반죽을 팬에 펼 때나 컵케이크 프로스팅을 올릴 때 유용하게 사용할 수 있습니다.

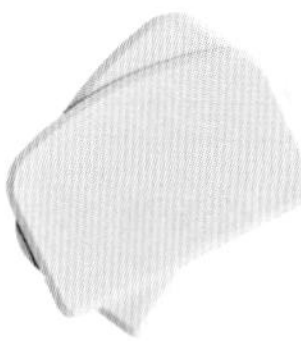

스크래퍼

스크래퍼

반죽이나 버터를 자르거나 분할할 때, 볼 안에 남은 반죽을 긁어낼 때, 짤주머니를 긁어낼 때 등 쓰임새가 많은 도구입니다. 끝이 동그란 것과 평평한 것 두 가지를 구비해 두면 편리합니다. 생크림 케이크를 아이싱 할 때도 스패출러 대신 스크래퍼를 사용하면 쉽고 빠르게 옆면 크림을 정리할 수 있습니다.

체망

체망

가루 재료를 체 칠 때 사용합니다. 가루를 체 치면 불순물이나 뭉친 가루 덩어리를 제거해 주고, 가루 입자 사이사이에 공기가 들어가 재료들이 잘 섞입니다. 아몬드 가루 등 입자가 굵은 가루 재료는 고운 체망을 사용하면 체를 치기 어려우니 가는 체와 굵은 체 두 가지를 구비해 두면 좋습니다.

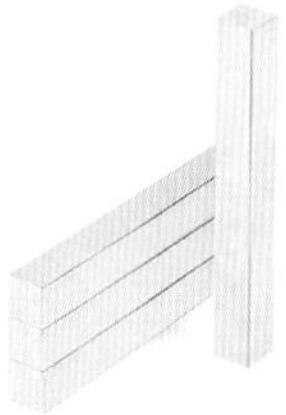

각봉

각봉

케이크 시트를 평평하게 슬라이스 할 때, 타르트 반죽이나 쿠키 반죽을 균일한 두께로 밀어 펼 때 사용하면 편리합니다. 케이크용으로는 15mm 두께를, 쿠키나 타르트 반죽에는 3mm 두께의 제품을 가장 많이 사용합니다.

돌림판

돌림판

케이크에 크림을 매끄럽게 바르기 위해 꼭 필요한 도구입니다. 주물 소재로 만들어진 기능장용 돌림판이 견고하고 안정적이어서 사용하기에 편리합니다.

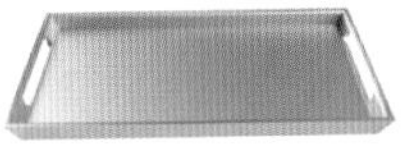

스테인리스 트레이

스테인리스 트레이

크림이나 잼 등을 부어 냉동실에서 빠르게 식히거나, 베이킹에 필요한 도구들을 올려놓을 때 사용합니다. 열전도율이 좋아 뜨거운 재료를 트레이에 넓고 얇게 펼쳐 식히면 온도를 빠르게 떨어뜨릴 수 있습니다.

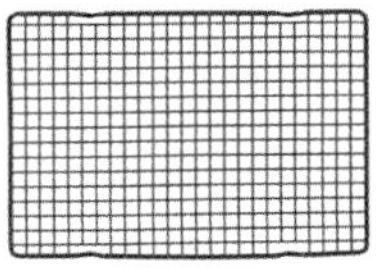

식힘망

식힘망

구운 과자나 케이크를 꺼내 식히거나, 글레이즈 등을 부을 때 사용합니다. 망의 간격이 넓지 않은 것을 구입해야 다용도로 사용하기 좋습니다.

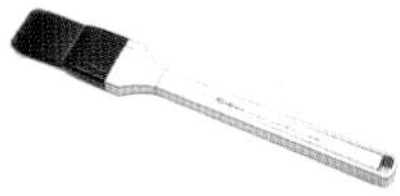

붓

붓

케이크 시트에 시럽을 바르거나, 과일 표면에 광택제를 바를 때, 반죽 표면에 계란물을 칠할 때, 틀에 버터를 칠할 때 사용합니다. 붓을 구입할 때에는 당겨봤을 때 털이 잘 빠지지 않고, 결이 부드러우며 탄력 있는 재질의 제품이 좋습니다.

종이호일

유산지/종이호일/테프론 시트

팬이나 몰드 위에 깔고 그 위에 반죽을 올릴 때 사용합니다. 유산지나 종이호일이 일회용인 반면 테프론 시트는 사용 후 세척하여 반영구적으로 사용할 수 있어 편리합니다.

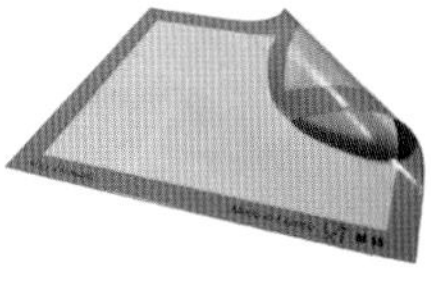

실리콘 매트

실팻(실리콘 매트)

기본적으로 테프론 시트와 유사한 역할을 하지만 두꺼운 실리콘 재질로 되어 있어 내구성이 더 우수합니다. 두께가 두툼해 유산지나 테프론 시트에 제품을 구울 때에 비해 바닥 부분이 타지 않고 촉촉하게 구워집니다.

실팡

실팡(타공 매트)/시루밑

미세한 구멍이 뚫려 있는 베이킹 매트입니다. 단단한 텍스처의 과자 반죽이나 타르트 반죽을 타공 매트 위에 올려놓고 구우면 미세한 구멍 사이로 공기가 빠져나가면서 형태가 변형되는 것을 막아 줍니다. 떡을 찔 때 사용하는 시루밑도 유사한 효과를 볼 수 있습니다.

각종 틀

각종 틀

반죽을 오븐에 굽거나 굳힐 때 사용하는 틀로, 철로 된 틀의 경우 유산지나 테프론 시트를 재단해 깔거나 버터를 얇게 발라 틀을 코팅한 후 사용해야 합니다. 실리콘 틀의 경우 별도의 처리를 하지 않아도 반죽이 틀에서 잘 분리됩니다. 요즘은 철제 틀 표면에 실리콘 코팅이 되어 편리하게 사용할 수 있는 제품도 많이 등장하는 추세입니다. 기본적으로 굽는 틀의 크기가 커지면 온도를 낮추고 굽는 시간을 늘리고, 틀의 크기가 작아지면 온도를 높이고 굽는 시간을 줄여 줍니다.

베이킹 할 때 실패를 줄이는 팁

정확한 계량은 기본

베이킹은 재료의 작은 차이로도 결과물이 달라질 수 있습니다. 특히 홈베이킹은 적은 양으로 만들기 때문에, 베이킹파우더나 소금, 향신료 등 미세한 차이로도 맛이나 결과물에 차이를 불러일으키는 재료들은 단 1g의 오차로도 결과물이 달라질 수 있습니다. 시중의 베이킹용 계량저울은 대부분 1g 단위인데, 0.1g 단위까지 측정되는 미량계를 구비해 두면 적은 양의 재료를 계량할 때 편리합니다.

필요한 재료와 도구는 시작 전에 미리 준비해 두세요

재료를 미리 전부 계량해서 옆에 준비해 둔 후 베이킹을 시작하면 실수할 확률이 현저히 줄어듭니다. 그렇지 않고 필요한 재료를 그때그때 찾아서 넣으려다 보면 놓치는 부분이나 실수가 생기기 쉽습니다. 반죽을 시작하기 전에 필요한 모든 재료와 도구를 옆에 준비해 둔 후 베이킹을 시작하세요. 또한 레시피를 그대로 사용하지 않고 몇 배로 늘려서 만들 경우, 반드시 변환된 숫자를 따로 메모한 후 그것을 토대로 계량하세요. 머릿속으로만 계산하다 보면 간단한 숫자도 헷갈려서 실수할 확률이 높아집니다.

우리집 오븐에 맞는 온도와 시간을 찾으세요

아무리 반죽을 잘 완성했더라도, 알맞은 굽는 온도와 시간을 알지 못하면 결코 먹음직스러운 결과물을 구울 수 없습니다. 이 책에서 제시한 굽는 온도/시간은 우녹스 컨벡션 오븐 기준입니다. 컨벡션 오븐은 뜨겁고 강한 열풍으로 제품을 익히는 원리이므로 일반 가정용 오븐에 비해 낮은 온도에서 굽습니다. 따라서 일반 가정용 오븐 사용 시 통상적으로 책에 제시된 온도보다 10~20도 정도 높여서 구워 주어야 열의 세기가 비슷합니다. 오븐 기종 및 열전달 방식에 따라 가정용 오븐의 성능에도 조금씩 차이가 있으니 레시피에 나온 굽는 온도와 시간을 맹신하지 마시고, 여러 번 구워 보면서 우리집 오븐에 맞는 온도와 시간을 찾아 주세요.

재료를 대체하거나 생략하면 결과물이 달라질 수 있어요

'베이킹은 과학이다'라는 문구는 동명의 책으로도 출간될 만큼 널리 알려진 구절이지요. 베이킹에 사용되는 재료들은 단지 맛을 내는 역할만 하는 것이 아니라, 각 재료들을 적절하게 혼합하고 열을 주어 굽는 과정에서 일련의 화학 작용이 발생합니다. 요리에서는 맛이 중요하기 때문에 비슷한 맛을 내는 재료라면 적당히 대체해도 괜찮은 경우가 많지만, 베이킹은 그렇지 않습니다. 예를 들어 황설탕을 넣는 레시피에 백설탕을 넣거나, 다크 초콜릿 대신 밀크 초콜릿을 사용할 경우, 제품의 맛뿐만 아니라 식감이나 보존성에도 영향을 미치기 때문에 전혀 다른 결과물이 나올 수 있습니다. 사용된 재료마다 각각의 역할이 명확히 있기 때문에, 초보이거나 처음 만들어 보는 레시피의 경우 레시피에서 제시한 재료와 분량을 정확히 지켜야 실패를 줄일 수 있습니다.

보기 좋은 결과물을 얻으려면 반죽 용량에 맞는 틀을 사용하세요

제시된 레시피 용량에 맞는 크기의 틀을 사용해야 결과물이 먹음직스러운 모양으로 만들어집니다. 만약 내가 가진 틀이 레시피에 사용된 틀과 다를 경우, 반드시 변환 공식을 사용하여 레시피의 양을 조절해 주어야 합니다. 틀의 크기가 레시피에 사용된 틀보다 현저히 큰데 레시피를 조절하지 않고 그대로 사용한다면, 높이감이 없고 납작한 케이크가 나올 수 있어요. 반대로 가지고 있는 틀이 작은데 레시피의 분량을 줄이지 않고 그대로 만든다면 반죽이 남거나, 틀에서 넘쳐흐르기 쉬워요.

레시피에 제시된 틀 크기와 내가 가진 틀이 다를 때 계산법

원리

먼저 원 레시피에 사용된 틀의 부피를 구한 후, 내가 가지고 있는 틀의 부피를 측정하여 둘을 비교합니다.

1) 부피 계산이 가능한 틀(부피 구하는 공식을 이용합니다.)

예 실리코마트 SF104(가로×세로×높이 각 5cm) 6개 분량의 원 레시피를 오란다 틀(대)(가로×세로×높이 15.5×7.5×6.5cm)로 변경하고자 할 때

① 원 레시피에 사용된 틀의 부피 : (5×5×5)×6개=125×6=750

② 가지고 있는 틀의 부피 : 15.5×7.5×6.5=755.625

③ 부피 비교 : 755.625/750=1.0075

→ 원 레시피의 모든 재료에 1.0075배를 곱하면 됩니다.

(구한 값이 1에 수렴하므로 레시피를 따로 변환하지 않고 그대로 사용해도 가지고 있는 틀에 잘 맞습니다.)

예 낮은 타르트틀 3호(지름 20cm, 높이 2cm) 1개 분량의 원 레시피를 낮은 타르트틀 2호(지름 16.5cm, 높이 2cm)로 변경하고자 할 때

① 원 레시피에 사용된 틀의 부피 : (10×10×3.14)×2=628

② 가지고 있는 틀의 부피 : (8.25×8.25×3.14)×2=427.4325

③ 부피 비교 : 427.4325/628=0.680625

→ 원 레시피의 모든 재료에 0.68배를 곱하면 됩니다.

2) 부피 계산이 어려운 틀(틀에 물을 채워 무게를 측정하여 대략의 부피를 가늠합니다.)

① 가지고 있는 틀에 물을 80% 담아 저울로 무게를 측정합니다.

② 원 레시피의 모든 재료의 무게를 더합니다.

→ 버터 100g+소금 1g+박력분 100g+베이킹파우더 2.5g+계란 100g +백설탕 90g+생크림30g

③ 가지고 있는 틀에 물을 담아 측정한 무게를 원래 레시피의 재료 무게로 나눕니다. (①÷②)

④ ③에서 구한 숫자를 원 레시피의 모든 재료에 곱합니다.

오븐의 종류별 특징

오븐은 종류별로 열을 만들어 내는 방식이 다르고, 이러한 열 발생 원리의 차이가 완성된 과자의 모양과 색, 질감의 차이를 불러오기도 합니다. 이 책에서는 컨벡션 오븐인 우녹스사의 XTF135 모델을 기준으로 굽는 온도와 시간을 기재하였습니다.

열선오븐

- 작동 원리 : 오븐 안쪽 위아래에 위치한 열선이 뜨겁게 달궈지며 내부를 데웁니다. 최근에는 컨벡션 모드가 가능한 팬이 장착된 모델도 있으나 열선에 의해 발생된 열을 순환시키는 보조적 역할 정도만을 수행합니다.
- 여러 종류의 오븐 중 가격대가 가장 저렴한 편이며 크기가 작아 한 번에 구울 수 있는 양이 적습니다.
- 제품을 고르게 안정적으로 굽기 위해서는 한 번에 한 단씩만 사용하는 것이 좋습니다.
- 오븐마다 성능이 제각각이기 때문에 설정된 온도와 실제 온도의 차이가 큽니다. 작은 오븐일수록 온도의 편차가 크므로 오븐 내부에 온도계를 놓고 온도를 체크하는 것이 좋습니다.
- 하단 열선에 가까이 팬을 놓고 구울 경우 과자 밑면이 타는 경우가 있습니다. 이 경우 팬을 두 개 겹쳐 사용하거나 팬에 두꺼운 실팻을 깔아 밑면 열을 차단해 주는 것이 좋습니다.

광파오븐

- 작동 원리 : 열선과 원적외선 히터가 제품 상단부에 위치되어 있어 대류열과 복사열로 제품을 익히는 방식입니다.
- 열원이 상단에만 위치하기 때문에 과자를 구우면 바닥 부분에 열이 잘 전달되지 않습니다.

  → 팬을 미리 넣어 오븐과 함께 예열해서 사용합니다(마카롱 등). 타르트나 파이의 경우 필링과 함께 구우면 바닥 부분이 잘 익지 않을 수 있으니 초벌 굽기를 하는 것이 좋습니다.

- 반면 상부 열이 강하기 때문에 머핀 등의 경우 윗면이 봉긋하게 터지기 전에 금방 익어서 굳거나 구움색이 너무 진하게 나기도 합니다.
  → 굽는 온도를 낮추고 시간을 늘리거나, 어느 정도 구운 후 윗면에 호일 등을 덮어 보완할 수 있습니다.

가스오븐

- 작동 원리: 오븐 하단에 위치한 가스버너로 오븐 내부를 데워 과자를 익히는 원리입니다.
- 열원이 아래쪽에만 있어 윗면 구움색을 진하게 내기 어려운 반면 바닥 부분은 타기 쉽습니다.
- 필요에 따라 굽는 온도를 약간 더 높여 위쪽 색을 진하게 내고, 아랫단에 여분의 팬을 끼워 직접적으로 닿는 열을 차단하거나 팬을 두 장 겹쳐 사용하여 밑면이 타는 것을 막아줄 수 있습니다.

고가형 컨벡션 오븐(스메그/우녹스/지에라 등)

- 작동 원리: 오븐 내부의 큰 팬으로 뜨거운 바람을 순환시킴으로써 오븐 내부를 데워 온도를 높이는 방식입니다.
- 업소용 대형 데크오븐에 비해 공간을 덜 차지하면서 예열이 빠르고, 많은 양을 한꺼번에 구워도 고른 결과물을 얻을 수 있어 전문가처럼 과자를 굽고 싶은 홈베이커나, 작은 카페 및 디저트 매장에 적합합니다.
- 뜨거운 바람으로 제품을 익히기 때문에 겉면이 빨리 마르고 건조해지는 단점이 있습니다.
- 수분을 완전히 날리는 제품이나 겉면을 바삭하게 구워야 하는 제품에 적합합니다.
- 열이 매우 세기 때문에 다른 종류의 오븐 대비 굽는 온도를 일반적으로 10~20도 정도 낮춰서 구워야 합니다.

알아두면 유용한 기본 베이킹 용어

피케(Pique)

파이나 타르트 반죽 등을 굽는 동안 부풀어 오르지 않도록 반죽 곳곳에 작은 구멍을 내는 것을 뜻합니다.

퐁사쥬(Fonçage)

타르트틀이나 철판 등의 안쪽에 반죽을 밀착하여 깔아 주는 것을 뜻합니다.

도레(Dorer)

과자의 표면에 달걀물 등을 붓으로 바르거나, 맛있어 보이도록 구움색을 내는 것을 뜻합니다. 구워져 나온 파이나 타르트 안쪽에 노른자를 도레하면 얇은 막을 형성해 바삭함이 오래 유지되도록 해줍니다.

아파레이유(Appareil)

틀이나 파이, 타르트 등에 부어 굽는 계란, 설탕, 밀가루, 우유나 크림의 혼합물로 이루어진 묽은 충전물을 뜻합니다.

샹티 크림(Crème Chantilly)

생크림에 설탕을 더하여 휘핑한 것을 말합니다. 반면 설탕을 넣지 않고 휘핑한 생크림은 '크렘 푸에테'라고 합니다.

프레제(Fraiser)

반죽을 손으로 으깨듯이 문질러 재료를 골고루 섞어서 반죽에 매끄러움과 균일성을 주는 작업을 말합니다.

몽타쥬(Montage)

과자나 케이크를 조립하여 완성하는 것을 말합니다.

유화

서로 잘 섞이지 않는 재료인 기름(유지)과 수분을 기름 안에 수분이 잘게 분산된 형태, 혹은 그 반대의 형태로 섞는 것을 말합니다. 유화를 잘하려면 재료들 사이의 온도가 서로 비슷해야 하며, 한 번에 전부 섞기보다는 여러 번에 나누어 넣어 가면서 섞어 주고, 주걱이나 거품기로 휘젓는 등의 물리적인 마찰을 충분히 주어야 합니다. 반죽이 완벽하게 유화되지 않으면 굽는 동안 기름이 빠져나와 식감이 푸석해지고 기름져집니다. 잘 유화되지 않은 가나슈의 경우 기름 성분이 분리되듯이 빠져나오게 됩니다.

팬닝

팬 위에 반죽을 올려놓거나, 틀 안에 반죽을 붓는 것을 의미합니다.

실온 상태의

베이킹 재료를 실내에 계속 꺼내두면 재료들의 온도가 실내 온도로 맞춰지는데, 이때 실내 온도는 20~24도를 기준으로 합니다. 실온 상태의 버터는 부드러운 상태이기 때문에 다른 재료들과 잘 섞이며, 실온 상태의 계란은 차가운 기운이 없어 버터가 들어간 반죽과 잘 섞입니다. 실온 상태의 크림치즈나 페이스트 등의 재료는 부드럽고 덩어리 지지 않아 작업이 용이합니다.

가볍게 퍼올리듯이 섞다

전란이나 흰자를 거품 내어 만드는 거품형 반죽에 가루를 넣은 후 섞을 때에는 먼저 올려놓은 거품이 꺼지지 않도록 최대한 가볍게 섞어야 합니다. 주걱을 든 손은 2시 방향에서 8시 방향으로 볼을 가로지르고, 다른 손은 볼을 잡고 시계 방향으로 조금씩 회전시켜 줍니다. 마지막으로 볼의 테두리 부분을 훑으며 주걱을 뒤집어 가루를 털어내며 마무리합니다. 이 동작을 가루가 반죽에 완전히 섞여 들 때까지 반복합니다.

크림법

부드러운 실온 상태의 버터에 설탕, 계란, 밀가루 등 다른 재료를 차례로 섞어 만드는 방법입니다. 크림법으로 만든 과자나 타르트 반죽은 제조 과정에서 반죽에 공기가 들어가 조직이 성글고 입 안에서 가볍게 부서집니다. 크림법은 버터 베이스의 케이크나 구움과자를 만들 때 가장 흔하게 사용되는 제법입니다.

사블라주법

차가운 버터와 밀가루를 섞어 모래처럼 보슬보슬하게 만드는 방법입니다. 버터와 밀가루를 먼저 섞으면 밀가루를 버터 입자가 감싸면서 수분 재료와 밀가루가 만나 글루텐이 형성되는 것을 방해합니다. 따라서 사블라주법으로 만든 반죽은 조직이 더 촘촘하며 글루텐이 형성되지 않아 상대적으로 더 단단하고 바삭한 식감을 갖습니다.

02 알아두면 평생 써먹는 진짜 기본 레시피

기본 버터링 쿠키(짜는 타입의 쿠키)
기본 사블레 쿠키(써는 타입의 쿠키)
기본 슈거 쿠키(밀어서 찍는 타입의 쿠키)
기본 제누와즈(공립법/별립법)
기본 타르트/파이
기본 파운드케이크
기본 커스터드 크림
기본 버터크림
기본 캐러멜 소스

기본 버터링 쿠키

짜는 타입의 쿠키

짤주머니에 넣어 짜는 타입의 쿠키로, 믹싱 시간, 버터의 온도 등에 따라 반죽의 되직한 정도나 완성되는 쿠키의 모양이 달라지므로 유의해야 합니다. 버터가 너무 부드러운 상태에서 반죽을 시작하거나, 반죽에 공기가 너무 많이 들어간 경우 쿠키가 퍼지면서 날렵한 모양이 나오지 않습니다. 반대로 믹싱을 너무 짧게 하거나 버터가 너무 차갑고 단단한 상태에서 반죽을 시작하면 반죽이 너무 단단해서 파이핑하기 어려운 상태로 완성될 수 있으며, 식감이 퍼석해질 수 있습니다. 버터의 풍미와 계란, 밀가루의 맛이 조화롭게 어우러지는 가장 기본이 되는 쿠키입니다. 얼그레이 찻잎, 레몬 제스트 등 다양한 부재료를 넣어 응용해 보셔도 좋습니다.

▲ GO TO VIDEO

재료

바닐라, 초코, 말차
각 40개 분량

바닐라

무염버터 113g, 슈가파우더 65g, 계란 30g, 박력분 145g, 옥수수 전분 40g, 전지분유 8g, 소금 2g, 바닐라 익스트랙 2g

초코

무염버터 113g, 슈가파우더 65g, 계란 30g, 박력분 120g, 옥수수 전분 40g, 전지분유 8g, 코코아 파우더 20g, 소금 2g, 바닐라 익스트랙 2g

말차

무염버터 113g, 슈가파우더 65g, 계란 30g, 박력분 120g, 옥수수 전분 40g, 전지분유 8g, 말차 가루 13g, 소금 2g, 바닐라 익스트랙 2g

미리 준비하기

- 모든 재료는 차갑지 않도록 실온에 두어 준비하세요.
- 가루 재료(박력분, 옥수수 전분, 전지분유, 코코아 파우더, 말차 가루)는 함께 계량한 후 체에 쳐서 준비해 주세요.
- 오븐을 실제 굽는 온도보다 20~30도 높게 최소 20분 이상 충분히 예열해 주세요.

만드는 법

1. 실온 상태의 부드러운 버터를 거품기로 가볍게 풀어 주세요.
2. 슈가파우더, 소금을 넣고 전체적으로 부드러운 크림 상태가 될 때까지 거품기로 섞어 주세요.
3. 실온 상태의 차갑지 않은 계란과 바닐라 익스트랙을 두 번에 나눠서 넣어가며 거품기로 크림처럼 매끈하게 고루 섞일 때까지 섞어 주세요.
4. 체에 쳐 둔 가루류를 넣고 주걱을 세워서 자르듯이 가볍게 섞어서 한 덩어리로 만들어 주세요.
5. 짤주머니에 별깍지(36K)를 끼우고 링 모양으로 둥글게 짜 주세요.
6. 미리 예열한 오븐에 160도에서 12분 동안 구워 주세요.

1	2
3	4

▲ HOW TO MAKE

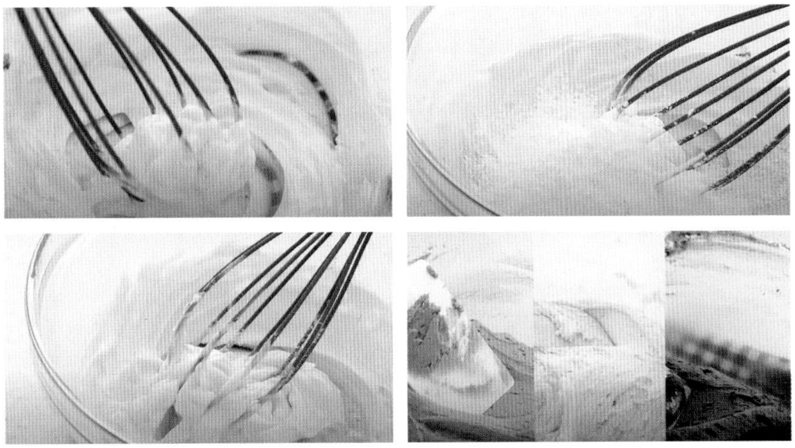

5	5

▲ HOW TO MAKE

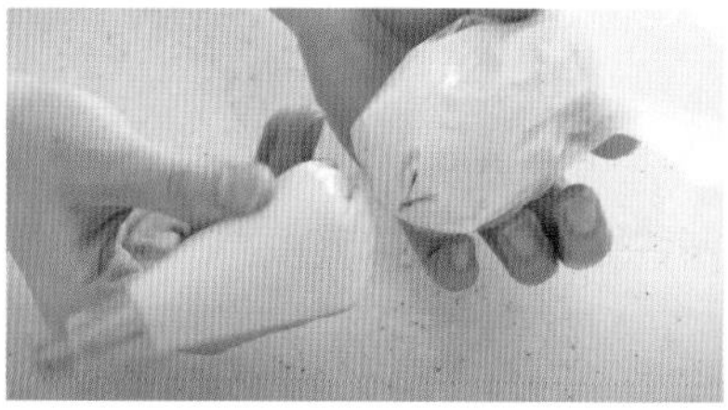

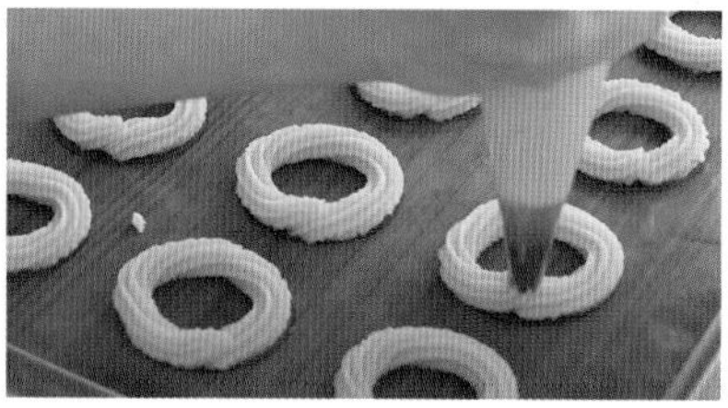

보관

- 완전히 식혀 밀폐용기에 담아 실온 약 5일, 냉동 약 1달까지 보관 가능합니다.
- 방습제를 함께 넣어 보관하면 더 오랫동안 바삭하게 드실 수 있습니다.

기본
사블레 쿠키
써는 타입의 쿠키

* 바닐라, 초코, 말차
각 20개 분량

사블레 쿠키는 반죽을 원통 모양으로 성형한 후 단단하게 만들어 칼로 썰어 굽는데, 서양에서는 '아이스박스 쿠키'라고도 부릅니다. 반죽을 냉동실에서 장기간 보관할 수 있고, 언제든 필요할 때 꺼내서 굽기 용이하기 때문에 전 세계적으로 널리 사랑받는 쿠키 타입 중 하나입니다.

바닐라 사블레

재료

무염버터 62g
백설탕 25g
계란 노른자 6g
박력분 65g
강력분 18g
바닐라 빈 1/2개
소금 한 꼬집
여분의 백설탕 적당량(겉면에 묻힐 용도)

미리 준비하기

- 모든 재료는 차갑지 않도록 실온에 두어 준비하세요.
- 박력분과 강력분은 함께 계량해서 체에 쳐서 준비해 주세요.
- 바닐라 빈은 세로로 길게 자른 후, 칼등으로 안쪽에 든 씨앗을 긁어내서 준비해 주세요.
- 오븐을 실제 굽는 온도보다 20~30도 높게 최소 20분 이상 충분히 예열해 주세요.

만드는 법

▲ GO TO VIDEO

1 실온 상태의 부드러운 무염버터를 거품기로 부드럽게 풀어 주세요.
2 백설탕, 소금, 바닐라 빈을 넣고 설탕이 서걱거리지 않고 전체적으로 부드러운 크림 상태가 될 때까지 거품기로 가볍게 섞어 주세요.
3 실온 상태의 계란 노른자를 넣고 고루 섞일 때까지 거품기로 섞어 주세요.
4 체 쳐 둔 박력분과 강력분을 넣고 주걱을 세워서 자르듯이 가볍게 섞어서 한 덩어리로 만들어 주세요.
5 완성된 반죽은 손으로 성형하기에 너무 부드러운 상태이므로, 손으로 만져서 모양을 잡을 수 있도록 랩이나 비닐 등으로 싸서 냉장고에서 20~30분 휴지해 주세요.
6 단단해진 반죽을 작업대에 올려놓고 잘게 뜯은 다음, 성형하기 좋은 굳기가 되도록 손으로 살짝 치대 부드럽게 만들어 주세요.
7 양손으로 조금씩 늘려가며 긴 원통 모양으로 성형해 주세요. 반죽을 2~3덩어리로 나눠서 작업하면 한결 편해요.
8 반죽을 칼로 반듯하게 썰어낼 수 있도록 냉동실에 다시 1~2시간 휴지해 주세요.
9 단단해진 반죽은 겉면에 붓을 이용해 흰자나 물을 얇게 묻혀준 후, 여분의 설탕을 골고루 입혀 주세요.
10 반죽을 1.5cm 두께로 균일하게 잘라 종이호일 또는 테프론 시트 위에 간격을 두고 팬닝해 주세요.
11 미리 예열해 둔 오븐에 160도에서 23분 동안 구워 주세요.

1	2
3	7
8	9
10	10

▲ HOW TO MAKE

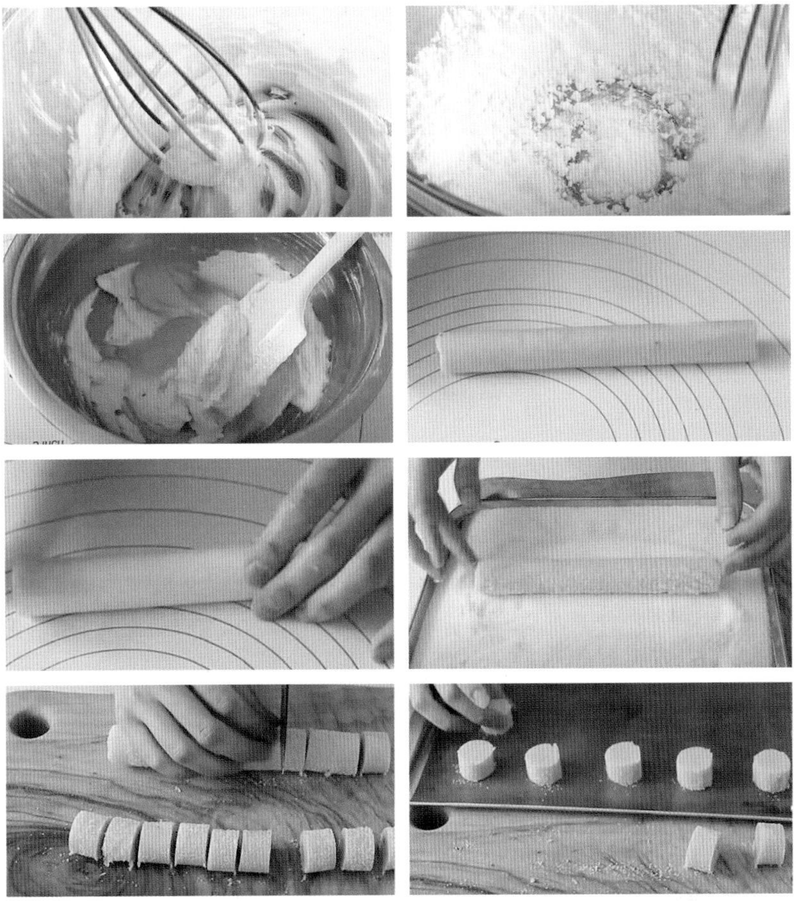

보관

- 완전히 식혀 밀폐용기에 담아 실온 약 5일, 냉동 약 1달까지 보관 가능합니다.
- 방습제를 함께 넣어 보관하면 더 오랫동안 바삭하게 드실 수 있습니다.
- 원통 모양으로 성형을 마친 반죽은 밀봉하여 냉동실에서 약 2달까지 보관 가능합니다.

초코 사블레

재료

무염버터 62g

백설탕 23g

계란 노른자 6g

박력분 57g

강력분 17g

코코아 파우더 11g

소금 1g

잘게 다진 다크 커버춰 초콜릿 또는 초코칩 15g

여분의 백설탕 적당량(겉면에 묻힐 용도)

미리 준비하기

- 모든 재료는 차갑지 않도록 실온에 두어 준비하세요.
- 박력분과 강력분, 코코아 파우더는 함께 계량해서 체에 한 번 쳐서 준비해 주세요.
- 다크 커버춰 초콜릿은 칼로 미리 잘게 다져서 준비해 주세요.
- 오븐을 실제 굽는 온도보다 20~30도 높게 최소 20분 이상 충분히 예열해 주세요.

만드는 법

▲ GO TO VIDEO

1. 실온 상태의 부드러운 무염버터를 거품기로 부드럽게 풀어 주세요.
2. 백설탕, 소금을 넣고 설탕이 서걱거리지 않고 전체적으로 부드러운 크림 상태가 될 때까지 거품기로 가볍게 섞어 주세요.
3. 실온 상태의 계란 노른자를 넣고 거품기로 고루 섞일 때까지 섞어 주세요.
4. 체 쳐둔 박력분과 강력분, 코코아 파우더를 넣고 주걱을 세워서 자르듯이 가볍게 섞어 주세요.
5. 다진 다크 커버춰 초콜릿을 넣고 주걱으로 섞어서 한 덩어리로 만들어 주세요.
6. 완성된 반죽은 손으로 성형하기에 너무 부드러운 상태이므로, 손으로 만져서 모양을 잡을 수 있도록 랩이나 비닐 등으로 싸서 냉장고에서 20~30분 휴지해 주세요.
7. 단단해진 반죽을 작업대에 올려놓고 잘게 뜯은 다음, 성형하기 좋은 굳기가 되도록 손으로 살짝 치대 부드럽게 만들어 주세요.

8 양손으로 조금씩 늘려가며 긴 원통 모양으로 성형해 주세요. 반죽을 2~3덩어리로 나눠서 작업하면 한결 편해요.

9 반죽을 칼로 반듯하게 썰어낼 수 있도록 냉동실에 다시 1~2시간 휴지해 주세요.

10 단단해진 반죽은 겉면에 붓을 이용해 흰자나 물을 얇게 묻혀준 후, 여분의 설탕을 골고루 입혀 주세요.

11 반죽을 1.5cm 두께로 균일하게 잘라 시트 위에 올려 주세요.

12 미리 예열해 둔 오븐에 160도에서 23분 동안 구워 주세요.

1	2
3	10
11	11

▲ HOW TO MAKE

보관

- 완전히 식혀 밀폐용기에 담아 실온 약 5일, 냉동 약 1달까지 보관 가능합니다.
- 방습제를 함께 넣어 보관하면 더 오랫동안 바삭하게 드실 수 있습니다.
- 원통 모양으로 성형을 마친 반죽은 밀봉하여 냉동실에서 약 2달까지 보관 가능합니다.

말차 사블레

재료

무염버터 62g

백설탕 25g

계란 노른자 6g

박력분 57g

강력분 15g

말차 가루 6g

소금 한 꼬집

여분의 백설탕 적당량(겉면에 묻힐 용도)

미리 준비하기

- 모든 재료는 차갑지 않도록 실온에 두어 준비하세요.
- 박력분과 강력분, 말차 가루는 함께 계량해서 체에 한 번 쳐서 준비해 주세요.
- 오븐을 실제 굽는 온도보다 20~30도 높게 최소 20분 이상 충분히 예열해 주세요.

만드는 법

▲ GO TO VIDEO

1 실온 상태의 부드러운 무염버터를 거품기로 부드럽게 풀어 주세요.

2 백설탕, 소금을 넣고 설탕이 서걱거리지 않고 전체적으로 부드러운 크림 상태가 될 때까지 거품기로 가볍게 섞어 주세요.

3 실온 상태의 계란 노른자를 넣고 고루 섞일 때까지 거품기로 섞어 주세요.

4 체 쳐둔 박력분과 강력분, 말차 가루를 넣고 주걱을 세워서 자르듯이 가볍게 섞어서 한 덩어리로 만들어 주세요.

5 완성된 반죽은 손으로 성형하기에 너무 부드러운 상태이므로, 손으로 만져서 모양을 잡을 수 있도록 랩이나 비닐 등으로 싸서 냉장고에서 20~30분 휴지해 주세요.

6 단단해진 반죽을 작업대에 올려놓고 잘게 뜯은 다음, 성형하기 좋은 굳기가 되도록 손으로 살짝 치대 부드럽게 만들어 주세요.

7 양손으로 조금씩 늘려가며 긴 원통 모양으로 성형해 주세요. 반죽을 2~3덩어리로 나눠서 작업하면 한결 편해요.

8 반죽을 칼로 반듯하게 썰어낼 수 있도록 냉동실에 다시 1~2시간 휴지해 주세요.

9 단단해진 반죽은 겉면에 붓을 이용해 흰자나 물을 얇게 묻혀준 후, 여분의 설탕을 골고루 입혀 주세요.

10 반죽을 1.5cm 두께로 균일하게 잘라 시트 위에 올려 주세요.

11 미리 예열해 둔 오븐에 160도에서 23분 동안 구워 주세요.

1	2
3	7
8	10

▲ HOW TO MAKE

보관

- 완전히 식혀 밀폐용기에 담아 실온 약 5일, 냉동 약 1달까지 보관 가능합니다.
- 방습제를 함께 넣어 보관하면 더 오랫동안 바삭하게 드실 수 있습니다.
- 원통 모양으로 성형을 마친 반죽은 밀봉하여 냉동실에서 약 2달까지 보관 가능합니다.

기본 슈거 쿠키

밀어서 찍는 타입의 쿠키

▲ GO TO VIDEO

기본 버터 쿠키는 '슈거 쿠키'라고도 불리며, 쿠키 반죽 중 비교적 가루 배합이 높아 단단한 형태이기 때문에 얇게 밀어 편 다음 쿠키커터로 모양을 찍어내기 용이합니다. 구운 후 과자 반죽의 형태 변화가 적은 편이기 때문에 로열 아이싱으로 장식하는 아이싱 쿠키에 사용하기에도 좋은 반죽입니다.

재료

식빵 모양 쿠키틀(두께 3mm)
약 70개 분량

무염버터 100g
백설탕 65g
계란 30g
중력분 180g
베이킹파우더 3g
바닐라 익스트랙 2g
소금 2g

미리 준비하기

- 모든 재료는 차갑지 않도록 실온에 두어 준비하세요.
- 중력분과 베이킹파우더는 함께 계량한 후 체에 쳐서 준비해 주세요.
- 오븐을 실제 굽는 온도보다 20~30도 높게 최소 20분 이상 충분히 예열해 주세요.

만드는 법

1 실온 상태의 무염버터를 가볍게 풀어 주세요.

2 백설탕, 소금을 넣고 색이 살짝 밝아질 때까지 거품기로 가볍게 섞어 주세요.

3 실온 상태의 계란과 바닐라 익스트랙을 넣고 잘 섞일 때까지 가볍게 섞어 주세요.

4 체 쳐둔 중력분과 베이킹파우더를 넣고 주걱으로 자르듯이 섞어 한 덩어리로 만들어 주세요.

5 랩이나 유산지 또는 테프론 시트 두 장 사이에 반죽을 놓고 3mm 두께로 밀어 펴 주세요.

» 아이싱 쿠키용으로 만들 경우 4mm로 조금 두껍게 만드시는 것이 좋습니다.

6 냉동실에서 반죽이 완전히 단단해질 때까지 1시간 정도 충분히 휴지해 주세요.

7 단단해진 반죽을 꺼내 원하는 모양의 쿠키커터로 찍어내 주세요.

» 쿠키커터에 덧가루를 가볍게 묻힌 후 찍어내면 반죽이 쿠키커터에 달라붙지 않아요.

8 타공 매트를 깐 팬에 간격을 두고 팬닝하고, 예열해 둔 오븐에 160도에서 10분 동안 구워 주세요.

» 타공 매트는 미세한 구멍이 뚫려 있어 구워지면서 쿠키 반죽의 형태 변형을 최소화해 줘요. 없다면 종이호일이나 테프론 시트를 사용하셔도 무방합니다.

CHECK POINT. 7

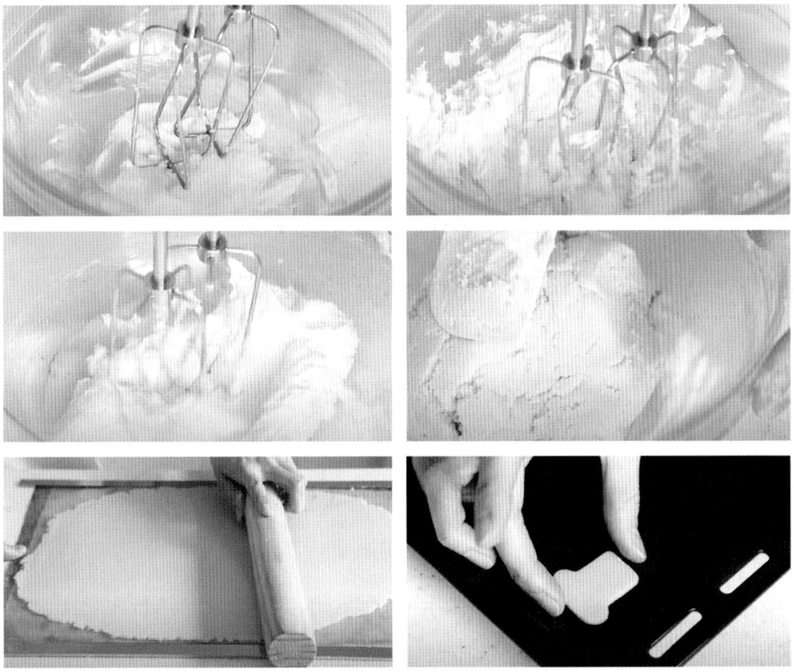

1	2
3	4
5	8

▲ HOW TO MAKE

보관

- 완전히 식혀 밀폐용기에 방습제와 함께 넣고 서늘한 실온에서 보관합니다.
- 약 5일 정도 두고 드실 수 있으며, 더 오래 보관하고 싶다면 냉동 보관하세요.

기본 제누와즈

공립법 / 별립법

가볍고 보송보송해서 생크림 케이크 시트로 주로 쓰이는 제누와즈는 계란의 기포성을 이용해 만드는 대표적인 품목이에요. 제누와즈의 제조 방법은 노른자와 흰자를 섞어서 거품을 냈는지, 아니면 흰자와 노른자를 분리하여 각각 거품을 내었는지에 따라 공립법과 별립법으로 구분됩니다.

공립법 제누와즈

▲ GO TO VIDEO

노른자와 흰자를 잘 깨서 섞은 다음 거품 내어 만드는 방법입니다. 계란의 기포성은 흰자 쪽에 주로 있기 때문에, 노른자와 흰자를 섞어 거품을 내면 흰자만 거품을 낼 때보다 기포가 잘 생기지 않습니다. 따라서 계란을 따뜻한 물에 중탕하여 온도를 높여 계란의 표면장력을 약하게 만들어 주어야 풍성하고 튼튼한 거품을 얻을 수 있습니다.

재료

지름 15cm, 높이 7cm
높은 원형 1호틀 1개 분량

플레인

계란 115g, 계란 노른자 30g, 백실탕 75g, 꿀 15g, 박력분 81g, 옥수수 전분 12g, 무염버터 20g, 우유 30g, 바닐라 익스트랙 2g

초코

계란 115g, 계란 노른자 30g, 백설탕 75g, 꿀 15g, 박력분 63g, 옥수수 전분 12g, 코코아 파우더 18g, 무염버터 20g, 우유 30g, 바닐라 익스트랙 2g

말차

계란 115g, 계란 노른자 30g, 백설탕 75g, 꿀 15g, 박력분 68g, 옥수수 전분 12g, 말차가루 12g, 무염버터 20g, 우유 30g, 바닐라 익스트랙 2g

미리 준비하기

- 틀에 유산지나 테프론 시트를 재단해 깔아 두세요.
- 가루류는 함께 섞어서 체 쳐 두세요.
- 오븐을 실제 굽는 온도보다 20~30도 높게 최소 20분 이상 충분히 예열해 주세요.

만드는 법

1 계란과 노른자를 볼에 담아 잘 풀어 주세요.

2 분량의 백설탕과 꿀을 넣고 거품기로 잘 섞어 주세요.

» 계란에 설탕을 넣은 후 바로 섞지 않으면 설탕이 노른자와 뭉쳐 덩어리지기 쉬우니 주의하세요.

3 2 가 담긴 볼을 뜨거운 물 위에 올려 계란이 익지 않도록 거품기로 저어 가며 37~42도가 될 때까지 온도를 높여주세요.

» 바닐라 익스트랙은 계란 쪽이나 버터 쪽, 아무데나 넣어 주셔도 무방합니다.

» 37~42도는 손으로 만져 보았을 때 기분 좋게 따뜻한 정도입니다.

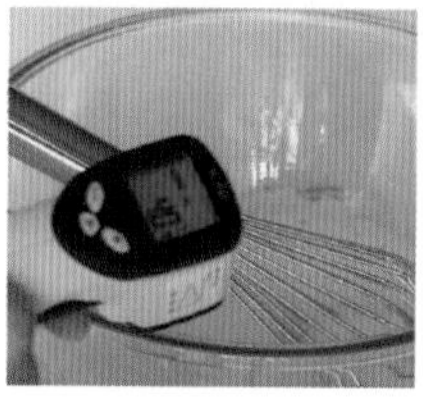

CHECK POINT. 4

4 다른 볼에 무염버터, 우유, 바닐라 익스트랙을 함께 담아 사용 전까지 뜨거운 물 위에 올려 두세요.

» 반죽 쪽에 넣을 때 40~60도의 온도여야 합니다.

5 3 의 반죽을 떨어뜨려 보아 떨어뜨린 자국이 사라지지 않고 3초 정도 단단히 남아있는 상태까지 핸드믹서 고속으로 휘핑해 주세요.

6 핸드믹서를 든 손은 고정하고, 볼을 천천히 움직여 가며 가장 낮은 속도로 천천히 휘핑해 거친 기포를 조밀하게 정리해 주세요.

» 육안으로 보아 겉면에 큰 공기방울이 전혀 보이지 않고 실크처럼 부드러운 상태여야 합니다.

» 핸드믹서를 흔들거나 볼 벽에 부딪히는 순간 거친 기포가 다시 생성될 수 있으니 기포를 정리하는 동안에는 핸드믹서를 매우 천천히 움직여 주세요.

7 체 쳐둔 가루 재료를 6 위에 골고루 흩뿌린 후, 주걱을 든 손으로는 볼 중앙을 가로질러 퍼올리듯이 섞고, 다른 손으로는 볼을 조금씩 일정하게 회전시켜 가며 가볍게 섞어 주세요.

8 남은 가루 없이 균일한 상태로 잘 섞였으면, 뜨겁게 보관해 두었던 버터, 우유, 바닐라 익스트랙의 온도를 확인한 후 반죽 한 주걱을 떠서 넣고 섞어 주세요.

» 이때 떠 넣은 반죽을 '희생 반죽'이라고 합니다. 버터+우유를 바로 반죽 쪽에 붓는 것보다 이렇게 반죽을 조금 덜어서 먼저 섞어주면 기포가 덜 꺼지게 섞을 수 있어요.

» 버터와 우유의 온도가 낮으면 반죽의 기포를 순식간에 꺼트려서 식감이 무겁고 납작한 반죽이 나오게 됩니다. 온도를 40~60도로 잘 맞춰주세요.

9 희생 반죽을 다시 본 반죽 쪽에 넣고, 고르게 섞일 수 있도록 주걱을 든 손으로는 볼 중앙을 가로질러 퍼올리듯이 섞고, 다른 손으로는 볼을 조금씩 일정하게 회전시켜 가며 가볍게 섞어 주세요.

» 버터와 우유가 반죽에 들어가고 나서부터는 기포가 매우 빠르게 꺼지므로, 20회 이내의 적은 주걱질로 반죽을 빠르게 섞어 주고, 골고루 섞이면 바로 틀에 담아줍니다.

10 틀에 반죽을 약간 위에서 떨어뜨리듯이 한 번에 팬닝하고, 윗면을 주걱으로 정리해 주세요.

11 틀 채로 바닥에 살짝 내리쳐 불필요한 기포를 제거하고, 예열한 오븐에 165도에서 30분 동안 구워 주세요.

» 윗면 가운데 부분을 살짝 눌러보아 약간의 탄력이 느껴지면 다 익은 것입니다.

12 구워져 나온 제누와즈는 틀 채로 한 번 가볍게 내리쳐 수증기를 빼 주고, 식힘망 위에서 뒤집어서 식혀 주세요.

» 제누와즈를 뒤집어서 식히면 기포가 전체적으로 균일한 상태가 되고, 윗면이 반듯해져 재단하기 용이해집니다.

1	2
3	5

▲ HOW TO MAKE

7	8
10	11
12	

▲ HOW TO MAKE

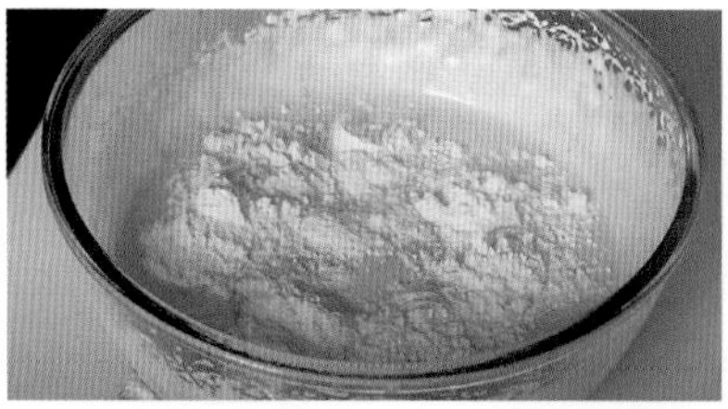

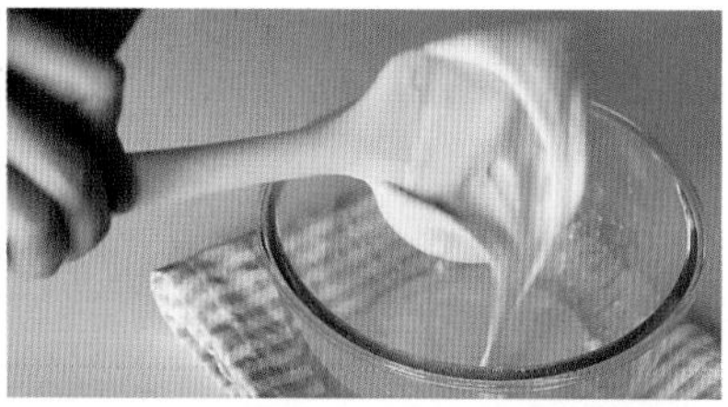

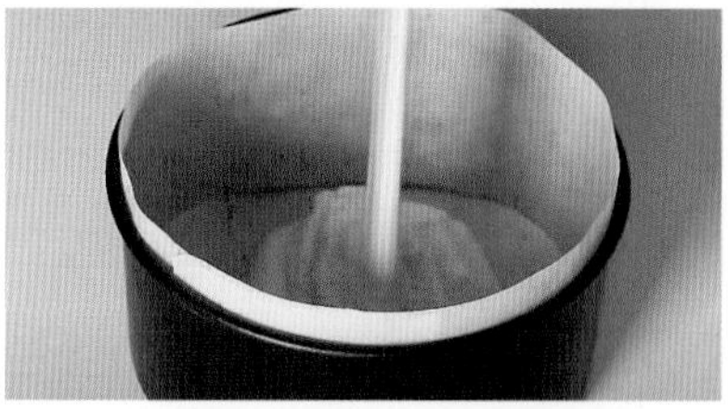

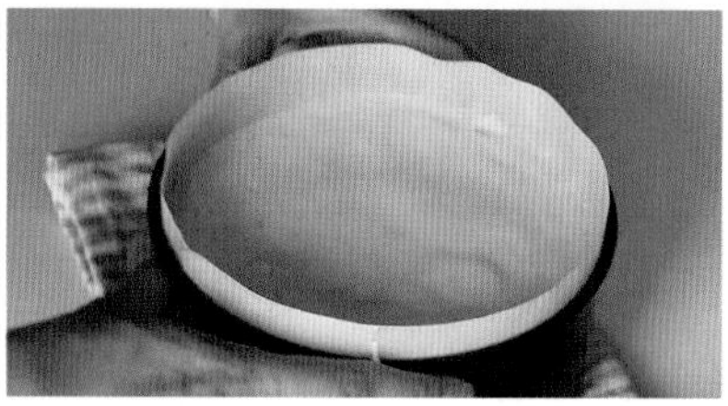

보관

- 완성된 제누와즈는 식힌 후 밀봉해 실온에 반나절 이상 두면 수분이 전체적으로 돌면서 더 촉촉해집니다.
- 실온 2~3일, 냉동 약 2주까지 보관 가능합니다. 유지 함량이 낮아 빨리 마르는 편이니 잘 밀폐해서 보관하세요.

별립법 제누와즈

노른자와 흰자를 분리한 다음, 흰자를 단단히 거품 낸 머랭을 이용해 케이크를 부풀리는 방법이에요. 머랭의 기포는 전란의 기포보다 훨씬 안정성 있고 튼튼하기 때문에 완성된 케이크의 식감 또한 공립법 제누와즈보다 조밀하고 치밀합니다. 별립법에 사용하는 노른자는 뽀얗게 거품을 내기도 하고 완성된 흰자 머랭 쪽에 그대로 넣기도 하는데, 후자를 '반별립법'이라고 불러 별립법과 구분 짓기도 합니다. 반별립법은 공립법이나 별립법에 비해 공정이 간단하고 빠르다는 이점이 있습니다.

▲ GO TO VIDEO

재료

지름 15cm, 높이 7cm
높은 원형 1호틀 1개 분량

플레인
계란 흰자 85g, 백설탕 80g, 계란 노른자 55g, 박력분 75g, 옥수수 전분 10g, 우유 30g, 무염버터 20g, 바닐라 익스트랙 2g

초코
계란 흰자 85g, 백설탕 80g, 계란 노른자 55g, 박력분 60g, 옥수수 전분 10g, 코코아 파우더 15g, 우유 30g, 무염버터 20g, 바닐라 익스트랙 2g

말차
계란 흰자 85g, 백설탕 80g, 계란 노른자 55g, 박력분 64g, 옥수수 전분 10g, 말차 가루 10g, 우유 30g, 무염버터 20g, 바닐라 익스트랙 2g

미리 준비하기

- 틀에 유산지나 테프론 시트를 재단해 깔아 두세요.
- 가루류는 함께 섞어서 체 쳐 두세요.
- 오븐을 실제 굽는 온도보다 20~30도 높게 최소 20분 이상 충분히 예열해 주세요.

만드는 법

1 볼에 무염버터, 우유, 바닐라 익스트랙을 함께 담아 사용 전까지 뜨거운 물 위에 올려 두세요.

» 반죽 쪽에 넣을 때 40~60도의 온도여야 합니다.

2 차가운 흰자를 볼에 담아 백설탕을 3번에 나눠 넣어가며 휘핑하여 단단한 머랭을 만들어 주세요.

» 차가운 흰자를 사용하면 거품이 천천히 올라오지만, 더 안정적이고 견고한 머랭이 만들어져요.

» 완성된 머랭은 천천히 거품기 날을 들어 올렸을 때 단단하면서 윤기나는, 살짝 휘어지는 뿔이 생기는 상태가 적당해요.

3 머랭 쪽에 노른자를 넣고, 잘 섞일 때까지만 가볍게 섞어 주세요.

» 여기서 과하게 섞으면 노른자 쪽의 지방 성분 때문에 머랭의 거품이 꺼져 버려요. 전체적으로 노란색이 되면 즉시 섞는 것을 멈추세요.

4 체 쳐둔 가루 재료를 2 위에 골고루 흩뿌린 후, 주걱을 든 손으로는 볼 중앙을 가로질러 퍼올리듯이 섞고, 다른 손으로는 볼을 조금씩 일정하게 회전시켜 가며 가볍게 섞어 주세요.

5 남은 가루 없이 균일한 상태로 잘 섞였으면, 뜨겁게 보관해 두었던 버터, 우유, 바닐라 익스트랙의 온도를 확인한 후 반죽 한 주걱을 떠서 넣고 섞어 주세요.

» 이때 떠 넣은 반죽을 '희생 반죽'이라고 합니다. 버터+우유를 바로 반죽 쪽에 붓는 것보다 이렇게 반죽을 조금 덜어서 먼저 섞어주면 기포가 덜 꺼지게 섞을 수 있어요.

» 버터와 우유의 온도가 낮으면 반죽의 기포를 순식간에 꺼트려서 식감이 무겁고 납작한 반죽이 나오게 됩니다. 온도를 40~60도로 잘 맞춰주세요.

6 희생 반죽을 다시 본 반죽 쪽에 넣고, 고르게 섞일 수 있도록 주걱을 든 손으로는 볼 중앙을 가로질러 퍼올리듯이 섞고, 다른 손으로는 볼을 조금씩 일정하게 회전시켜 가며 가볍게 섞어 주세요.

» 버터와 우유가 반죽에 들어가고 나서부터는 기포가 매우 빠르게 꺼지므로, 20회 이내의 적은 주걱질로 반죽을 빠르게 섞어 주고, 골고루 섞이면 바로 틀에 담아줍니다.

7 틀에 반죽을 약간 위에서 떨어뜨리듯이 한 번에 팬닝하고, 윗면을 주걱으로 정리해 주세요.

8 틀 채로 바닥에 살짝 내리쳐 불필요한 기포를 제거하고, 예열한 오븐에 165도에서 30분 동안 구워 주세요.

» 윗면 가운데 부분을 살짝 눌러보아 약간의 탄력이 느껴지면 다 익은 것입니다.

9 구워져 나온 제누와즈는 틀 채로 한 번 가볍게 내리쳐 수증기를 빼 주고, 식힘망 위에서 뒤집어서 식혀 주세요.

» 제누와즈를 뒤집어서 식히면 기포가 전체적으로 균일한 상태가 되고, 윗면이 반듯해져 재단하기 용이해집니다.

2	3
4	5
6	7
9	

▲ HOW TO MAKE

보관

- 완성된 제누와즈는 식힌 후 밀봉해 실온에 반나절 이상 두면 수분이 전체적으로 돌면서 더 촉촉해집니다.
- 실온 2~3일, 냉동 약 2주까지 보관 가능합니다. 유지 함량이 낮아 빨리 마르는 편이니 잘 밀폐해서 보관하세요.

기본 타르트 / 파이 반죽

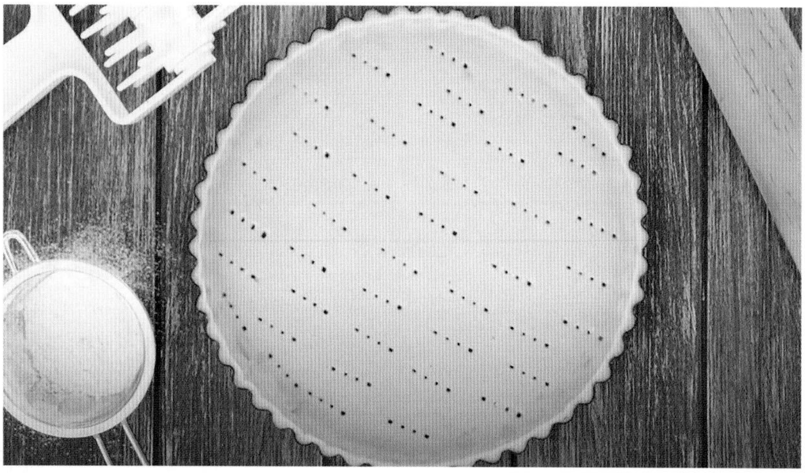

파트 수크레

프랑스어로 설탕을 뜻하는 '수크레'라는 이름에서 알 수 있듯이 파트 수크레는 설탕의 배합이 높아 달콤하고, 반죽 안의 설탕 입자가 오븐 안에서 녹으면서 유리막 같은 작용을 해서 단단하고 바삭한 느낌으로 완성되는 과자 반죽입니다. 이 반죽은 바삭바삭하기 때문에 생과일 타르트, 레몬 타르트, 그리고 아몬드 크림이나 커스터드 크림처럼 식감이 무거운 크림이 들어가는 타르트 등에 많이 사용됩니다. 파트 수크레는 보통 부드러운 버터에 다른 재료들을 순차적으로 넣고 크림화 하는 크림법을 사용해 만들어요.

▲ GO TO VIDEO

재료
지름 20cm, 높이 2cm
낮은 타르트틀 3호 1개 분량

박력분 105g
백설탕 42g
무염버터 50g
소금 1g
계란 21g

미리 준비하기

- 모든 재료는 실온 상태로 준비하세요.
- 박력분은 체에 쳐 두세요.

만드는 법

1 실온 상태의 부드러운 버터를 볼에 담아 거품기로 가볍게 풀어 주세요.

2 1 에 백설탕과 소금을 넣고 거품기로 휘저어서 잘 섞어 주세요.

» 이 단계에서 너무 많이 믹싱하면 오븐 안에서 반죽이 크게 부풀면서 모양이 변할 수 있어요. 설탕이 버터와 잘 섞여 크림처럼 보일 때까지만 가볍게 섞어 주세요.

3 실온 상태의 계란을 넣고 부드러운 크림처럼 보일 때까지 거품기로 잘 섞어 주세요.

4 체 쳐둔 박력분을 넣고 주걱으로 자르듯이 섞어서 반죽을 한 덩어리로 만들어 주세요.

5 둥글고 납작한 모양으로 만든 후, 랩이나 비닐을 씌워 냉장고에서 1시간 정도 휴지한 후 사용하세요.

1	2
3	4
4	5

▲ HOW TO MAKE

파트 사블레

‘파트’는 프랑스어로 ‘반죽’, ‘사블레’는 ‘모래’라는 뜻이에요. 버터 함량이 많아 모래처럼 부서지는 식감의 과자 반죽을 ‘파트 사블레’라고 해요. 파트 사블레는 보통 ‘사블라주법(단단한 버터와 밀가루를 섞어 모래알처럼 부슬부슬한 상태로 만드는 방법)’으로 만들고요. 파트 사블레로 만든 타르트 쉘은 가볍고 입안에서 부드럽게 부서지는 느낌이기 때문에 과일타르트나 치즈타르트, 견과류를 이용한 타르트 등에 두루두루 잘 어울려요.

▲ GO TO VIDEO

재료

지름 20cm, 높이 2cm
낮은 타르트틀 3호 1개 분량

박력분 88g

아몬드 가루 11g

슈가파우더 33g

버터 53g

소금 1g

계란 17g

미리 준비하기

- 버터, 가루, 액체를 포함한 모든 재료는 매우 차갑게 준비해 주세요.
- 계란에 소금을 녹인 후, 차갑게 만들어 두세요.
- 무염버터는 정육면체 모양으로 작게 썰어서 사용 직전까지 냉장고에 넣어 두세요.
- 박력분과 아몬드 가루, 슈가파우더는 함께 섞어서 체 쳐 주세요.

만드는 법

1. 작업대에 체에 친 박력분, 아몬드 가루, 슈가파우더를 올려 놓으세요.
2. 깍뚝썰기한 차가운 버터를 가루류 위에 놓고, 스크래퍼 두 개를 이용해 모든 버터 조각이 쌀알 정도 크기가 될 때까지 다져 주세요.
3. 2 에 홈을 파서 액체를 부을 수 있는 공간을 만들고, 차가운 계란과 소금을 넣고 스크래퍼로 자르듯이 보슬보슬하게 섞어 주세요.
4. 흰 가루가 거의 보이지 않을 정도로 반죽이 뭉쳐지기 시작하면 가볍게 뭉쳐서 한 덩이로 만들어 주세요.
5. 스크래퍼나 손바닥을 이용해 반죽을 조금씩 작업대에 눌러 개어 주세요.

   » 이를 ‘프레제(fraiser)’라고 하는데, 버터 알갱이나 덜 섞인 재료들 없이 반죽 전체의 상태를 균일하게 만들어 줍니다.

6 둥글고 납작한 모양으로 만든 후, 랩이나 비닐을 씌워 냉장고에서 1시간 정도 휴지한 후 사용하세요.

1	2
3	4
5	6

▲ HOW TO MAKE

파트 브리제

'브리제'는 프랑스어로 '부서진, 깨진'이라는 뜻이에요. 파트 브리제는 설탕이 전혀 들어가지 않거나 소량 들어가 달지 않고, 얇고 바삭바삭한 층이 겹겹이 있어 잘 부서지는 식감을 가졌어요. 파트 브리제는 고체 상태의 버터 입자가 위에서 아래로 누르는 힘에 의해 납작해지면서 결이 생기는 원리이기 때문에, 반드시 차가운 상태의 버터를 작게 다지는 방식으로 만들어야 해요. 에그타르트나 플랑 등에 잘 어울리고, 단맛이 적어서 키쉬나 미트 파이 같은 요리 종류에도 종종 쓰여요.

▲ GO TO VIDEO

재료

지름 20cm, 높이 2cm
낮은 타르트틀 3호 1개 분량

박력분 136g
무염버터 70g
물 32g
계란 노른자 12g
소금 1g

미리 준비하기

- 버터, 가루, 액체를 포함한 모든 재료는 매우 차갑게 준비해 주세요.
- 물과 계란 노른자를 함께 담아 소금을 녹인 후, 차갑게 만들어 두세요.
- 무염버터는 정육면체 모양으로 작게 썰어서 사용 직전까지 냉장고에 넣어 두세요.

만드는 법

1 작업대 위에 분량의 박력분을 덜어주세요.
2 깍뚝썰기한 차가운 버터를 박력분 위에 놓고, 스크래퍼 두 개를 이용해 모든 버터 조각이 팥알~쌀알 정도 크기가 될 때까지 다져 주세요.
3 2 에 홈을 파서 액체를 부을 수 있는 공간을 만들고 차가운 상태의 물, 계란 노른자, 소금을 넣고 스크래퍼로 자르듯이 섞어 주세요.
4 날가루가 거의 보이지 않고, 작은 크럼블 상태가 되면 아래로 누르듯이 힘을 주어 가볍게 뭉쳐 주세요.
5 한 덩어리로 거의 뭉쳐지면 반죽을 반 잘라 겹쳐 누르는 작업을 4~5번 해서 결을 만들어 주세요.
» 이 작업을 진행함으로써 버터 입자가 납작하게 눌리면서 층을 이루어 파이의 결이 더욱 선명해집니다. 원치 않으시면 생략해도 됩니다.

CHECK POINT. 5

6 둥글고 납작한 모양으로 만든 후, 랩이나 비닐을 씌워 냉장고에서 최소 1시간 이상 휴지한 후 사용하세요.

» 다른 반죽보다 수축이 심하기 때문에, 냉장 휴지 시간을 충분히 주어야 굽고 나서 덜 줄어들어요.

1	2
2	3
4	6

▲ HOW TO MAKE

미국식 파이 도우

▲ GO TO VIDEO

파트 브리제와 비슷하지만 계란 노른자 대신 물이 들어가 더 뻣뻣하고, 단단한 식감을 가진 투박한 미국식 파이 반죽이에요. 미국에서는 파이를 만들 때 파트 브리제나 사블레 같은 반죽은 잘 쓰지 않고, 대부분 이 파이 도우를 사용합니다. 그만큼 어떤 필링과도 튀지 않고 두루 잘 어울려요.

재료

윗면 지름 22.8cm, 바닥면 지름 20cm, 높이 3.8cm 9인치 파이팬 1개 분량

중력분 150g
박력분 100g
무염버터 165g
소금 2g
물 65g

미리 준비하기

- 버터, 가루, 액체를 포함한 모든 재료는 매우 차갑게 준비해 주세요.
- 물에 소금을 녹인 후, 차갑게 만들어 두세요.
- 무염버터는 정육면체 모양으로 작게 썰어서 사용 직전까지 냉장고에 넣어 두세요.

만드는 법

1 작업대 위에 분량의 박력분과 중력분을 덜어 주세요.

2 깍뚝썰기한 차가운 버터를 박력분 위에 놓고, 스크래퍼 두 개를 이용해 모든 버터 조각이 팥알~쌀알 정도 크기가 될 때까지 다져 주세요.

3 2 에 홈을 파서 액체를 부을 수 있는 공간을 만들고 차가운 상태의 소금을 녹인 물을 넣고 스크래퍼로 자르듯이 섞어 주세요.

4 날가루가 거의 보이지 않고, 작은 크럼블 상태가 되면 아래로 누르듯이 힘을 주어 가볍게 뭉쳐 주세요.

» 필요에 따라 이 과정에서 반죽을 반 잘라 겹쳐 누르는 작업을 4~5번 반복해서 결을 만들어 줄 수 있어요.

5 둥글고 납작한 모양으로 만든 후, 랩이나 비닐을 씌워 냉장고에서 최소 1시간 이상 휴지한 후 사용하세요.

» 다른 반죽보다 수축이 심하기 때문에, 냉장 휴지 시간을 충분히 주어야 굽고 나서 덜 줄어들어요.

1	2
3	4
5	

▲ HOW TO MAKE

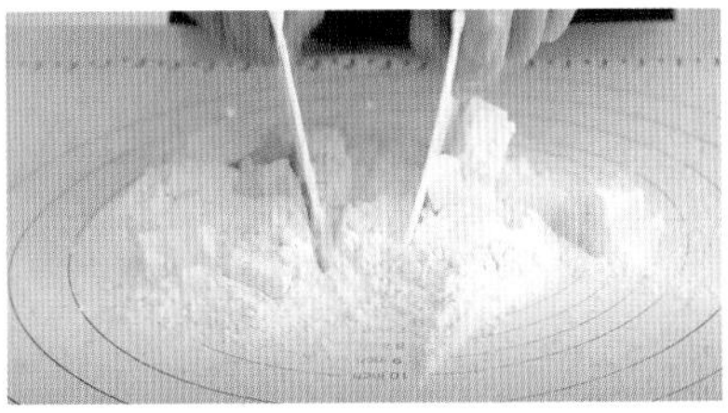

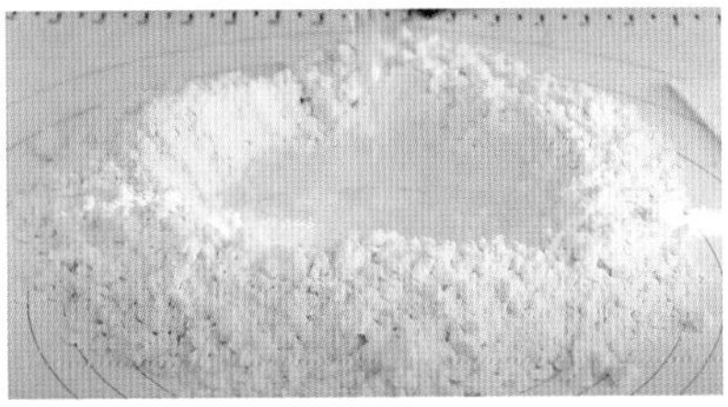

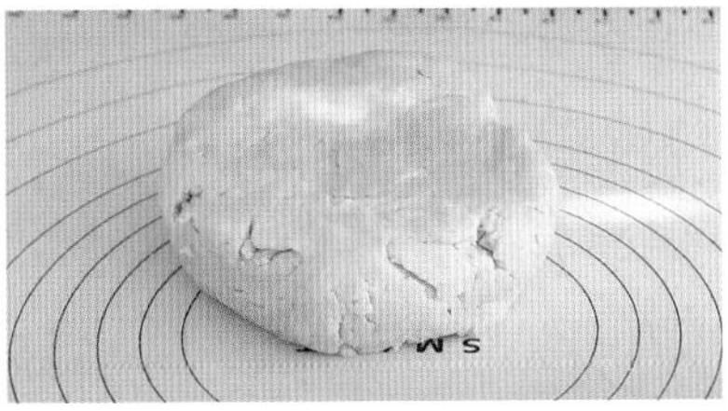

기본 파운드 케이크

파운드케이크는 버터, 설탕, 계란, 밀가루를 각각 1파운드씩 사용하여 만들었다 하여 붙여진 이름입니다. 원하는 식감에 따라 다른 재료를 추가하거나 배합을 변경하기도 하지만 가장 기본이 되는 비율은 버터:설탕:계란:밀가루=1:1:1:1 입니다. 파운드케이크를 만들 때 가장 일반적으로 사용하는 방법은 포마드 상태의 버터에 설탕을 넣고 공기를 포집하여 만드는 '크림법'인데, 크림법을 이용해 케이크 반죽을 만들 때에는 각각의 재료들이 잘 섞일 수 있도록 버터와 계란을 포함한 재료들의 온도를 정확히 지키는 것이 중요합니다.

▲ GO TO VIDEO

재료

가로×세로×높이
15.5×7.5×6.5cm
오란다틀(대) 1개 분량

무염버터 100g
백설탕 90g
계란 100g
박력분 100g
베이킹파우더 2.5g
바닐라 빈 반 개
생크림 30g
소금 1g

미리 준비하기

- 모든 재료는 실온 상태로 준비하세요.
- 박력분, 베이킹파우더는 함께 섞어서 체 쳐 두세요.
- 바닐라 빈은 세로로 길게 자른 후, 칼등으로 안쪽에 든 씨앗을 긁어내서 준비해 주세요.
- 코팅이 되어 있지 않은 틀을 사용할 경우 틀 안에 실온 상태의 버터를 붓으로 얇게 바른 후 냉장고에 넣어 두세요.
- 오븐을 실제 굽는 온도보다 20~30도 높게 최소 20분 이상 충분히 예열해 주세요.

만드는 법

1 실온 상태의 부드러운 무염버터를 볼에 담아 핸드믹서로 풀어 주세요.

» 이때, 버터의 온도는 18~22도 정도이며 손가락으로 눌렀을 때 약간의 찬 기운이 느껴지면서 부드럽게 손가락이 들어가는 상태입니다.

2 1 에 백설탕과 소금을 넣고 부피가 1.5배 정도 증가하고, 버터의 색이 하얗게 밝아질 때까지 휘핑해 주세요.

3 차갑지 않은 실온 상태의 계란과 바닐라 익스트랙을 여러 번에 걸쳐 조금씩 나눠 넣어가면서 휘핑해서 반죽이 분리되지 않고 크림처럼 잘 유화된 상태로 만들어 주세요.

» 차가운 계란을 사용하면 계란이 버터와 잘 섞이지 않아 반죽이 분리되기 쉬워요. 냉장고에서 바로 꺼낸 차가운 계란이라면 껍질째 따뜻한 물에 2~3분 담가 두었다가 사용하세요.

» 계란을 넣고 섞는 도중에 몽글몽글하게 분리되는 것 같으면, 체 쳐둔 가루류를 한 줌 정도 덜어 넣고 휘저어 섞어 주세요. 가루류가 수분을 흡수해 분리를 잡아 줍니다.

4 3 에 체에 친 박력분과 베이킹파우더, 긁어낸 바닐라 빈 씨앗을 넣고 주걱으로 가볍게 섞어 주세요.

5 4 에 실온 상태의 생크림을 넣고 골고루 잘 섞어서 반죽을 마무리해 주세요.

» 생크림이 차가우면 반죽이 분리될 수 있으므로 반드시 실온 상태의 것을 사용하세요.

6 틀에 반죽을 담은 후 양 끝 쪽은 높게, 가운데는 오목하게 주걱으로 표면을 정리해 주세요.

» 틀 중앙을 가로질러 실온의 부드러운 버터를 가늘게 파이핑해 주면 오븐 안에서 파운드케이크가 부풀면서 가운데가 반듯하게 터져요.

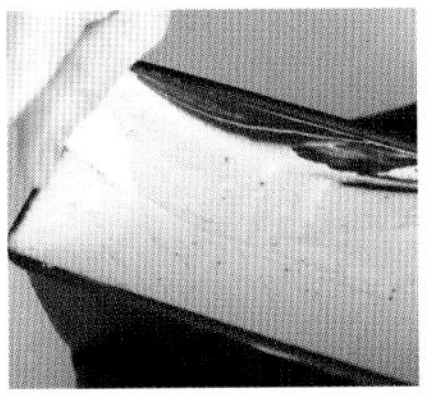

CHECK POINT. 6

7 예열한 오븐에 160도에서 40분 동안 구운 후, 틀에서 분리해서 식힘망 위에서 식혀 주세요.

1	2
3	4
4	5
6	7

▲ HOW TO MAKE

보관

- 완전히 식힌 후, 밀폐용기에 담거나 개별 포장해서 실온 4~5일, 냉동 약 3주까지 보관 가능합니다.

기본 커스터드 크림

'크렘 파티시에'라고도 불리는 커스터드 크림은 프랑스어로 '제과사의 크림'이라는 뜻으로, 제과점에서 여러 품목에 두루 사용하는 가장 기본적인 크림이기에 그런 이름이 붙었어요. 커스터드 크림은 그 자체로도 사용하지만, 다른 재료와 섞어서 다른 종류의 크림을 만드는데 많이 쓰여요. 커스터드 크림을 사용해서 만드는 대표적인 크림들을 살펴보면, 크렘 무슬린(커스터드 크림+버터), 크렘 디플로마트(커스터드 크림+샹티 크림), 크렘 프랑지판(커스터드 크림+아몬드 크림), 크렘 시부스트(커스터드 크림+이탈리안 머랭) 등이 있어요.

▲ GO TO VIDEO

재료

완성양 약 170g 분량

우유 135g

계란 노른자 34g

백설탕 40g

박력분 12g

바닐라 빈 2cm

무염버터 10g

미리 준비하기

- 모든 재료는 실온 상태로 준비하세요.
- 박력분은 미리 체를 쳐 두세요.
- 바닐라 빈은 칼등을 이용해서 씨앗을 긁어내 주세요.
- 끓인 커스터드 크림을 담아 식힐 스테인리스 트레이에 랩을 깔아 두세요.

만드는 법

1 볼에 계란 노른자를 담아, 분량의 백설탕을 넣고 거품기로 섞어 주세요.

» 이때, 분량의 백설탕 중 한 티스푼 정도를 남겨 두었다가 우유를 데울 때 냄비 쪽에 넣어 주면 우유가 가열되면서 표면에 막이 생기는 것을 막아 줍니다.

2 1 에 체 친 박력분을 넣고 거품기로 섞어 주세요.

» 이때 박력분 대신 동량의 옥수수 전분을 사용하기도 하는데, 옥수수 전분을 넣으면 더 가벼운 텍스처가 됩니다.

3 냄비에 우유와 긁어낸 바닐라 빈 씨앗, 바닐라 빈 껍질을 넣고 가장자리가 끓어오를 때까지 데워 주세요.

» 바닐라 빈 껍질 쪽에도 향이 많이 남아 있으므로 냄비에 함께 넣고 우려낸 후 나중에 체로 걸러 줍니다.

4 2 에 3 을 조금씩 부어 가면서 계란 노른자가 익지 않도록 거품기로 잘 섞어 주세요.

5 4 를 다시 냄비에 전부 옮겨 담고, 센 불에서 거품기로 잘 저어 가며 가열해 주세요.

6 되직한 질감이 되기 시작하면 계속 거품기로 저어 가면서, 크림에 윤기가 흐르고 다시 약간 묽어질 때까지 가열해 주세요.

» 박력분 안의 전분이 호화되면서 크림이 덩어리지기 시작하는데 자연스러운 현상이며, 거품기로 힘차게 저어서 완전히 풀어 주어야 고운 입자의 크림을 얻을 수 있어요.

7 불에서 내린 다음, 분량의 무염버터를 넣고 골고루 섞어 주세요.

» 버터는 커스터드 크림에 풍미와 굳힘성을 줍니다.

8 완성된 커스터드 크림을 즉시 랩을 깔아둔 트레이 위에 붓고, 공기와 닿지 않도록 표면에 랩을 덮어 밀착해 주세요.

9 커스터드 크림이 든 트레이를 냉동실에 20~30분 정도 넣어 빠르게 식힌 후, 냉장 보관하세요.

» 커스터드 크림은 계란 때문에 균 번식이 쉽게 일어나는 크림이고, 40~60도 사이 구간에서 균 번식이 가장 활발하므로 그 구간을 피해 온도를 빠르게 떨어뜨려 주어야 해요. 얼음물이 든 볼 위에 커스터드 크림이 든 볼을 올려놓고 주걱으로 저어 가며 온도를 떨어뜨리는 방법을 사용할 수도 있습니다.

» 필요에 따라 커스터드 크림을 식히기 전에 뜨거운 상태에서 체에 한 번 거르거나, 차게 식힌 후 커스터드 크림이 굳어 단단해진 상태에서 체에 걸러 사용합니다.

1	2
3	4
5	6
7	8
9	

▲ HOW TO MAKE

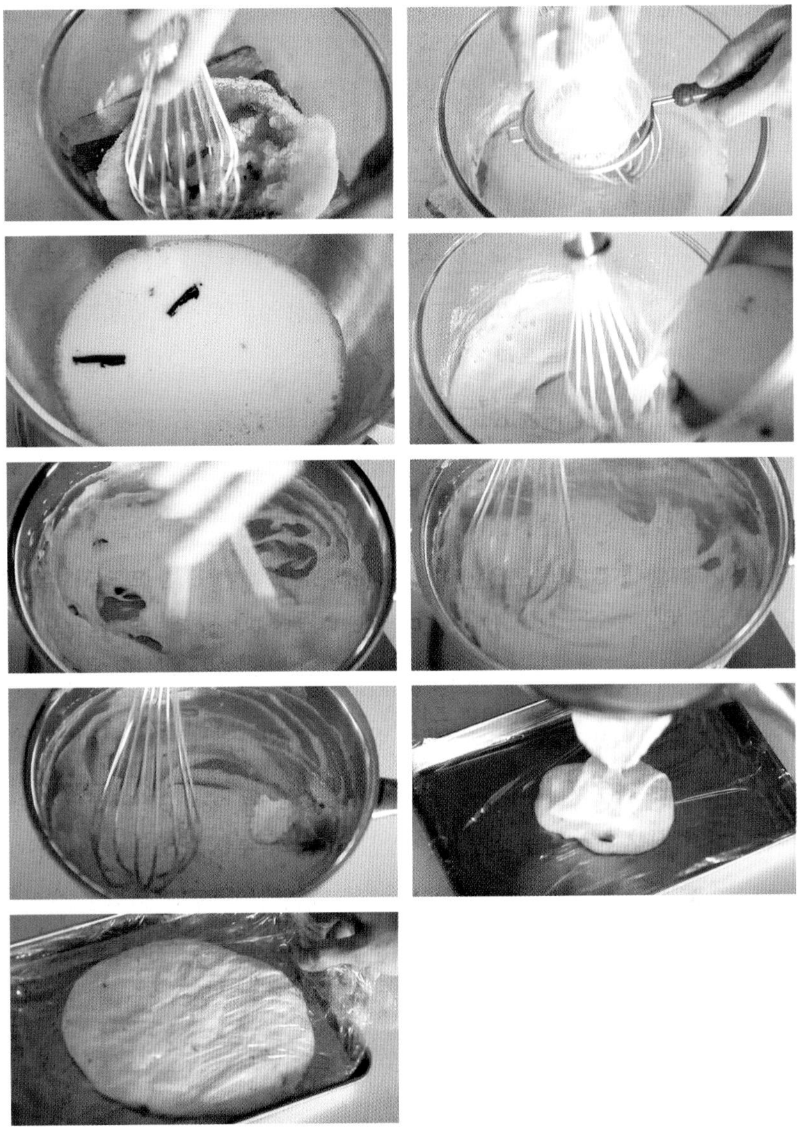

보관

- 변질이 빠른 크림이므로 만든 즉시 냉장 보관하고, 이틀 이내에 섭취해 주세요.

기본 버터크림

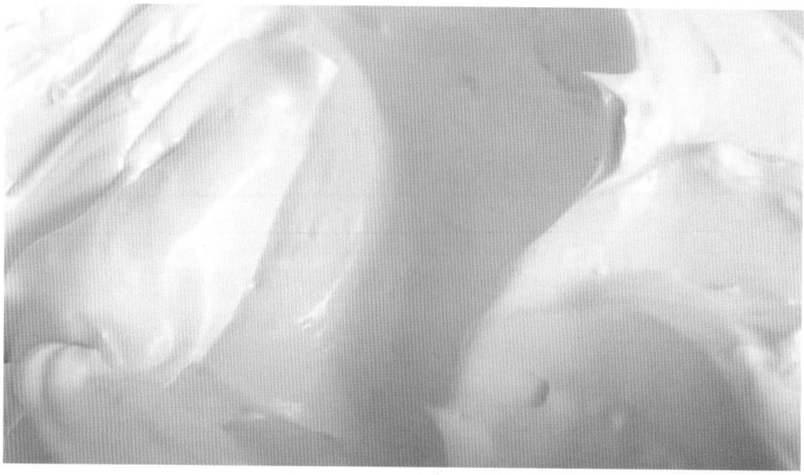

버터크림은 버터의 크림성을 이용해 휘핑해서 만든 크림을 말하는데, 케이크나 컵케이크의 프로스팅으로 쓰이기도 하고 마카롱, 다쿠아즈의 필링으로도 쓰이는 등 활용도가 높아요. 잼이나 콩포트, 넛 페이스트나 프랄리네, 맛을 내는 가루 등을 적당량 첨가하여 다양한 맛의 버터크림을 만들 수 있어요.

앙글레즈 버터크림

▲ GO TO VIDEO

노른자와 우유로 만드는 일종의 걸죽한 소스인 크렘 앙글레즈를 버터와 섞어 만드는 크림으로, 노른자와 우유가 들어가 고소하고 입에서 부드럽게 녹는 것이 특징이에요. 앙글레즈 버터크림은 수분감이 많아 액체 재료를 너무 많이 넣으면 크림의 보형성이 떨어질 수 있어 주로 고소하고 진한 맛을 가진 재료나, 가루 재료와 섞으면 잘 어울려요.

재료

계란 노른자 40g
백설탕 30g
우유 50g
무염버터 100g

미리 준비하기

- 무염버터는 미리 실온에 꺼내 놓아 부드러운 상태로 준비하세요.

만드는 법

1 노른자를 볼에 담아 설탕을 넣고 잘 섞어 주세요.

» 이때 분량의 백설탕 중 한 티스푼 정도를 남겨 두었다가 우유를 데울 때 넣어주면 우유가 가열되면서 표면에 막이 생기는 것을 막아줍니다.

2 우유에 1 에서 남겨둔 설탕 한 티스푼을 넣고 가장자리가 끓어오를 때까지 데워 주세요.

3 1 에 2 를 조금씩 부어 가며 노른자가 익지 않도록 거품기로 잘 섞어 주세요.

4 3 을 다시 냄비에 옮겨 담고, 82도가 될 때까지 주걱으로 냄비 바닥과 옆면을 잘 저어 가며 데워 주세요.

» 아주 적은 양의 배합이기 때문에 온도계로 온도를 측정하기보다는 텍스처로 상태를 파악하는 것이 좋습니다. 묽은 수프 같은 농도이며, 주걱을 손가락으로 그어 보았을 때 손가락이 지나간 길이 확실하게 보이는 상태입니다.

5 완성된 앙글레즈 소스는 체에 거른 후, 얼음물 위에서 저어 가며 30도 이하로 완전히 식혀주세요.

» 크렘 앙글레즈가 뜨거울 때 버터를 넣으면 버터가 녹을 수 있으므로 완전히 식힌 후 섞어 주세요.

6 실온 상태의 부드러운 무염버터에 식힌 크렘 앙글레즈를 두 번에 나눠 넣어가며 핸드믹서로 휘핑해 부드러운 크림을 만들어 주세요.

» 이때, 버터의 온도와 크렘 앙글레즈의 온도가 서로 비슷해야 분리되지 않고 잘 섞입니다.

1	2
3	4

▲ HOW TO MAKE

5	6

▲ HOW TO MAKE

보관

- 밀폐하여 냉장 2~3일까지 보관 가능합니다.
- 냉장 보관 후 다시 꺼내서 사용할 때는 크림을 완전히 실온 상태로 부드럽게 만든 후 다시 휘핑하여 사용합니다.

파트 아 봄브 버터크림

▲ GO TO VIDEO

끓는 설탕시럽을 노른자에 부어 휘핑하여 만드는 파트 아 봄브를 버터와 섞은 크림이에요. 노른자가 들어가 고소한 맛은 앙글레즈 버터크림과 유사하지만, 수분감이 적어 좀더 단단한 질감을 가졌어요. 따라서 수분기가 많은 재료들과 섞어도 형태를 비교적 잘 유지하고, 맛이 진한 초코나 커피, 견과류 등과도 잘 어울려요.

재료

계란 노른자 60g

백설탕 100g

물 35g

무염버터 200g

미리 준비하기

- 무염버터는 미리 실온에 꺼내 놓아 부드러운 상태로 준비하세요.

만드는 법

1 냄비에 분량의 백설탕과 물을 넣고, 118도가 될 때까지 젓지 말고 끓여 주세요.

2 1 을 가열하는 동안, 계란 노른자를 볼에 담아 핸드믹서 고속으로 뽀얗게 될 때까지 휘핑해 주세요.

» 계란 노른자의 양이 너무 적으면 휘핑이 잘 되지 않으므로 넉넉한 분량을 만드시는 것이 좋아요.

3 1 이 118도가 되면 불을 끄고, 노른자를 고속으로 휘핑하면서 1 을 조금씩 흘려 넣어 주세요.

4 파트 아 봄브를 계속 뽀얗게 휘핑하면서 식혀 주세요.

» 파트 아 봄브가 뜨거울 때 버터와 섞으면 버터가 녹을 수 있으므로 30도 이하로 식혀 주세요.

5 파트 아 봄브가 식으면, 실온 상태의 부드러운 버터를 두 번에 걸쳐 나눠 넣어가며 휘핑해서 부드러운 크림을 만들어 주세요.

» 이때, 버터의 온도와 파트 아 봄브의 온도가 서로 비슷해야 분리되지 않고 잘 섞입니다.

1	2
3	4
5	5

▲ HOW TO MAKE

보관

- 밀폐하여 냉장 2~3일까지 보관 가능합니다.
- 냉장 보관 후 다시 꺼내서 사용할 때는 크림을 완전히 실온 상태로 부드럽게 만든 후 다시 휘핑하여 사용합니다.

이탈리안 머랭 버터크림

끓는 설탕시럽을 흰자에 부어 휘핑하여 만드는 이탈리안 머랭을 버터와 섞은 크림이에요. 이탈리안 머랭의 기포성 때문에 다른 크림들보다 가벼운 질감을 가졌고, 상큼한 과일잼이나 콩포트와 잘 어울려요. 또한 노른자가 들어간 크림은 고소한 맛이 강한 데 비해, 머랭으로 만드는 버터크림은 맛이 깔끔해서 어떤 재료와 섞어도 두루두루 잘 어울려요.

▲ GO TO VIDEO

재료

계란 흰자 50g

백설탕 80g

물 20g

무염버터 200g

소금 한 꼬집

미리 준비하기

- 무염버터는 미리 실온에 꺼내 놓아 부드러운 상태로 준비하세요.

만드는 법

1 백설탕과 물, 소금을 냄비에 담아 118도가 될 때까지 젓지 말고 끓여 주세요.

2 1 의 온도가 110도 정도가 되면 흰자를 휘핑하기 시작하세요.

» 계란 흰자의 양이 너무 적으면 휘핑이 잘 되지 않으므로 넉넉한 분량을 만드시는 것이 좋아요.

3 1 이 118도가 되면 불을 끄고, 흰자를 고속으로 휘핑하면서 1 을 조금씩 흘려 넣어 주세요.

4 머랭이 미지근하게 식고, 단단하게 올라올 때까지 휘핑해 주세요.

» 이탈리안 머랭이 뜨거울 때 버터와 섞으면 버터가 녹을 수 있으므로 30도 이하로 식혀 주세요.

5 이탈리안 머랭이 30도 정도로 식으면, 실온 상태의 부드러운 버터를 두 번에 걸쳐 나눠 넣어가며 휘핑해서 부드러운 크림을 만들어 주세요.

» 이때, 버터의 온도와 이탈리안 머랭의 온도가 서로 비슷해야 분리되지 않고 잘 섞입니다.

1	2
3	4
5	5

▲ HOW TO MAKE

보관

- 밀폐하여 냉장 3~4일까지 보관 가능합니다.
- 냉장 보관 후 다시 꺼내서 사용할 때는 크림을 완전히 실온 상태로 부드럽게 만든 후 다시 휘핑하여 사용합니다.

스위스 머랭 버터크림

▲ GO TO VIDEO

흰자와 설탕을 섞은 후 따뜻하게 데워 만드는 스위스 머랭을 버터와 섞은 크림이에요. 기본적으로 이탈리안 머랭 버터크림과 비슷한 맛을 지녔지만 이탈리안 머랭에 비해 공정이 단순한 스위스 머랭의 특성상 만드는 방법이 훨씬 간편해요. 쉽고 간단한 것을 선호하는 미국에서 버터크림을 만들 때 가장 흔히 사용하는 방법 중 하나랍니다.

재료

무염버터 150g

계란 흰자 43g

백설탕 66g

소금 한 꼬집

바닐라 익스트랙 2g

미리 준비하기

- 무염버터는 미리 실온에 꺼내 놓아 부드러운 상태로 준비하세요.

만드는 법

1. 흰자를 볼에 담아 백설탕과 소금을 넣고 잘 섞어 주세요.
2. 끓는 물 위에 흰자가 담긴 볼을 올려 두고 거품기로 잘 저어 가며 중탕해서 설탕이 모두 녹고, 혼합물의 온도가 60도가 될 때까지 온도를 높여 주세요.
3. 머랭이 30도 이하로 식고, 뾰족하고 단단해질 때까지 핸드믹서 고속으로 휘핑해 주세요.
4. 스위스 머랭이 30도 정도로 식으면, 바닐라 익스트랙을 넣고 실온 상태이 부드러운 버터를 두 번에 걸쳐 나눠 넣어가며 휘핑해서 부드러운 크림을 만들어 주세요.

   » 이때, 버터의 온도와 스위스 머랭의 온도가 서로 비슷해야 분리되지 않고 잘 섞입니다.

1	2
3	4
4	4

▲ HOW TO MAKE

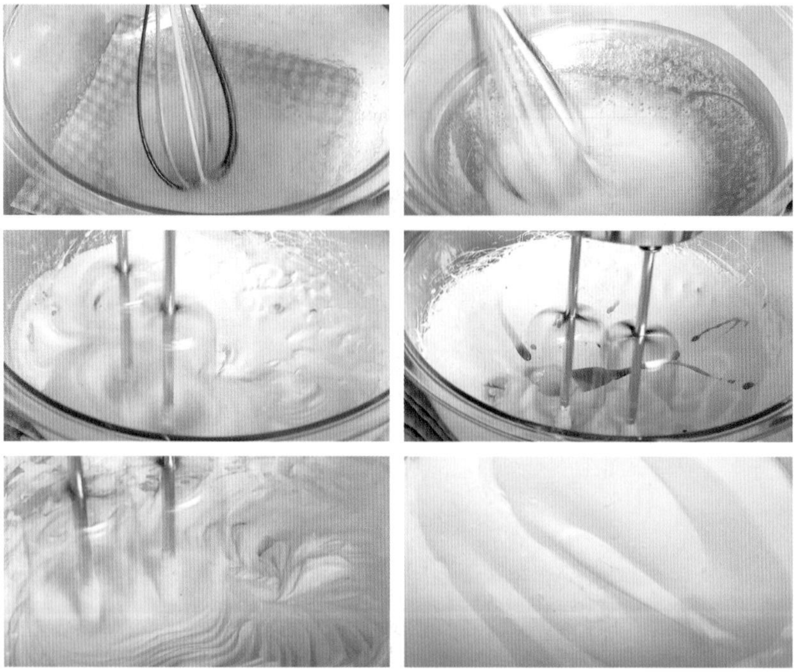

보관

- 밀폐하여 냉장 3~4일까지 보관 가능합니다.
- 냉장 보관 후 다시 꺼내서 사용할 때는 크림을 완전히 실온 상태로 부드럽게 만든 후 다시 휘핑하여 사용합니다.

기본
캐러멜 소스

캐러멜 소스

▲ GO TO VIDEO

설탕과 생크림이 동량으로 들어간, 가장 기본적인 배합의 캐러멜 소스예요. 되직하게 흐르는 질감이기 때문에 그 자체로 소스처럼 활용하기도, 버터나 생크림 같은 다른 재료들과 섞기에도 용이해요. 설탕을 태워 캐러멜을 만들 때에는 알맞은 냄비를 선택하는 것이 성패를 좌우하는데, 두께가 너무 얇거나 코팅이 되어 있는 것을 사용하면 실패 확률이 높으므로 두께감이 있는 스테인리스 냄비를 사용하는 것이 좋아요.

재료
완성양 약 75~80g 분량

백설탕 50g
생크림 50g
무염버터 8g

만드는 법

1 냄비에 백설탕을 넣고 젓지 않고 약불로 가열해서 설탕을 골고루 녹여 주세요.

» 불이 세면 설탕이 부분적으로 탈 수 있으므로, 약불로 천천히 냄비를 잘 흔들면서 가열해서 설탕이 녹지 않은 부분이 없도록 녹여 주세요.

2 생크림을 뜨거운 상태로 1 에 넣을 수 있게 용기에 담아 데워 두세요.

» 이때, 생크림은 70도 이상이어야 덩어리 없이 잘 섞입니다. 단, 너무 팔팔 끓여서 생크림의 수분이 날아가지 않도록 주의합니다.

» 1 과 2 가 동시에 준비되어야 하므로, 2 는 전자레인지에 20초 정도 데운 후 뚜껑을 덮어 두면 편리합니다.

» 솔티 캐러멜 소스를 만들 경우, 생크림 쪽에 소금 2g을 넣고 녹이면 됩니다.

3 1 이 캐러멜화 되어 전체적으로 짙은 갈색이 나면 뜨거운 생크림을 조금씩 넣으면서 주걱으로 섞어 주세요.

» 이때, 뜨거운 수증기가 많이 발생하므로 손에 화상을 입지 않게 주의하세요.

4 캐러멜 소스가 70도 정도까지 식으면 무염버터를 넣고 골고루 잘 섞어 주세요.

» 버터는 캐러멜 소스에 풍미와 굳힘성을 줍니다.

5 캐러멜 소스 표면에 막이 생기지 않도록 랩을 씌운 후, 실온 상태까지 완전히 식혀 주세요.

1	2
3	4
5	

▲ HOW TO MAKE

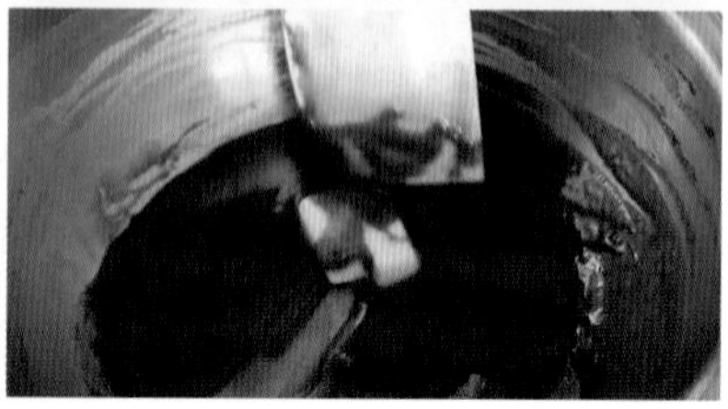

보관

• 밀폐용기에 담아 냉장 약 3주까지 보관 가능합니다.

둘세 데 레체

우유 캐러멜 소스

둘세 데 레체는 남미에서 흔히 먹는 일종의 캐러멜 소스로, 유제품을 가열하였을 때 발생하는 메일라드 반응을 이용해 만들어요. 캐러멜 소스보다 쓴맛이 덜하고, 부드러운 우유 맛이 나요. 둘세 데 레체는 시럽이나 잼처럼 과자 사이에 샌드해 먹거나, 디저트나 팬케이크, 과일 위에 뿌려서 먹기도 하는데, 이 책에서는 둘세 데 레체를 바노피 파이와 알파호레스 쿠키를 만드는 데에 활용했어요.

▲ GO TO VIDEO

재료

캔 타입 연유 1캔

» 캔 타입 연유면 브랜드 상관없이 어떤 제품이든 가능합니다.

만드는 법

1 캔 연유를 끓는 물에 완전히 잠기도록 넣은 후, 2~3시간 동안 약불에서 천천히 끓입니다.

» 가열되는 동안 캔이 물 속에 완전히 잠기도록 물을 중간중간 보충해 주세요.

» 오래 끓일수록 농도가 되직해지고 색이 진해지므로, 사용 목적에 따라 끓는 시간을 조절하세요.

» 캔 연유가 없을 경우, 밀폐가 가능한 내열 잼병에 연유를 가득 채운 후 끓여도 됩니다.

1	1

▲ HOW TO MAKE

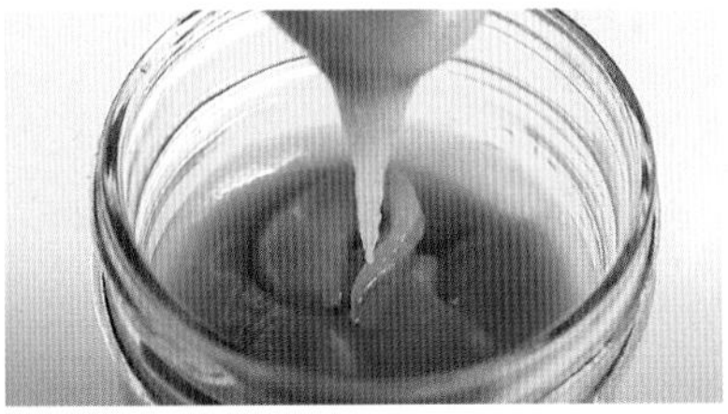

보관

- 밀폐용기에 담아 냉장 약 3주까지 보관 가능합니다.

03 CAKE 케이크

딸기 생크림 케이크
딸기 초코 케이크
블랙 포레스트 케이크
블루베리 생크림 케이크
망고 케이크
청포도 요거트 케이크
딸기 우유 케이크
몽블랑 케이크
쑥 인절미 크럼블 케이크
캐러멜 로투스 케이크
말차 딸기 트리케이크
딸기 카스텔라 롤케이크
도지마 롤케이크
요거트 비스퀴 롤케이크
뉴욕 치즈케이크
자몽 레어 치즈케이크
바스크 치즈케이크
초간단 5분 티라미수
하트 티라미수 케이크
딸기 티라미수
딸기 샤를로트 케이크
딸기 프레지에
당근 케이크
No 색소 레드벨벳 케이크
오레오 아이스박스 케이크
빅토리아 스펀지 케이크
초코 구겔호프 케이크
생크림 카스텔라
라즈베리 컵케이크
블루베리 컵케이크
애플 얼그레이 컵케이크
레몬 컵케이크
클래식 갸또 쇼콜라
말차 더블 갸또 쇼콜라
쑥 인절미 갸또 쇼콜라

○ ○ ○

딸기 생크림 케이크

▲ GO TO VIDEO

보송보송하고 촉촉한 제누와즈와 화이트 초콜릿을 녹여 넣어 우유 맛 진한 생크림, 그리고 적당한 비율의 시럽과 생딸기는 먹어도 먹어도 질리지 않는 맛있는 조합이에요. 딸기철이 아닐 때에는 어떤 과일로 바꿔 만드셔도 잘 어울리는 만능 레시피입니다.

재료

지름 15cm, 높이 7cm
높은 원형 1호틀 1개 분량

제누와즈

계란 115g, 계란 노른자 30g, 백설탕 75g, 꿀 15g, 박력분 81g, 옥수수 전분 12g, 무염버터 20g, 우유 30g, 바닐라 익스트랙 2g

시럽

설탕 15g, 물 30g, 키르슈 5g

화이트 초콜릿 몽떼 크림

생크림(A) 80g, 화이트 커버춰 초콜릿 80g, 생크림(B) 340g

마무리

딸기 350~400g, 미로와 약간

미리 준비하기

- 틀에 유산지나 테프론 시트를 재단해 깔아 두세요.
- 가루류는 함께 섞어서 체 쳐 두세요.
- 오븐을 실제 굽는 온도보다 20~30도 높게 최소 20분 이상 충분히 예열해 주세요.

만드는 법

tip 제누와즈 참고 p51

제누와즈

1 공립법 제누와즈를 만드세요.

2 완전히 식힌 후, 두께 1.5cm로 세 장 슬라이스 하여 준비해 주세요.

» 반나절 정도 실온에 숙성한 제누와즈를 사용하면 더 촉촉해서 맛있어요.

» 완성된 제누와즈의 높이감이 여유 있다면, 바닥면을 0.5cm 정도 쳐낸 후 사용하면 더 부드러운 식감의 제누와즈를 얻을 수 있어요.

시럽

1 물과 백설탕을 냄비 또는 전자레인지로 가열하여 설탕을 완전히 녹여 주세요.

» 시럽이 팔팔 끓지 않아도 설탕이 전부 녹기만 하면 됩니다.

2 키르슈를 넣고 섞어서 사용하기 전까지 완전히 식혀서 준비하세요.

» 키르슈는 체리 브랜디인데, 없으면 생략 가능합니다.

화이트 초콜릿 몽떼 크림

1 생크림(A)를 냄비에 넣고, 가장자리가 끓어오를 때까지 가볍게 데워 주세요.

2 1 을 화이트 커버춰 초콜릿 위에 붓고, 초콜릿이 녹을 때까지 3분 정도 기다렸다가 주걱으로 잘 섞어서 유화시켜 가나슈를 만들어 주세요.

3 실온의 생크림(B)를 넣고 주걱으로 잘 섞어서 균일하게 만든 후, 냉장고에서 최소 6시간 이상 휴지해 주세요.

» 2 ~ 3의 과정은 핸드블렌더를 사용하여 유화하면 더욱 안정적이고 균일한 결과물을 얻을 수 있습니다.

» 초콜릿 성분이 안정화되지 않으면 휘핑이 되지 않거나 휘핑 도중 분리되기 쉽기 때문에 하룻밤 냉장 휴지를 권장합니다.

4 휴지를 마친 크림은 볼 밑에 얼음물을 받쳐 핸드믹서 고속으로 걸쭉해질 때까지 휘핑하세요.

» 휘핑하는 도중 크림의 온도가 높아지면 크림이 버글거리며 분리됩니다. 차가운 상태에서 휘핑을 시작하고, 온도가 올라가는 것을 늦추기 위해 얼음물을 받쳐 주세요.

5 어느 정도 걸쭉해질 정도로 거품이 올라오면, 핸드믹서 저속으로 크림이 단단해 질 때까지 마저 휘핑하세요.

» 완성된 크림 중 210g을 덜어 인서트용으로 단단하게 휘핑하고, 나머지는 겉면 아이싱 용으로 사용하기 전까지 냉장고에 넣어 두면 아이싱 할 때 크림이 버글거리는 것을 늦출 수 있어서 편리해요.

1	2
3	3
4	5

▲ HOW TO MAKE

마무리

1 딸기는 씻은 후 물기를 완전히 제거하고, 8mm 두께로 썰어 주세요.

2 슬라이스한 제누와즈, 시럽, 딸기, 인서트용 크림으로 케이크를 몽타쥬 해 주세요.

3 냉장고에 보관해 두었던 아이싱용 크림을 꺼내서 거품기로 전체적으로 섞어 농도를 정확히 맞춘 후, 겉면을 아이싱 해서 완성해 주세요.

» 윗면에 남은 크림을 8발 별깍지로 파이핑하고 생딸기를 올려서 장식해 주었어요.

» 과일 표면에 미로와(광택제)를 바르면 과일에 먹음직스러운 광택을 주고, 마르는 것을 늦춰 줍니다.

1	2
3	3
3	

▲ HOW TO MAKE

보관

- 밀폐용기에 담아 냉장 1~2일까지 보관 가능합니다.
- 생과일이 들어있는 케이크는 변질이 빠르므로 가급적 만든 당일 드시는 것이 가장 좋습니다.

딸기 초코 케이크

▲ GO TO VIDEO

부드럽고 진한 초코 제누와즈와 마스카포네 치즈가 들어간 깔끔한 맛의 생크림, 신선한 제철 딸기로 구성된 베이직한 케이크예요. 윗면에 자연스럽게 가나슈를 흘려 주면 보기에도 예쁘지만 진한 초코맛이 더해져서 더 맛있어요.

재료

지름 15cm, 높이 7cm
높은 원형 1호틀 1개 분량

초코 제누와즈
계란 115g, 계란 노른자 30g, 백설탕 75g, 꿀 15g, 박력분 63g, 옥수수 전분 12g, 코코아 파우더 18g, 무염버터 20g, 우유 30g, 바닐라 익스트랙 2g

시럽
백설탕 30g, 물 45g, 키르슈 5g

마스카포네 샹티 크림
생크림 300g, 백설탕 21g, 마스카포네 치즈 60g, 키르슈 5g

몽타쥬
딸기 350~400g

초코 가나슈 드립
생크림 35g, 다크 커버춰 초콜릿 35g(카카오 고형분 57.9%)

미리 준비하기

- 틀에 유산지나 테프론 시트를 재단해 깔아 두세요.
- 가루류는 함께 섞어서 체 쳐 두세요.

- 오븐을 실제 굽는 온도보다 20~30도 높게 최소 20분 이상 충분히 예열해 주세요.
- 마스카포네 샹티 크림을 만들 생크림과 마스카포네 치즈는 사용 직전까지 차갑게 보관해 주세요.

만드는 법

tip 제누와즈 참고 p51

초코 제누와즈

1 공립법 초코 제누와즈를 만드세요.

2 완전히 식힌 후, 두께 1.5cm로 세 장 슬라이스 하여 준비해 주세요.

» 반나절 정도 실온에 숙성한 제누와즈를 사용하면 더 촉촉해서 맛있어요.

» 완성된 제누와즈의 높이감이 여유 있다면, 바닥면을 0.5cm 정도 쳐낸 후 사용하면 더 부드러운 식감의 제누와즈를 얻을 수 있어요.

시럽

1 물과 백설탕을 냄비 또는 전자레인지로 가열하여 설탕을 완전히 녹여 주세요.

» 시럽이 팔팔 끓지 않아도 설탕이 전부 녹기만 하면 됩니다.

2 키르슈를 넣고 섞어서 사용하기 전까지 완전히 식혀서 준비하세요.

» 키르슈는 체리 브랜디인데, 없으면 생략 가능합니다.

마스카포네 샹티 크림

1 차가운 생크림과 마스카포네, 백설탕, 키르슈를 볼에 함께 넣고, 볼 밑에 얼음물을 받쳐 핸드믹서 고속으로 걸쭉해질 때까지 휘핑하세요.

» 휘핑하는 도중 크림의 온도가 높아지면 크림이 버글거리며 분리됩니다. 차가운 상태에서 휘핑을 시작하고, 온도가 올라가는 것을 늦추기 위해 얼음물을 받쳐 주세요.

2 어느 정도 걸쭉해질 정도로 거품이 올라오면, 핸드믹서 저속으로 크림이 단단해질 때까지 휘핑하세요.

» 완성된 크림 중 190g을 덜어 인서트용으로 단단하게 휘핑하고, 나머지는 겉면 아이싱용으로 사용하기 전까지 냉장고에 넣어 두면 아이싱 할 때 크림이 버글거리는 것을 늦출 수 있어서 편리해요.

몽타쥬

1 딸기는 씻은 후 물기를 완전히 제거하고, 8mm 두께로 썰어 주세요.

2 슬라이스한 초코 제누와즈, 시럽, 딸기, 인서트용 크림으로 케이크를 몽타쥬 해 주세요.

3 냉장고에 보관해 두었던 아이싱용 크림을 꺼내서 거품기로 전체적으로 섞어 농도를 정확히 맞춘 후, 겉면을 아이싱 해 주세요.

1	2
3	3
3	3

▲ HOW TO MAKE

초코 가나슈 드립

1 분량의 생크림을 전자레인지나 냄비를 이용해서 가장자리가 끓어오를 때까지(약 80도) 데워 주세요.

2 1 에 다크 커버춰 초콜릿을 넣고 3분 정도 그대로 두어 초콜릿을 녹인 후, 주걱으로 잘 저어서 유화시켜 주세요.

3 가나슈 온도를 29도로 정확히 맞춘 후 케이크 윗면에 부어 주세요.

4 스패출러로 밀어내서 자연스럽게 흐르는 모양으로 완성하세요.

» 이때, 케이크 겉면이 차가워야 가나슈가 흐르다가 자연스러운 모양으로 굳어요.

» 윗면은 여분의 딸기와 휘핑한 크림으로 장식해 주었어요.

2	2
3	3
4	4

▲ HOW TO MAKE

보관

- 밀폐용기에 담아 냉장 1~2일까지 보관 가능합니다.
- 생과일이 들어있는 케이크는 변질이 빠르므로 가급적 만든 당일 드시는 것이 가장 좋습니다.

블랙 포레스트 케이크

▲ GO TO VIDEO

'체리 포레누아'라고도 불리는 이 케이크는 '검은 숲'이라는 뜻으로, 초코와 체리가 고급스럽고 조화롭게 어우러진 케이크예요. 레시피에서는 체리를 콩포트로 만들어서 사용했는데, 새콤달콤한 맛있는 생체리를 구할 수 있는 철에는 생과를 그대로 사용해도 맛있고, 아마레나 체리 통조림을 대신 사용하셔도 맛있어요.

재료

지름 15cm, 높이 7cm
높은 원형 1호틀 1개 분량

초코 제누와즈

계란 115g, 계란 노른자 30g, 백설탕 75g, 꿀 15g, 박력분 63g, 옥수수 전분 12g, 코코아 파우더 18g, 무염버터 20g, 우유 30g, 바닐라 익스트랙 2g

시럽

물 40g, 백설탕 20g, 키르슈 5g

체리 콩포트

체리 180g(씨 포함 무게), 백설탕 60g, 레몬즙 10g, 키르슈 10g, 시나몬 스틱 1개

초코 샹티 크림(인서트용)

생크림(A) 45g, 다크 커버춰 초콜릿(카카오 고형분 57.9%) 45g, 생크림(B) 120g

샹티 크림

생크림 180g, 백설탕 15g, 키르슈 5g

미리 준비하기

- 틀에 유산지나 테프론 시트를 재단해 깔아 두세요.
- 가루류는 함께 섞어서 체 쳐 두세요.
- 오븐을 실제 굽는 온도보다 20~30도 높게 최소 20분 이상 충분히 예열해 주세요.
- 체리 콩포트에 들어갈 체리는 반 자른 후 씨를 제거해 주세요.
- 생크림은 사용 직전까지 차갑게 보관해 주세요.

만드는 법

tip 제누와즈 참고 p51

초코 제누와즈

1 공립법 초코 제누와즈를 만드세요.

2 완전히 식힌 후, 두께 1.5cm로 세 장 슬라이스 하여 준비해 주세요.

» 반나절 정도 실온에 숙성한 제누와즈를 사용하면 더 촉촉해서 맛있어요.

» 완성된 제누와즈의 높이감이 여유 있다면, 바닥면을 0.5cm 정도 쳐낸 후 사용하면 더 부드러운 식감의 제누와즈를 얻을 수 있어요.

시럽

1 물과 백설탕을 냄비 또는 전자레인지로 가열하여 설탕을 완전히 녹여 주세요.

» 시럽이 팔팔 끓지 않아도 설탕이 전부 녹기만 하면 됩니다.

2 키르슈를 넣고 섞어서 사용하기 전까지 완전히 식혀서 준비하세요.

» 키르슈는 체리 브랜디인데, 없으면 생략 가능합니다.

체리 콩포트

1 씨 뺀 체리, 백설탕, 레몬즙, 시나몬 스틱을 냄비에 넣고 중불로 가열해 주세요.

2 전체적으로 가운데까지 끓어오르면 불에서 내려 한김 식힌 후, 키르슈를 넣고 냉장고에 하루 정도 보관 후 사용하세요.

» 식혀서 바로 사용해도 되지만, 하루 냉장고에 보관하면 맛이 더 깊어집니다.

1 2

▲ HOW TO MAKE

초코 샹티 크림

1 생크림(A)를 냄비에 넣고, 가장자리가 끓어오를 때까지 가볍게 데워 주세요.

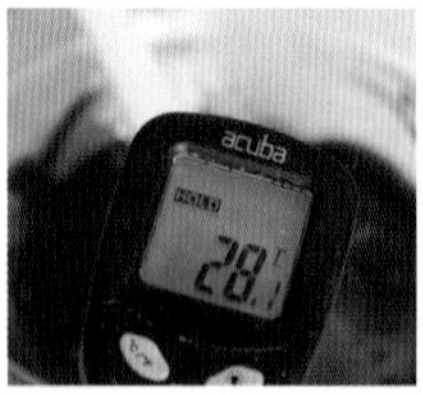

CHECK POINT. 2

2 1 을 다크 커버춰 초콜릿 위에 붓고, 초콜릿이 녹을 때까지 3분 정도 기다렸다가 주걱으로 잘 섞어서 유화시켜 가나슈를 만들어 주세요.

» 완성된 가나슈는 27 ~ 30도까지 식혀 주세요.

3 차가운 생크림(B)를 볼에 담아 얼음물 위에서 80% 정도 휘핑해 주세요.

» 주걱으로 크림을 넘겨 보았을 때, 부드럽지만 예리한 날이 생기는 정도의 상태입니다.

4 식힌 가나슈 쪽에 휘핑한 생크림(B)를 약간 떠서 넣고 주걱으로 재빨리 섞어 주세요.

5 4 를 다시 생크림(B) 쪽에 넣고 빠르게 섞은 후, 핸드믹서로 휘핑해서 펴 바르기 적합한 텍스처로 만드세요.

6 완성된 크림은 제누와즈, 시럽, 체리 콩포트와 함께 몽타쥬 해 주세요.

» 초콜릿이 들어간 생크림은 실온에 조금만 방치해도 쉽게 버글거리는 상태로 변하므로 가능한 한 빨리 사용하세요.

1 2

▲ HOW TO MAKE

3	4
5	5
6	6
6	6

▲ HOW TO MAKE

샹티 크림

1 차가운 생크림, 백설탕, 키르슈를 볼에 담아 얼음물 위에서 휘핑해서 아이싱용 크림을 만들어 주세요.

» 휘핑하는 도중 크림의 온도가 높아지면 크림이 버글거리며 분리됩니다. 차가운 상태에서 휘핑을 시작하고, 온도가 올라가는 것을 늦추기 위해 얼음물을 받쳐 주세요.

2 완성된 크림으로 케이크 겉면에 아이싱하고, 남은 크림은 8발 별깍지를 끼운 짤주머니에 담아 케이크 윗면에 파이핑하여 케이크를 완성합니다.

3 블럭 초콜릿을 칼로 긁어 케이크 중앙에 뿌리고, 여분의 생체리로 장식해서 마무리해 주었어요.

1	2
2	3
3	3

▲ HOW TO MAKE

보관

- 밀폐용기에 담아 냉장 2~3일까지 보관 가능합니다.

블루베리 생크림 케이크

▲ GO TO VIDEO

부드러운 제누와즈 시트에, 크림에 블루베리 잼을 넣어 상큼함이 터지는 블루베리 생크림 케이크예요. 윗면에 부드럽게 휘핑한 생크림을 자연스럽게 드립해서 동화 같은 비주얼을 연출해 보았어요.

재료

지름 15cm, 높이 7cm
높은 원형 1호틀 1개 분량

제누와즈
계란 115g, 계란 노른자 30g, 백설탕 75g, 꿀 15g, 박력분 81g, 옥수수 전분 12g, 무염 버터 20g, 우유 30g, 바닐라 익스트랙 2g

시럽
백설탕 15g, 물 30g, 카시스 리큐르 5g

블루베리 잼
생과 또는 냉동 블루베리 120g, 백설탕 48g, NH펙틴 3g, 레몬즙 12g, 카시스 리큐르 5g

블루베리 샹티 크림
생크림 380g, 블루베리 잼 60g, 백설탕 15g

마무리
생크림 50g, 마스카포네 치즈 18g, 백설탕 6g, 블루베리 300g

미리 준비하기

- 틀에 유산지나 테프론 시트를 재단해 깔아 두세요.
- 가루류는 함께 섞어서 체 쳐 두세요.

- 블루베리 잼을 만들 블루베리는 냉동이라면 미리 완전히 해동해 주세요.
- 생크림과 마스카포네 치즈는 사용 직전까지 차갑게 보관해 주세요.
- 오븐을 실제 굽는 온도보다 20~30도 높게 최소 20분 이상 충분히 예열해 주세요.

만드는 법

tip 제누와즈 참고 p51

제누와즈

1 공립법 제누와즈를 만드세요.

2 완전히 식힌 후, 두께 1.5cm로 세 장 슬라이스 하여 준비해 주세요.

» 반나절 정도 실온에 숙성한 제누와즈를 사용하면 더 촉촉해서 맛있어요.

» 완성된 제누와즈의 높이감이 여유 있다면, 바닥면을 0.5cm 정도 쳐낸 후 사용하면 더 부드러운 식감의 제누와즈를 얻을 수 있어요.

시럽

1 물과 백설탕을 냄비 또는 전자레인지로 가열하여 설탕을 완전히 녹여 주세요.

» 시럽이 팔팔 끓지 않아도 설탕이 전부 녹기만 하면 됩니다.

2 카시스 리큐르를 넣고 섞어서 사용하기 전까지 완전히 식혀서 준비하세요.

» 카시스 리큐르는 생략 가능합니다.

블루베리 잼

1 블루베리는 곱게 갈아주세요.

2 냄비에 곱게 간 블루베리 퓨레를 넣고 40~50도까지 데워 주세요.

3 불을 끄고 백설탕과 NH펙틴을 거품기로 잘 섞은 후 2 에 넣으면서 거품기로 덩어리 지지 않게 재빨리 섞어 주세요.

» 설탕은 분산성이 강해 덩어리지기 쉬운 펙틴이 잘 분산되어 섞이도록 도와줘요.

4 다시 불을 켜고 잼이 가운데까지 완전히 바글바글 끓어오를 때까지 주걱으로 저어 가면서 데워 주세요.

5 불에서 내려 레몬즙을 넣고 섞은 후, 한김 식으면 카시스 리큐르를 넣고 섞어 주세요.

» 카시스 리큐르는 생략 가능합니다.

» 완성된 잼은 사용 직전까지 냉장고에서 차갑게 만들어 두세요.

1	2
3	4
5	5

▲ HOW TO MAKE

■ 블루베리 생크림

1 차가운 생크림, 블루베리 잼, 백설탕을 함께 볼에 담아 얼음물 위에서 핸드믹서로 걸쭉해질 때까지 휘핑해 주세요.

» 휘핑하는 도중 크림의 온도가 높아지면 크림이 버글거리며 분리됩니다. 차가운 상태에서 휘핑을 시작하고, 온도가 올라가는 것을 늦추기 위해 얼음물을 받쳐 주세요.

2 어느 정도 걸쭉해질 정도로 거품이 올라오면, 핸드믹서 저속으로 크림이 단단해질 때까지 휘핑하세요.

» 완성된 크림 중 250g을 덜어 인서트용으로 단단하게 휘핑하고, 나머지는 겉면 아이싱용으로 사용하기 전까지 냉장고에 넣어 두면 아이싱 할 때 크림이 버글거리는 것을 늦출 수 있어서 편리해요.

3 슬라이스한 제누와즈, 시럽, 생블루베리, 인서트용 크림으로 케이크를 몽타쥬 해 주세요.

4 냉장고에 보관해 두었던 아이싱용 크림을 꺼내서 거품기로 전체적으로 섞어 농도를 정확히 맞춘 후, 겉면을 아이싱 해 주세요.

3	3
3	4

▲ HOW TO MAKE

마무리

1 분량의 생크림, 마스카포네 치즈, 백설탕을 함께 휘핑해 주세요.

2 묽은 요거트 정도의 점성이 되면 케이크 윗면에 붓고 스패출러를 이용해 옆면으로 자연스럽게 떨어뜨려 주세요.

3 윗면을 생블루베리와 허브로 장식해서 마무리해 주세요.

1	2
3	3

▲ HOW TO MAKE

보관

- 밀폐용기에 담아 냉장 2~3일까지 보관 가능합니다.

망고 케이크

▲ GO TO VIDEO

망고맛 진한 크림을 만들어 생망고를 가득 썰어 넣고 만든 망고 가득한 케이크예요. 망고 크림에는 망고 퓨레와 함께 약간의 패션후르츠 퓨레를 넣었는데, 망고에 패션후르츠를 더하면 당도가 높지만 산미가 다소 약한 망고를 상큼한 패션후르츠가 보완해 주면서 크림의 풍미가 한층 업그레이드 되어요.

재료

지름 15cm, 높이 7cm
높은 원형 1호틀 1개 분량

제누와즈
계란 115g, 계란 노른자 30g, 백설탕 75g, 꿀 15g, 박력분 81g, 옥수수 전분 12g, 무염 버터 20g, 우유 30g, 바닐라 익스트랙 2g

시럽
백설탕 20g, 물 40g, 화이트럼 3g

망고 패션후르츠 잼
망고 퓨레 70g, 패션후르츠 퓨레 20g, 백설탕 23g

망고 크림(인서트용)
망고 패션후르츠 잼 60g, 생크림 200g, 백설탕 14g

샹티 크림(아이싱용)
생크림 150g, 백설탕 11g, 화이트럼 3g

몽타쥬
생망고 한 개 반

미리 준비하기

- 틀에 유산지나 테프론 시트를 재단해 깔아 두세요.
- 가루류는 함께 섞어서 체 쳐 두세요.
- 생크림은 사용 직전까지 차갑게 보관해 주세요.
- 오븐을 실제 굽는 온도보다 20~30도 높게 최소 20분 이상 충분히 예열해 주세요.

만드는 법

tip 제누와즈 참고 p51

제누와즈

1 공립법 제누와즈를 만드세요.

2 완전히 식힌 후, 두께 1.5cm로 세 장 슬라이스 하여 준비해 주세요.

» 반나절 정도 실온에 숙성한 제누와즈를 사용하면 더 촉촉해서 맛있어요.

» 완성된 제누와즈의 높이감이 여유 있다면, 바닥면을 0.5cm 정도 쳐낸 후 사용하면 더 부드러운 식감의 제누와즈를 얻을 수 있어요.

시럽

1 물과 백설탕을 냄비 또는 전자레인지로 가열하여 설탕을 완전히 녹여 주세요.

» 시럽이 팔팔 끓지 않아도 설탕이 전부 녹기만 하면 됩니다.

2 화이트럼을 넣고 섞어서 사용하기 전까지 완전히 식혀서 준비하세요.

» 화이트럼은 생략 가능합니다.

망고 패션후르츠 잼

1 분량의 망고 퓨레와 패션후르츠 퓨레, 백설탕을 냄비에 넣고 잘 저어 가며 끓여 주세요.

2 3~4분 정도 센 불에서 끓여 걸쭉하게 졸여지면 불에서 내려 사용 전까지 차갑게 식혀 두세요.

» 졸여진 잼의 총량은 약 60g 정도입니다.

» 잼이 따뜻하면 생크림에 넣었을 때 휘핑이 안 될 수 있으므로 차게 식혀 두세요.

망고 크림(인서트용)

1 분량의 생크림과 백설탕을 볼에 담아 얼음물 위에서 단단해질 때까지 휘핑해 주세요.

» 휘핑하는 도중 크림의 온도가 높아지면 크림이 버글거리면서 분리됩니다. 차가운 상태에서 휘핑을 시작하고, 온도가 올라가는 것을 늦추기 위해 얼음물을 받쳐 주세요.

2 망고 패션후르츠 잼을 넣고 주걱으로 가볍게 섞어 망고 크림을 완성하세요.

샹티 크림

1 차가운 생크림, 백설탕, 화이트럼을 볼에 담아 얼음물 위에서 휘핑해서 아이싱용 크림을 만들어 주세요.

» 휘핑하는 도중 크림의 온도가 높아지면 크림이 버글거리면서 분리됩니다. 차가운 상태에서 휘핑을 시작하고, 온도가 올라가는 것을 늦추기 위해 얼음물을 받쳐 주세요.

몽타쥬

1 망고는 껍질을 제거하고 정육면체 모양으로 썰어 주세요.

2 슬라이스한 제누와즈, 시럽, 망고 크림으로 케이크를 몽타쥬 해 주세요.

3 냉장고에 보관해 두었던 아이싱용 샹티 크림을 꺼내서 거품기로 전체적으로 섞어 농도를 정확히 맞춘 후, 겉면을 아이싱 해 주세요.

» 스패출러로 옆면에 자연스러운 터치감을 주고, 남은 크림은 케이크 윗면에 파이핑한 후 생망고와 애플민트로 장식해 케이크를 완성해 주었어요.

1	2

▲ HOW TO MAKE

2	2
3	3

▲ HOW TO MAKE

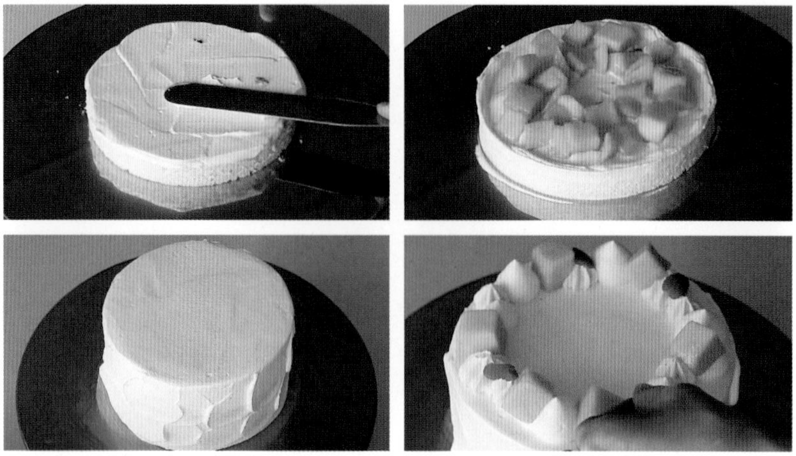

보관

- 밀폐용기에 담아 냉장 1~2일까지 보관 가능합니다.
- 생과일이 들어있는 케이크는 변질이 빠르므로 가급적 만든 당일 드시는 것이 가장 좋습니다.

청포도 요거트 케이크

▲ GO TO VIDEO

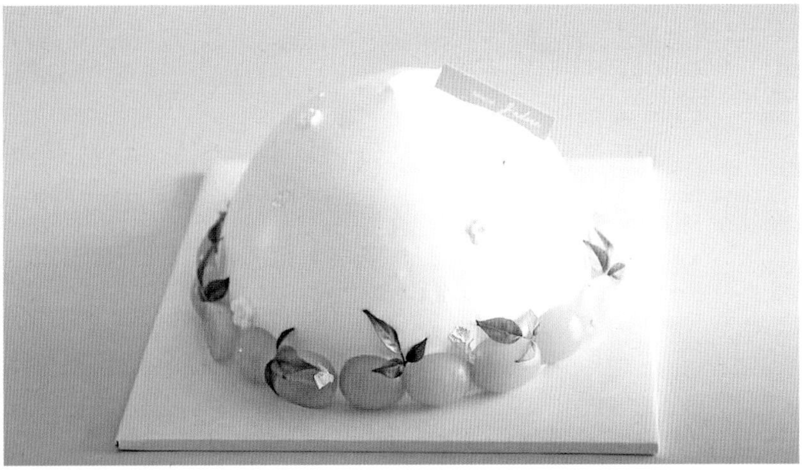

귀여운 돔 모양으로 만들어 본 청포도 요거트 케이크예요. 가볍고 상큼한 요거트 생크림은 청포도 말고 다른 과일 종류와도 무난하게 잘 어울려요. 무화과, 딸기, 키위, 망고, 블루베리 등 다른 과일로도 자유롭게 응용해 보세요.

재료

지름 15cm, 높이 7cm
높은 원형 1호틀 1개 분량

제누와즈

계란 흰자 85g, 백설탕 80g, 계란 노른자 55g, 박력분 75g, 옥수수 전분 10g, 우유 30g, 무염버터 20g, 바닐라 익스트랙 2g

시럽

물 25g, 백설탕 13g, 코앵트로 5g

요거트 샹티 크림

생크림 300g, 백설탕 35g, 그릭 요거트(무가당) 70g, 요거트 파우더(음료용) 45g

몽타쥬

샤인머스캣 300g

미리 준비하기

- 틀에 유산지나 테프론 시트를 재단해 깔아 두세요.
- 가루류는 함께 섞어서 체 쳐 두세요.
- 생크림과 요거트는 사용 직전까지 차갑게 보관해 주세요.
- 오븐을 실제 굽는 온도보다 20~30도 높게 최소 20분 이상 충분히 예열해 주세요.

만드는 법

tip 제누와즈 참고 p55

CHECK POINT. 3

제누와즈

1 별립법 제누와즈를 만드세요.

2 완전히 식힌 후, 두께 1.5cm로 세 장 슬라이스 해 주세요.

» 반나절 정도 실온에 숙성한 제누와즈를 사용하면 더 촉촉해서 맛있어요.

» 완성된 제누와즈의 높이감이 여유 있다면, 바닥면을 0.5cm 정도 쳐낸 후 사용하면 더 부드러운 식감의 제누와즈를 얻을 수 있어요.

3 세 장 중 한 장은 지름 12cm, 다른 한 장은 지름 9cm로 잘라 주세요.

» 마땅한 원형 링이 없을 경우 가위를 이용해서 잘라도 됩니다.

시럽

1 물과 백설탕을 냄비 또는 전자레인지로 가열하여 설탕을 완전히 녹여 주세요.

» 시럽이 팔팔 끓지 않아도 설탕이 전부 녹기만 하면 됩니다.

2 코앵트로를 넣고 섞어서 사용하기 전까지 완전히 식혀서 준비하세요.

» 코앵트로는 오렌지 껍질로 만든 리큐르인데 없을 경우 생략 가능합니다.

요거트 샹티 크림

1 차가운 생크림, 차가운 그릭 요거트, 백설탕, 요거트 파우더를 볼에 담아 얼음물 위에서 걸쭉해질 때까지 휘핑해 주세요.

» 휘핑하는 도중 크림의 온도가 높아지면 크림이 버글거리면서 분리됩니다. 차가운 상태에서 휘핑을 시작하고, 온도가 올라가는 것을 늦추기 위해 얼음물을 받쳐 주세요.

2 어느 정도 걸쭉해질 정도로 거품이 올라오면, 핸드믹서 저속으로 크림이 단단해질 때까지 휘핑하세요.

» 완성된 크림 중 220g을 덜어 인서트용으로 단단하게 휘핑하고, 나머지는 겉면 아이싱용으로 사용하기 전까지 냉장고에 넣어 두면 아이싱 할 때 크림이 버글거리는 것을 늦출 수 있어서 편리해요.

몽타쥬

1 샤인머스캣은 세척 후 물기를 제거하고 반으로 썰어 주세요.

2 슬라이스한 제누와즈, 시럽, 인서트용 크림으로 케이크를 몽타쥬 해 주세요.

» 이때 제누와즈가 바닥부터 지름 15cm, 12cm, 9cm 순서로 위치하도록 조립해 주세요.

3 냉장고에 보관해 두었던 아이싱용 크림을 꺼내서 거품기로 전체적으로 섞어 농도를 정확히 맞춘 후, 겉면을 아이싱 해 주세요.

» 스패출러로 겉면 전체가 크림으로 덮이도록 대략 펴 바른 다음, 두꺼운 파일이나 투명 플라스틱을 잘라서 손으로 휘어지도록 쥔 후 표면을 돔 모양으로 매끈하게 아이싱 해 주세요.

» 밑면을 여분의 청포도와 자스민 잎으로 장식해서 완성했어요.

1	2
2	2
3	3

▲ HOW TO MAKE

보관

- 밀폐용기에 담아 냉장 1~2일까지 보관 가능합니다.
- 생과일이 들어있는 케이크는 변질이 빠르므로 가급적 만든 당일 드시는 것이 가장 좋습니다.

딸기 우유 케이크

▲ GO TO VIDEO

발로나 사의 딸기 초콜릿을 이용하여 만들어 본 케이크예요. 딸기우유 맛이 나는 보통의 딸기맛 초콜릿과 달리 진짜 딸기 같은 새콤함과 향을 가지고 있어 크림이나 무스 등을 만들 때 사용하면 진한 딸기 맛을 낼 수 있어요. 케이크 중간에 딸기 젤리 층을 넣어 비주얼적인 요소와 상큼한 맛을 더해 주었어요.

재료

지름 15cm, 높이 7cm
높은 원형 1호틀 1개 분량

제누와즈
계란 115g, 계란 노른자 30g, 백설탕 75g, 꿀 15g, 박력분 81g, 옥수수 전분 12g, 무염버터 20g, 우유 30g, 바닐라 익스트랙 2g

시럽
백설탕 15g, 물 30g, 키르슈 5g

딸기 젤리
딸기 퓨레 57g, 라즈베리 퓨레 18g, 백설탕 25g, NH펙틴 1.5g, 판젤라틴 1.5g, 디종 스트로베리 3g

샹티 크림(인서트용)
생크림 200g, 연유 25g

딸기 초콜릿 몽떼 크림(아이싱용)
생크림(A) 40g, 발로나 인스피레이션 딸기 초콜릿 40g, 판젤라틴 0.5g, 생크림(B) 160g

몽타쥬
딸기 200g

미리 준비하기

- 틀에 유산지나 테프론 시트를 재단해 깔아 두세요.
- 가루류는 함께 섞어서 체 쳐 두세요.
- 젤라틴은 얼음물에 최소 10분 이상 미리 불려 두세요.
- 딸기 젤리를 부어 굳힐 무스링은 랩으로 바닥 부분을 단단하게 막아 두세요.
- 딸기는 씻어서 물기를 제거한 후 8mm 두께로 슬라이스 하세요.
- 샹티 크림을 만들 생크림은 사용 직전까지 차갑게 보관해 주세요.
- 오븐을 실제 굽는 온도보다 20~30도 높게 최소 20분 이상 충분히 예열해 주세요.

만드는 법

tip 제누와즈 참고 p51

제누와즈

1 공립법 제누와즈를 만드세요.

2 완전히 식힌 후, 두께 1.5cm로 세 장 슬라이스 하여 준비해 주세요.

» 반나절 정도 실온에 숙성한 제누와즈를 사용하면 더 촉촉해서 맛있어요.

» 완성된 제누와즈의 높이감이 여유 있다면, 바닥면을 0.5cm 정도 쳐낸 후 사용하면 더 부드러운 식감의 제누와즈를 얻을 수 있어요.

시럽

1 물과 백설탕을 냄비 또는 전자레인지로 가열하여 설탕을 완전히 녹여 주세요.

» 시럽이 팔팔 끓지 않아도 설탕이 전부 녹기만 하면 됩니다.

2 키르슈를 넣고 섞어서 사용하기 전까지 완전히 식혀서 준비하세요.

» 키르슈는 체리 브랜디인데, 없으면 생략 가능합니다.

딸기 젤리

1 분량의 딸기 퓨레와 라즈베리 퓨레를 냄비에 담아 40~50도까지 데워 주세요.

2 불을 끄고 백설탕과 NH펙틴을 거품기로 잘 섞은 후 2 에 넣으면서 거품기로 덩어리 지지 않게 재빨리 섞어 주세요.

» 설탕은 분산성이 강해 덩어리지기 쉬운 펙틴이 잘 분산되어 섞이도록 도와줘요.

3 다시 불을 켜서 가운데까지 완전히 바글바글 끓어오를 때까지 끓여 주세요.

4 85도 이하로 온도가 떨어지면 불려둔 젤라틴의 물기를 제거한 후 넣어 섞어 주세요.

5 디종 스트로베리를 넣고 섞어 주세요.

» 디종 스트로베리는 딸기 리큐르인데, 없으면 생략 가능합니다.

6 무스링에 부어 2시간 이상 냉동해서 완전히 단단하게 얼려 주세요.

1	2
4	6

▲ HOW TO MAKE

▮ 샹티 크림

1 차가운 생크림과 연유를 볼에 담아 얼음물 위에서 휘핑해서 인서트용 샹티 크림을 만들어 주세요.

» 휘핑하는 도중 크림의 온도가 높아지면 크림이 버글거리며 분리됩니다. 차가운 상태에서 휘핑을 시작하고, 온도가 올라가는 것을 늦추기 위해 얼음물을 받쳐 주세요.

» 인서트용 크림은 조금 단단하게 휘핑해야 케이크의 모양이 잘 고정됩니다.

2 완성된 크림은 슬라이스한 제누와즈, 시럽, 딸기, 얼려둔 딸기 젤리와 함께 몽타쥬 해 주세요.

» 1단에는 딸기 젤리를, 2단에는 슬라이스한 딸기를 샌드해 주세요.

2	2
2	2

▲ HOW TO MAKE

딸기 초콜릿 몽떼 크림

1 생크림(A)를 냄비에 넣고, 가장자리가 끓어오를 때까지 가볍게 데워 주세요.

2 1 을 발로나 딸기 인스피레이션 초콜릿 위에 붓고, 초콜릿이 녹을 때까지 3분 정도 기다렸다가 주걱으로 잘 섞어서 유화시켜 가나슈를 만들어 주세요.

3 불려둔 판젤라틴의 물기를 제거한 후 2 에 넣어서 녹여 주세요.

4 실온의 생크림(B)를 넣고 주걱으로 잘 섞어서 균일하게 만든 후, 냉장고에서 최소 6시간 이상 휴지해 주세요.

» 2~4의 과정은 핸드블렌더를 사용하여 유화하면 더욱 안정적이고 균일한 결과물을 얻을 수 있습니다.

» 초콜릿 성분이 안정화되지 않으면 휘핑이 되지 않거나 휘핑 도중 분리되기 쉽기 때문에 하룻밤 냉장 휴지를 권장합니다.

5 휴지를 마친 크림은 볼 밑에 얼음물을 받쳐 핸드믹서 고속으로 걸쭉해질 때까지 휘핑하세요.

6 어느 정도 걸쭉해질 정도로 거품이 올라오면, 핸드믹서 저속으로 크림이 단단해질 때까지 마저 휘핑하세요.

7 완성된 몽떼 크림으로 케이크 겉면에 아이싱하고, 남은 크림은 윗면에 파이핑해서 마무리해 주세요.

» 미로와를 바른 딸기와 허브로 장식해서 완성해 주었어요.

2	2
3	4
5	7
7	7

▲ HOW TO MAKE

보관

- 밀폐용기에 담아 냉장 1~2일까지 보관 가능합니다.
- 생과일이 들어있는 케이크는 변질이 빠르므로 가급적 만든 당일 드시는 것이 가장 좋습니다.

몽블랑 케이크

▲ GO TO VIDEO

은은한 맛의 커피 제누와즈에 직접 만든 보늬밤을 듬뿍 넣어 샌드하고, 밤 크림을 곁들여 은은하고 고급스러운 맛의 케이크예요. 커피 제누와즈가 아닌 초코나 플레인 제누와즈로 만드셔도 맛있답니다. 취향껏 응용하셔서 만들어 보세요.

재료

지름 15cm, 높이 7cm
높은 원형 1호틀 1개 분량

커피 제누와즈
계란 100g, 계란 노른자 30g, 백설탕 75g, 박력분 62g, 옥수수 전분 10g, 무염버터 20g, 우유 15g, 인스턴트 커피 파우더 2g

시럽
물 30g, 백설탕 15g, 골드럼 3g

샹티 크림
생크림 330g, 백설탕 23g

밤 크림
밤 페이스트 150g, 무염버터 60g, 골드럼 5g

몽타쥬
보늬밤 9개

미리 준비하기

▲보늬밤

- 보늬밤은 시판용을 사용하거나 직접 만들 수 있는데, 만드는 방법은 QR영상을 참고해 주세요.
- 틀에 유산지나 테프론 시트를 재단해 깔아 두세요.
- 가루류는 함께 섞어서 체 쳐 두세요.
- 생크림은 사용 직전까지 차갑게 보관해 주세요.
- 밤 크림을 만들 밤 페이스트와 무염버터는 실온 상태로 준비하세요.
- 오븐을 실제 굽는 온도보다 20~30도 높게 최소 20분 이상 충분히 예열해 주세요.

만드는 법

커피 제누와즈

1 공립법 커피 제누와즈를 만드세요.

» 커피 파우더는 우유와 버터 쪽에 함께 넣고 녹여 주세요.

tip 제누와즈 참고 p51

2 완전히 식힌 후, 두께 1.5cm로 세 장 슬라이스 하여 준비해 주세요.

» 반나절 정도 실온에 숙성한 제누와즈를 사용하면 더 촉촉해서 맛있어요.

» 완성된 제누와즈의 높이감이 여유 있다면, 바닥면을 0.5cm 정도 쳐낸 후 사용하면 더 부드러운 식감의 제누와즈를 얻을 수 있어요.

시럽

1 물과 백설탕을 냄비 또는 전자레인지로 가열하여 설탕을 완전히 녹여 주세요.

» 시럽이 팔팔 끓지 않아도 설탕이 전부 녹기만 하면 됩니다.

2 골드럼을 넣고 섞어서 사용하기 전까지 완전히 식혀서 준비하세요.

» 골드럼은 생략 가능합니다.

샹티 크림

1 차가운 생크림과 백설탕을 볼에 담아 얼음물 위에서 걸쭉해질 때까지 휘핑해 주세요.

» 휘핑하는 도중 크림의 온도가 높아지면 크림이 버글거리며 분리됩니다. 차가운 상태에서 휘핑을 시작하고, 온도가 올라가는 것을 늦추기 위해 얼음물을 받쳐 주세요.

2 어느 정도 걸쭉해질 정도로 거품이 올라오면, 핸드믹서 저속으로 크림이 단단해 질 때까지 휘핑하세요.

» 완성된 크림 중 170g을 덜어 인서트용으로 단단하게 휘핑하고, 나머지는 겉면 아이싱용으로 사용하기 전까지 냉장고에 넣어 두면 아이싱 할 때 크림이 버글거리는 것을 늦출 수 있어서 편리해요.

몽타쥬

1 보늬밤 6알은 큼직하게 잘라 주세요.

2 슬라이스한 커피 제누와즈, 시럽, 자른 보늬밤, 인서트용 샹티 크림으로 케이크를 몽타쥬 해 주세요.

3 냉장고에 보관해 두었던 아이싱용 크림을 꺼내서 거품기로 전체적으로 섞어 농도를 정확히 맞춘 후, 겉면을 아이싱 해 주세요.

1	2
2	2
3	3

▲ HOW TO MAKE

밤 크림

1 실온 상태의 밤 페이스트를 주걱으로 눌러서 잘 풀어주세요.

» 직접 만든 밤 페이스트 사용 시, 입자가 굵어 모양 깍지에 낄 수 있으니 체에 한 번 거른 후 사용해 주세요.

2 실온 상태의 부드러운 버터를 넣고 핸드믹서로 섞어 주세요.

3 골드럼을 넣고 섞어서 크림을 완성해 주세요.

» 밤 페이스트가 시판인지, 직접 만들었는지에 따라 되기가 다를 수 있어요. 너무 되직하면 크림이 제대로 파이핑 되지 않으므로 럼의 양을 조절하거나 우유, 물 등을 넣어 크림의 농도를 조절해 주세요.

4 몽블랑 깍지를 끼운 짤주머니에 담아 케이크 윗면에 둥글게 파이핑해 주세요.

» 보늬밤 3알을 절반씩 잘라서 케이크 위에 올려서 마무리해 주었어요.

1	2
3	4
4	4

▲ HOW TO MAKE

보관

• 밀폐용기에 담아 냉장 2~3일까지 보관 가능합니다.

쑥 인절미 크럼블 케이크

▲ GO TO VIDEO

은은한 쑥 제누와즈와 쫀쫀한 인절미 크림, 그리고 바삭하고 고소한 인절미 크럼블이 쑥을 싫어하는 분들도 좋아하게 만드는 마성의 케이크예요. 윗면에 올린 인절미 크럼블은 따로 그냥 먹어도 정말 맛있는 쿠키여서 만들다가 자꾸 주워 먹게 되는 단점이 있어요. 크럼블의 바삭바삭한 식감을 살리기 위해 입자 굵은 비정제 설탕인 터비나도를 사용했는데, 식감의 포인트가 되니 다른 재료로 대체하지 말고 꼭 사용해 보세요.

재료

지름 15cm, 높이 7cm
높은 원형 1호틀 1개 분량

쑥 제누와즈

계란 흰자 85g, 백설탕 80g, 계란 노른자 55g, 박력분 65g, 쑥가루 10g, 옥수수 전분 7g, 우유 30g, 무염버터 20g

인절미 크럼블

무염버터 50g, 터비나도 설탕 50g, 강력분 30g, 볶은 콩가루 20g, 아몬드 가루 50g, 소금 1g

시럽

물 35g, 백설탕 18g

인절미 디플로마트 크림(인서트용)

우유 190g, 계란 노른자 42g, 백설탕 38g, 옥수수 전분 18g, 볶은 콩가루 30g, 생크림 150g

샹티 크림(아이싱용)
생크림 200g, 백설탕 12g, 연유 10g

쑥크림(장식용)
생크림 100g, 백설탕 10g, 쑥가루 7g

미리 준비하기

- 틀에 유산지나 테프론 시트를 재단해 깔아 두세요.
- 쑥 제누와즈를 만들 박력분, 옥수수 전분, 쑥가루는 함께 섞어서 체 쳐 두세요.
- 커스터드 크림을 부어서 식힐 스테인리스 트레이 바닥에 랩을 깔아 두세요.
- 생크림은 사용 직전까지 차갑게 보관해 주세요.
- 오븐을 실제 굽는 온도보다 20~30도 높게 최소 20분 이상 충분히 예열해 주세요.

만드는 법

tip 제누와즈 참고 p55

▌쑥 제누와즈

1 별립법 제누와즈 공정을 참고해 쑥 제누와즈를 만드세요.

2 완전히 식힌 후, 두께 1.5cm로 세 장 슬라이스 하여 준비해 주세요.

» 반나절 정도 실온에 숙성한 제누와즈를 사용하면 더 촉촉해서 맛있어요.

» 완성된 제누와즈의 높이감이 여유 있다면, 바닥면을 0.5cm 정도 쳐낸 후 사용하면 더 부드러운 식감의 제누와즈를 얻을 수 있어요.

▌시럽

1 물과 백설탕을 냄비 또는 전자레인지로 가열하여 설탕을 완전히 녹여 주세요.

» 시럽이 팔팔 끓지 않아도 설탕이 전부 녹기만 하면 됩니다.

2 사용하기 전까지 완전히 식혀서 준비하세요.

▌인절미 크럼블

1 아몬드 가루, 강력분, 볶은 콩가루, 터비나도 설탕, 소금, 버터를 볼에 담아 주세요.

2 손가락으로 비벼서 작은 크럼블 상태로 만들어 주세요.

3 큼지막하게 손으로 뭉쳐서 모양을 잡아 주세요.

4 냉동실에서 10분 정도 휴지해 단단하게 만든 후 예열한 오븐에 160도에서 15분 동안 구워 주세요.

» 오븐에 넣을 때 완전히 차갑고 단단한 상태여야 크럼블이 구워지면서 퍼지지 않아요.

1	2
3	4

▲ HOW TO MAKE

인절미 디플로마트 크림

1 볼에 노른자와 설탕을 넣고 거품기로 섞어 주세요.

2 체 친 옥수수 전분을 넣고 덩어리 없이 섞어 주세요.

3 우유를 냄비에 담아 가장자리가 보글보글 끓어오를 때까지만 데워 주세요.

4 데운 우유를 노른자 쪽에 조금씩 넣어가며 잘 섞어 주세요.

5 4를 냄비에 다시 붓고, 센 불에서 덩어리가 생기지 않도록 잘 저으면서 가열해 주세요.

6 덩어리가 완전히 풀리고 풀 같은 상태에서 묽고 윤기나는 질감으로 바뀔 때까지 힘차게 저으면서 끓여 주세요.

7 완성된 커스터드 크림이 뜨거울 때 콩가루를 넣고 잘 섞어 주세요.

8 랩을 깐 스테인리스 트레이 위에 부어 공기가 닿지 않도록 표면을 랩으로 밀착한 후, 냉동실에 10~20분 정도 넣어서 빠르게 식혀 주세요.

» 커스터드 크림은 균 번식이 쉽게 일어나는 크림이고, 40~60도 사이 구간에서 균 번식이 활발하므로 그 구간을 피해 온도를 빠르게 떨어뜨려 주어야 해요.

9 차게 식은 커스터드 크림은 체에 거른 다음, 주걱으로 힘을 주어 치대듯이 잘 풀어 주세요.

10 식힌 커스터드 크림 쪽에 생크림을 두 번에 나눠 넣어가며 섞어서 디플로마트 크림을 만들어 주세요.

» 생크림의 절반은 힘을 주어 치대듯이 섞고, 나머지는 거품이 꺼지지 않도록 주걱의 날을 세워 가볍게 섞어 주세요.

11 완성된 인절미 디플로마트 크림은 슬라이스한 제누와즈, 시럽과 함께 몽타쥬 해 주세요.

1	4
7	8
9	10
11	11

▲ HOW TO MAKE

샹티 크림

1 차갑게 보관해두었던 생크림에 백설탕과 연유를 넣어 주세요.

2 생크림 아래 얼음물을 받치고 휘핑해 주세요.

3 케이크 겉면에 아이싱 해 주세요.

2	3

▲ HOW TO MAKE

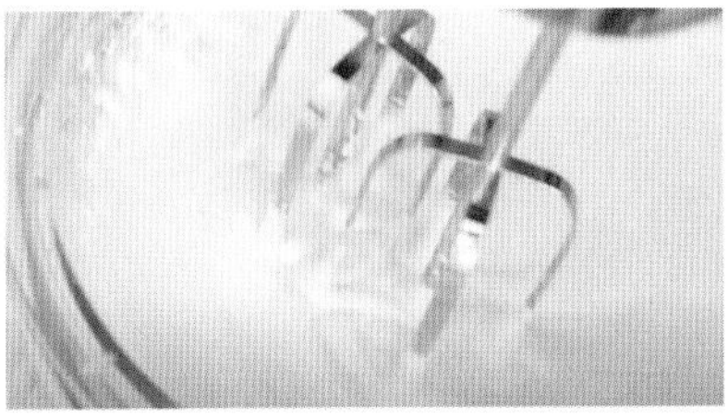

쑥크림

1 차가운 생크림, 설탕, 쑥가루를 단단하게 휘핑해 주세요.

2 몽블랑 깍지를 끼운 짤주머니에 담아 케이크 윗면 가장자리에 둥글게 파이핑해 주세요.

3 구워서 식힌 인절미 크럼블을 올려서 마무리해 주세요.

2	3

▲ HOW TO MAKE

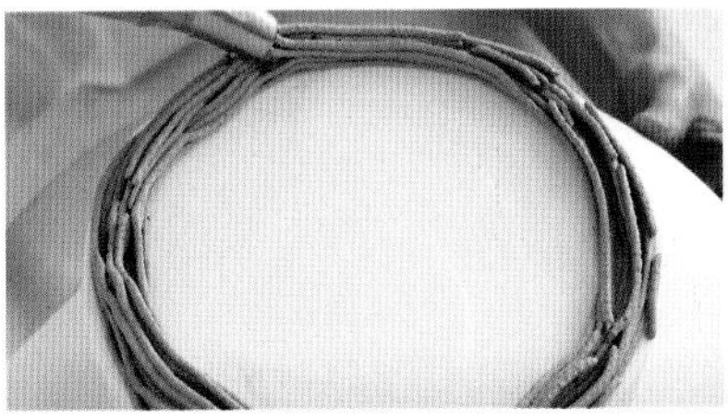

보관

- 밀폐용기에 담아 냉장 2~3일까지 보관 가능합니다.
- 시간이 지날수록 크럼블이 수분을 먹어 부드러워지기 때문에 만든 당일이 가장 맛있습니다.

캐러멜 로투스 케이크

▲ GO TO VIDEO

캐러멜과 로투스는 맛없을 수 없는 조합이죠. 로투스 쿠키에 캐러멜이 들어가지는 않지만 둘은 어딘가 자연스럽게 연결되어 있는 맛인 것 같아요. 캐러멜과 로투스를 사용한 마들렌을 만들어서 너무 맛있게 먹은 기억에 케이크로도 만들어 보면 어떨까 하고 만들게 된 케이크입니다.

재료

지름 15cm, 높이 7cm
높은 원형 1호틀 1개 분량

캐러멜 제누와즈
계란 120g, 계란 노른자 20g, 백설탕 65g, 박력분 65g, 옥수수 전분 13g, 캐러멜 소스 40g, 식물성 오일 20g

시럽
물 30g, 백설탕 15g

캐러멜 로투스 생크림
생크림 340g, 캐러멜 소스 85g, 곱게 간 로투스 30g

몽타쥬
인서트용 로투스 8개, 윗면 장식용 로투스 1개, 캐러멜 소스 40g

미리 준비하기

tip 캐러멜 소스 참고 p81

- 틀에 유산지나 테프론 시트를 재단해 깔아 두세요.
- 캐러멜 제누와즈를 만들 박력분, 옥수수 전분은 함께 섞어서 체 쳐 두세요.
- 생크림은 사용 직전까지 차갑게 보관해 주세요.
- 오븐을 실제 굽는 온도보다 20~30도 높게 최소 20분 이상 충분히 예열해 주세요.

만드는 법

tip 제누와즈 참고 p51

캐러멜 제누와즈

1 공립법 캐러멜 제누와즈를 만드세요.

» 무염버터와 우유 대신 캐러멜 소스와 식물성 오일을 넣어 동일한 공정으로 진행해 주세요.

2 완전히 식힌 후, 두께 1.5cm로 세 장 슬라이스 하여 준비해 주세요.

» 반나절 정도 실온에 숙성한 제누와즈를 사용하면 더 촉촉해서 맛있어요.

» 완성된 제누와즈의 높이감이 여유 있다면, 바닥면을 0.5cm 정도 쳐낸 후 사용하면 더 부드러운 식감의 제누와즈를 얻을 수 있어요.

시럽

1 물과 백설탕을 냄비 또는 전자레인지로 가열하여 설탕을 완전히 녹여 주세요.

» 시럽이 팔팔 끓지 않아도 설탕이 전부 녹기만 하면 됩니다.

2 사용하기 전까지 완전히 식혀서 준비하세요.

캐러멜 로투스 생크림

1 차가운 생크림과 실온의 캐러멜 소스를 볼에 담아 얼음물 위에서 저속으로 함께 휘핑해서 캐러멜을 완전히 풀어주세요.

2 캐러멜이 덩어리 없이 잘 풀리면 얼음물 위에서 고속으로 휘핑해 걸쭉한 상태로 만든 후, 인서트용 생크림 150g을 덜어내세요. 나머지 생크림은 사용하기 전까지 냉장 보관하세요.

3 인서트용 크림 150g을 단단하게 휘핑하고, 곱게 간 로투스 20g을 주걱으로 섞으세요.

» 크림에 로투스를 섞으면 크림이 약간 더 단단해지므로 원하는 상태보다 조금 부드럽게 휘핑하세요.

1	3

▲ HOW TO MAKE

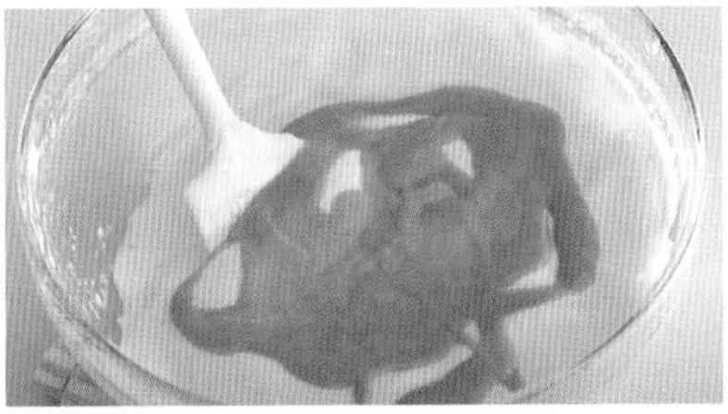

몽타쥬

1 슬라이스 한 제누와즈, 시럽, 인서트용 크림과 로투스 8개로 케이크를 몽타쥬 해주세요.

2 냉장 보관해 두었던 아이싱용 크림을 꺼내서 농도를 아이싱하기 좋도록 정확하게 맞춘 후, 곱게 간 로투스 10g을 섞어 케이크 겉면에 아이싱 하세요.

3 남은 크림을 805호 깍지를 끼운 짤주머니에 담아 윗면 가장자리에 둥글게 파이핑한 후, 캐러멜 소스와 로투스로 장식하세요.

1	1
1	1
2	3
3	3

▲ HOW TO MAKE

보관

• 밀폐용기에 담아 냉장 2~3일까지 보관 가능합니다.

말차 딸기 트리케이크

▲ GO TO VIDEO

크리스마스를 맞아 색소 없이 예쁜 트리 모양 케이크를 만들고 싶어서 만들어 본 케이크예요. 저는 말차 맛이 너무 강한 디저트는 별로 좋아하지 않는데 과하지 않은 딱 적당한 정도의 말차 맛과 새콤달콤한 딸기가 잘 어울려서 맛있게 먹었던 케이크예요. 케이크 겉면의 솔방울 모양 파이핑은 어느 정도 연습이 필요하지만 몇 번 파이핑하다 보면 오히려 케이크 아이싱보다 쉬워서 그럴듯하게 완성할 수 있을 거예요.

재료

지름 15cm, 높이 7cm
높은 원형 1호틀 1개 분량

제누와즈
계란 흰자 85g, 백설탕 80g, 계란 노른자 55g, 박력분 75g, 옥수수 전분 10g, 우유 30g, 무염버터 20g, 바닐라 익스트랙 2g

시럽
물 30g, 백설탕 15g, 키르슈 5g

샹티 크림
생크림 160g, 연유 20g

말차 화이트초코 몽떼 크림
생크림(A) 60g, 말차 가루 8g, 화이트 초콜릿 70g, 생크림(B) 200g

몽타쥬
딸기 300g

미리 준비하기

- 틀에 유산지나 테프론 시트를 재단해 깔아 두세요.
- 제누와즈를 만들 박력분, 옥수수 전분은 함께 섞어서 체 쳐 두세요.
- 생크림은 사용 직전까지 차갑게 보관해 주세요.
- 딸기는 세척 후 물기를 제거하고 8mm 두께로 슬라이스 해 주세요.
- 오븐을 실제 굽는 온도보다 20~30도 높게 최소 20분 이상 충분히 예열해 주세요.

만드는 법

tip 제누와즈 참고 p55

제누와즈

1 별립법 제누와즈를 만드세요.

2 완전히 식힌 후, 두께 1cm로 네 장 슬라이스 해 주세요.

» 반나절 정도 실온에 숙성한 제누와즈를 사용하면 더 촉촉해서 맛있어요.

» 완성된 제누와즈의 높이감이 여유 있다면, 바닥면을 0.5cm 정도 쳐낸 후 사용하면 더 부드러운 식감의 제누와즈를 얻을 수 있어요.

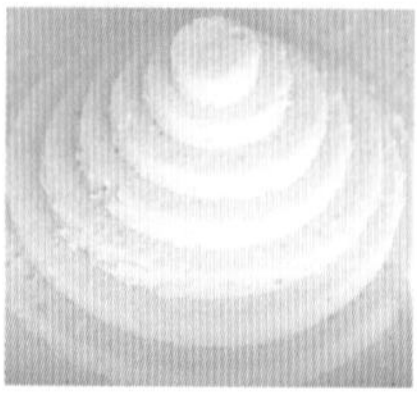

CHECK POINT. 3

3 2cm, 4cm, 6cm, 8cm, 10cm, 12cm, 14cm 원형 무스링이나 쿠키커터를 이용해 케이크 시트를 잘라내 여섯 장의 원형을 만들어 두세요.

» 마땅한 원형 링이 없을 경우 가위를 이용해서 잘라도 됩니다.

시럽

1 물과 백설탕을 냄비 또는 전자레인지로 가열하여 설탕을 완전히 녹여 주세요.

» 시럽이 팔팔 끓지 않아도 설탕이 전부 녹기만 하면 됩니다.

2 키르슈를 넣고 섞어서 사용하기 전까지 완전히 식혀서 준비하세요.

» 키르슈는 체리 브랜디인데, 없으면 생략 가능합니다.

샹티 크림

1 볼에 차가운 생크림과 연유를 넣고 얼음물을 밑에 받쳐 단단하게 휘핑해 주세요.

2 잘라둔 케이크 시트를 시럽, 딸기로 몽타쥬 해서 고깔 모양으로 만들어 주세요.

1	2
2	2
2	2

▲ HOW TO MAKE

말차 화이트초코 몽떼 크림

1 분량의 화이트 커버춰 초콜릿을 전자레인지나 중탕으로 데워서 완전히 녹여 주세요.

2 말차 가루를 넣고 거품기로 덩어리 없이 섞어 주세요.

3 40도로 데운 생크림(A)를 넣고 섞어서 가나슈를 만들어 주세요.

4 실온의 생크림(B)를 넣고 주걱으로 잘 섞어서 균일하게 만든 후, 냉장고에서 최소 6시간 이상 휴지시켜 주세요.

» 2~4까지의 과정은 핸드블렌더를 사용하면 더욱 안정적이고 균일한 결과물을 얻을 수 있습니다.

» 초콜릿 성분이 안정화되지 않으면 휘핑이 되지 않거나 휘핑 도중 분리되기 쉽기 때문에 하룻밤 냉장 휴지를 권장합니다.

5 크림을 짤주머니에 담아 가위를 이용해 짤주머니 끝을 사선으로 작게 잘라낸 후, 케이크 표면에 솔방울 모양으로 파이핑해 주세요.

2	2
3	4
5	5
5	5

▲ HOW TO MAKE

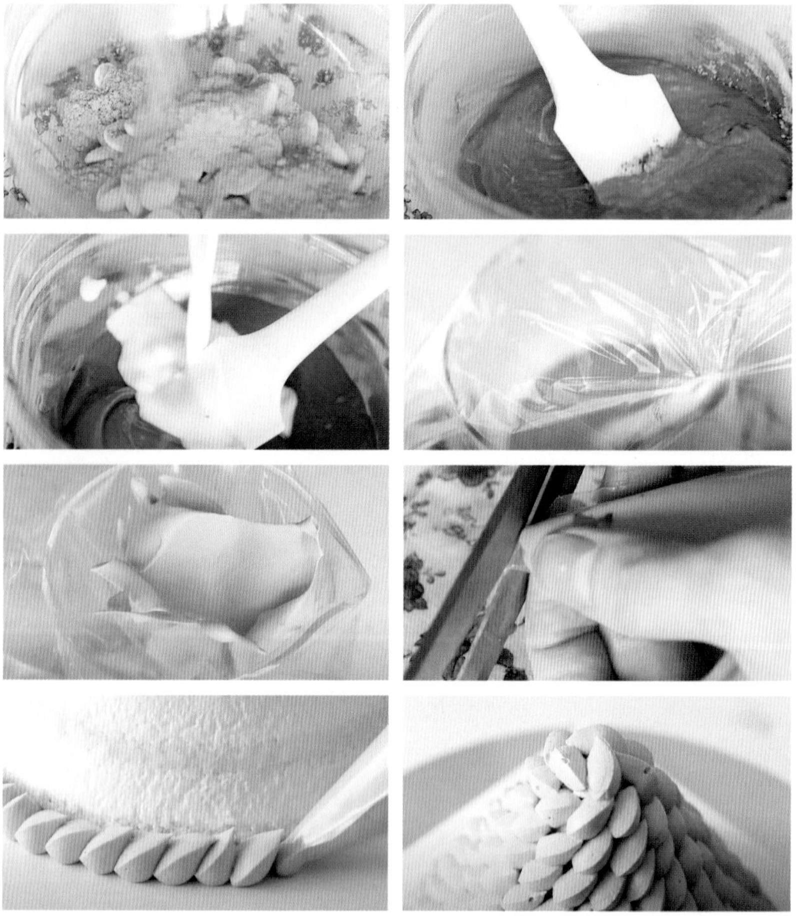

보관

- 밀폐용기에 담아 냉장 1~2일까지 보관 가능합니다.
- 생과일이 들어있는 케이크는 변질이 빠르므로 가급적 만든 당일 드시는 것이 가장 좋습니다.

딸기 카스텔라 롤케이크

▲ GO TO VIDEO

롤케이크의 정석이라 할 수 있는 케이크예요. 부드러운 카스텔라 시트와 맛있는 생크림은 딸기 말고도 어떤 과일과 매치해도 잘 어울려요. 기본에 충실한 케이크인 만큼 폭신폭신하고 볼륨감 있는 제누와즈, 부드럽게 입에서 녹는 생크림, 그리고 당도 높은 제철 과일의 삼박자가 잘 맞아 떨어져야 맛있게 즐기실 수 있어요.

재료

가로 30cm, 세로 30cm 정사각 6호팬 1개 분량

카스텔라 롤케이크 시트

계란 노른자 114g, 백설탕(A) 15g, 꿀 25g, 계란 흰자 140g, 백설탕(B) 65g, 박력분 48g, 무염버터 20g, 우유 28g

마스카포네 연유 샹티 크림

생크림 390g, 마스카포네 치즈 65g, 연유 70g

몽타쥬

딸기 12알

미리 준비하기

- 틀에 유산지나 테프론 시트를 재단해 깔아 두세요.
- 박력분은 체 쳐 두세요.
- 생크림과 마스카포네 치즈는 사용 직전까지 차갑게 보관해 주세요.
- 딸기는 균일한 크기로 골라 세척 후 물기를 제거하고, 양 끝을 조금씩 잘라 주세요.
- 오븐을 실제 굽는 온도보다 20~30도 높게 최소 20분 이상 충분히 예열해 주세요.

만드는 법

카스텔라 롤케이크 시트

1 무염버터와 우유는 같은 볼에 담은 후 따뜻하게 데워 두세요.

2 실온의 노른자에 설탕, 꿀을 넣어 거품기로 잘 섞어 주세요.

3 핸드믹서 고속으로 노른자를 뽀얗고 걸쭉하게 될 때까지 휘핑해 주세요.

» 좁고 깊은 볼이 휘핑이 훨씬 빨리 되기 때문에, 좁은 볼에서 휘핑하고 넓은 볼로 옮겨 주었습니다.

4 차가운 흰자에 설탕을 세 번에 나눠 넣으며 핸드믹서 중속으로 휘핑해 주세요. 들어 올렸을 때 부드러우면서 쳐지지 않는 단단한 뿔이 생기는 상태까지 휘핑하세요.

5 먼저 노른자 쪽에 머랭의 절반을 덜어 넣고 가볍게 섞어 주세요.

» 완전히 섞지 말고 마블이 약간 남아 있는 상태까지만 섞으세요.

6 체 쳐둔 박력분을 넣고 주걱으로 가볍게 뒤집듯이 섞어 주세요.

7 남은 머랭을 모두 넣고 완전히 균일한 상태가 될 때까지 주걱으로 가볍게 섞어 주세요.

» 머랭은 조금만 방치해도 덩어리가 쉽게 생기므로 반죽에 넣기 직전에 주걱으로 잘 풀어주세요.

8 버터와 우유의 온도를 40~60도 사이로 정확히 맞춘 후, 반죽 일부를 넣어 잘 섞어 주세요.

9 8 을 반죽 위에 가라앉지 않도록 뿌린 후, 주걱으로 잘 섞일 때까지만 가볍게 섞어 주세요.

» 이 단계에서 너무 과하게 반죽을 만지면 납작하고 질긴 시트가 나올 수 있으니 20회 정도로 가볍게 섞어주고, 잘 섞이면 바로 틀에 담아 주세요.

10 틀에 반죽을 붓고, 스크래퍼로 표면을 평평하게 정리해 주세요.

» 너무 많이 반죽을 건드리면 시트의 기포가 파괴되어 납작하고 질긴 시트가 될 수 있으니 주의하세요.

11 미리 예열한 오븐에 170도에서 12분 동안 구워 주세요.

12 구워져 나온 시트는 틀 채로 한 번 떨어뜨려 수증기를 빼 주고, 틀에서 분리해 식힘망 위로 옮겨 주세요. 옆면의 유산지를 떼어내고 미지근할 때까지 식혀 주세요.

4	7
8	9
10	12

▲ HOW TO MAKE

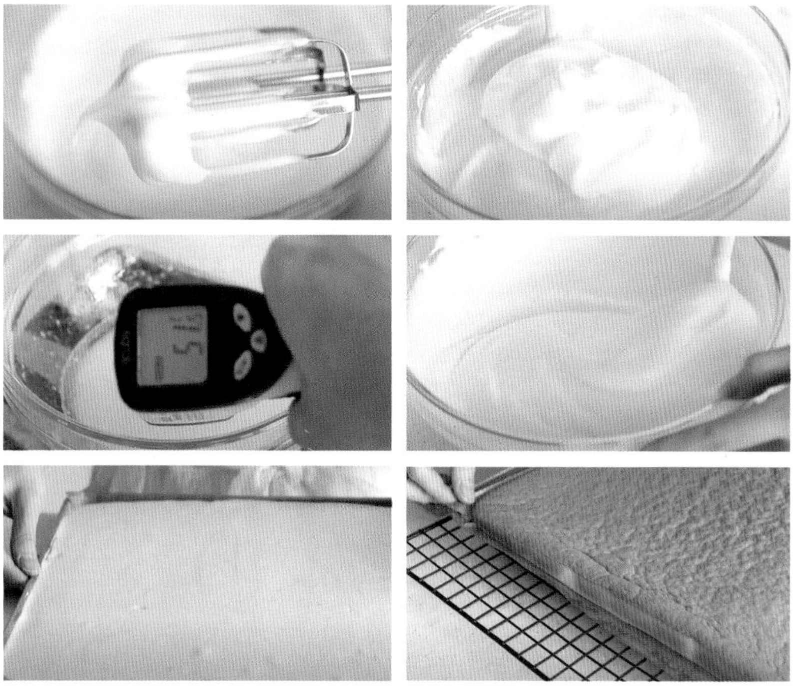

마스카포네 연유 샹티 크림

1 차가운 생크림과 마스카포네 치즈, 연유를 볼에 넣고 얼음물을 받쳐 단단하게 휘핑해 주세요.

» 완성된 크림 중 위에 장식하는 용도로 사용할 110g을 덜어내서 사용 전까지 냉장고에 보관해 둡니다.

몽타쥬

1 구워서 미지근하게 식힌 롤케이크 시트는 구움색이 나지 않은 면을 위로 해서 유산지 위에 올려 두세요.

2 비스퀴의 한쪽 끝을 사선으로 잘라내고, 스패출러를 이용해 크림 양의 절반 정도를 덜어 평평하게 펴 바르세요.

3 손질한 딸기를 크림 위에 일렬로 놓은 후, 크림으로 덮어 주세요.

4 김밥 말듯이 또르르 말아 주세요.

5 메탈 자를 이용해 유산지를 내 몸 쪽으로 팽팽하게 당겨서 모양을 동그랗게 잡은 후, 끝을 테이프로 고정해 주세요.

6 냉장고에서 최소 2시간 이상 굳힌 후 여섯 조각으로 썰어 주세요.

7 냉장고에 보관해 두었던 장식용 크림의 농도를 거품기로 다시 정확히 맞춘 후, 803호 깍지를 끼운 짤주머니에 담아 롤케이크 윗면에 파이핑해서 완성해 주세요.

2	2
3	3
4	5
6	7
7	7

▲ HOW TO MAKE

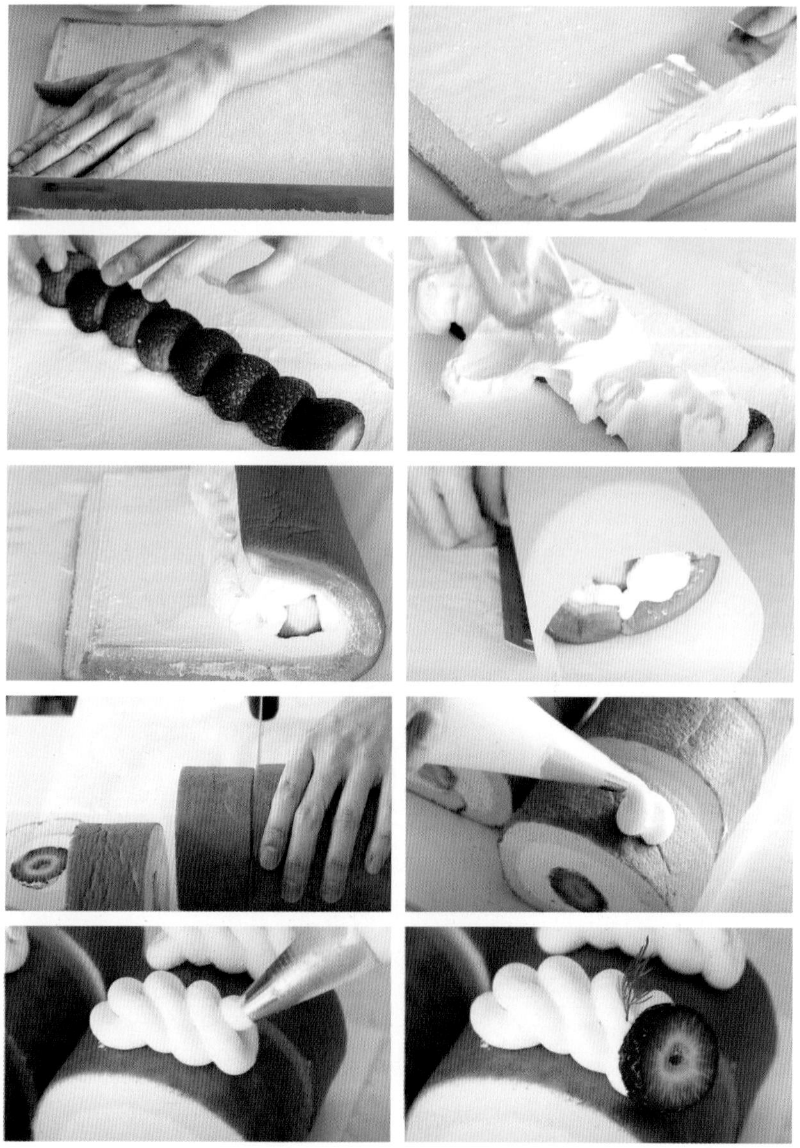

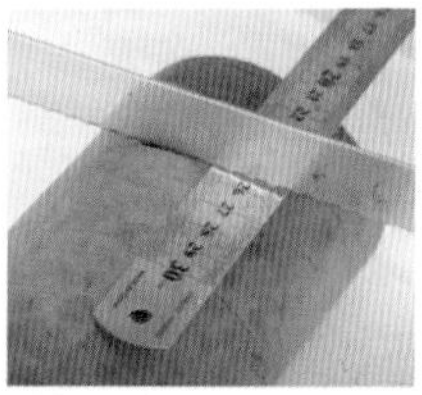

tip 컷팅 부분을 미리 표시하면 좋아요!

보관

- 밀폐용기에 담아 냉장 1~2일까지 보관 가능합니다.
- 생과일이 들어있는 케이크는 변질이 빠르므로 가급적 만든 당일 드시는 것이 가장 좋습니다.

도지마 롤 케이크

▲ GO TO VIDEO

수분감 가득한 촉촉한 쉬폰 롤 시트에 우유 생크림을 가득 넣어 도지마 롤 스타일로 동그랗게 말아 낸 롤케이크예요. '도지마 롤'은 원래 오사카 '몽슈슈'라는 작은 디저트 샵에서 판매하던 과일 없이 중앙에 우유 생크림만으로 가득 채워진 동그란 롤케이크인데, 이제 마치 고유명사처럼 어디서나 흔히 찾아볼 수 있는 디저트가 되었어요. 크림이 빵빵하게 가득 채워진 롤케이크의 비주얼이 식욕을 자극하는 케이크입니다.

재료

가로 30cm, 세로 30cm 정사각 6호팬 1개 분량

롤케이크 시트

계란 노른자 70g, 백설탕 25g, 우유 50g, 식물성 오일 40g, 박력분 80g, 계란 흰자 140g, 백설탕 60g

마스카포네 샹티 크림

생크림 340g, 마스카포네 치즈 50g, 백설탕 20g, 연유 25g

미리 준비하기

- 틀에 유산지나 테프론 시트를 재단해 깔아 두세요.
- 박력분은 체 쳐 두세요.
- 생크림과 마스카포네 치즈는 사용 직전까지 차갑게 보관해 주세요.
- 오븐을 실제 굽는 온도보다 20~30도 높게 최소 20분 이상 충분히 예열해 주세요.

만드는 법

롤케이크 시트

1 볼에 실온의 노른자를 담고, 백설탕을 넣어 거품기로 잘 섞어 주세요.

2 1 을 뽀얗고 걸쭉하게 될 때까지 핸드믹서 고속으로 휘핑해 주세요.

» 좁고 깊은 볼이 휘핑이 훨씬 빨리 되기 때문에, 좁은 볼에서 휘핑하고 넓은 볼로 옮겨 주었습니다.

3 2 에 우유와 식물성 오일을 넣고 손거품기로 잘 섞어 주세요.

4 체 쳐둔 박력분을 넣고 덩어리가 보이지 않을 때까지 거품기로 퍼올리듯이 가볍게 섞어 주세요.

5 다른 볼에 차가운 흰자를 담고, 설탕을 세 번에 나눠 넣으며 핸드믹서로 휘핑해서 단단한 머랭을 만들어 주세요.

» 거품기 날을 천천히 들어 올렸을 때, 부드러우면서 뾰족한 뿔이 생기는 정도예요.

6 노른자 쪽에 머랭을 1/3 정도 덜어 넣고 거품기로 마블 무늬가 남아있는 정도로 가볍게 섞어 주세요.

7 남은 머랭을 모두 넣고, 주걱으로 거품이 꺼지지 않게 가볍게 퍼올리듯이 섞어 주세요.

8 유산지를 깔아둔 틀에 반죽을 팬닝하고, 스크래퍼로 표면을 평평하게 정리해 주세요.

» 너무 많이 반죽을 건드리면 시트의 기포가 파괴되어 납작하고 질긴 시트가 될 수 있으니 주의하세요.

9 미리 예열한 오븐에 170도에서 14분 동안 구워 주세요.

10 구워져 나온 시트는 틀 채로 떨어뜨려 수증기를 빼 주고, 틀에서 분리해 식힘망 위로 옮겨 주세요. 옆면의 유산지를 떼어내고 미지근할 때까지 식혀 주세요.

1	4
5	5
7	8
8	10

▲ HOW TO MAKE

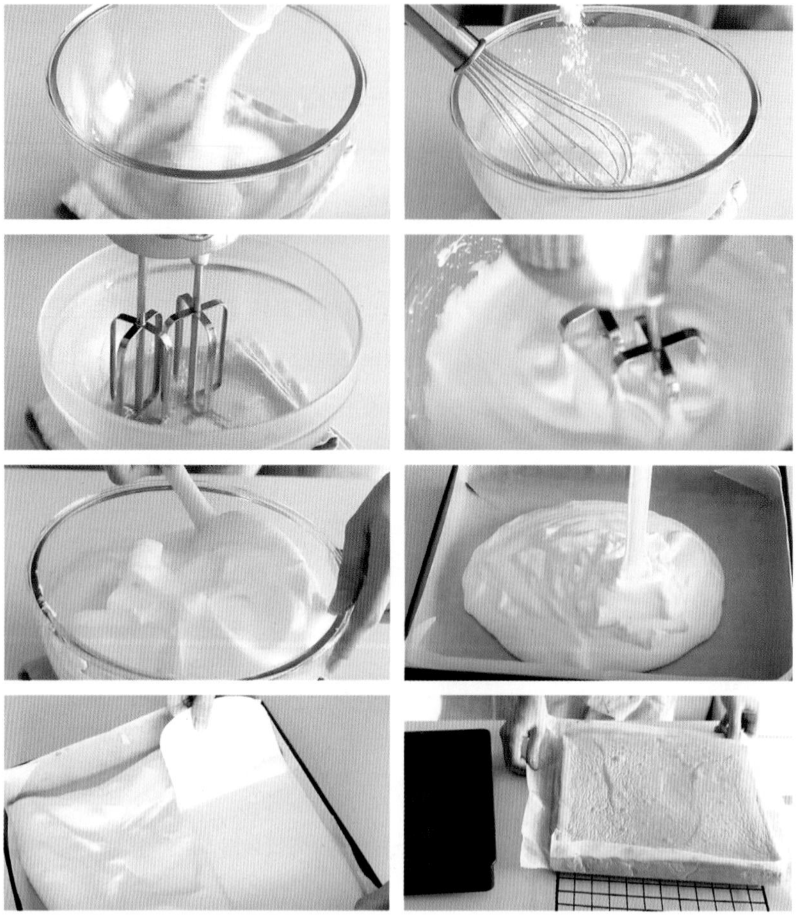

마스카포네 샹티 크림

1 차가운 생크림과 마스카포네 치즈, 설탕과 연유를 볼에 넣고 밑에 얼음물을 받쳐서 단단하게 휘핑해 주세요.

1

▲ HOW TO MAKE

몽타쥬

1 구워서 미지근하게 식힌 롤케이크 시트는 구움색이 난 면을 위로 해서 유산지 위에 올려 두세요.

» 구움색이 난 면이 바깥에 보이게 만들고 싶다면 반대로 하셔도 됩니다.

2 시트의 한쪽 끝을 사선으로 잘라내고, 스패출러를 이용해 크림을 모두 올리고 평평하게 펴 바르세요.

3 시트 끝과 끝이 만나도록 동그랗게 말아 주세요.

4 메탈 자를 이용해 유산지를 내 몸 쪽으로 팽팽하게 당겨서 모양을 동그랗게 잡은 후, 끝을 테이프로 고정해 주세요.

5 냉장고에서 최소 2시간 이상 굳힌 후 여섯 조각으로 썰어 주세요.

2	2
3	4

▲ HOW TO MAKE

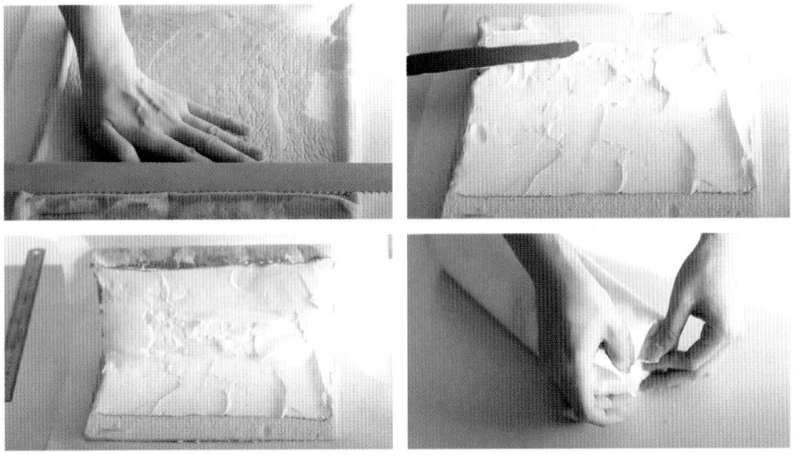

보관

• 밀폐용기에 담아 냉장 2~3일까지 보관 가능합니다.

요거트 비스퀴 롤케이크

▲ GO TO VIDEO

흰자와 노른자를 분리한 후 각각 거품내는 별립법 시트를 넓은 범위에서 '비스퀴'라고 하는데, 별립법을 이용한 반죽은 흰자 머랭의 견고한 기포 때문에 짤주머니에 담아서 파이핑해도 그 형태를 잘 유지하고 있어요. 때문에 올록볼록하게 모양을 내서 굽는 롤케이크나 샤를로트 케이크 등의 시트로 쓰인답니다. 가벼운 비스퀴 시트와 가벼운 요거트 크림이 만나서 색다르고 가벼운 맛의 롤케이크예요.

재료

가로 28cm, 세로 38cm
1/2빵팬 1개 분량

비스퀴 시트

계란 흰자 155g, 백설탕(A) 95g, 계란 노른자 112g, 백설탕(B) 39g, 바닐라 익스트랙 2g, 박력분 112g, 여분의 슈가파우더(윗면에 뿌릴 용도)

요거트 샹티 크림

생크림 250g, 백설탕 27g, 그릭 요거트(무가당) 55g, 요거트 파우더 36g

몽타쥬

딸기 5알, 키위 2개, 망고 1개

미리 준비하기

- 틀에 유산지나 테프론 시트를 재단하여 깔아 두세요.
- 박력분은 체에 쳐 주세요.
- 생크림, 그릭 요거트는 사용 직전까지 차갑게 보관해 주세요.
- 오븐을 실제 굽는 온도보다 20~30도 높게 최소 20분 이상 충분히 예열해 주세요.

만드는 법

비스퀴 시트

1 볼에 노른자와 설탕(A), 바닐라 익스트랙을 넣고 노른자가 뽀얗게 될 때까지 핸드 믹서 고속으로 휘핑해 주세요.

2 흰자에 설탕(B)를 세 번에 나눠 넣어가며 휘핑해서 윤기나면서 단단한 상태의 머랭을 만드세요.

3 2 에 1 을 넣고 마블 무늬가 남는 정도까지만 주걱으로 가볍게 섞어 주세요.

4 체 친 박력분을 두 번에 나눠서 넣고 주걱의 날 부분을 사용해서 거품이 꺼지지 않도록 가볍게 섞어 주세요.

» 이때, 반죽을 떨어뜨린 모양이 선명히 남으면서 퍼지지 않는 상태여야 합니다.

5 805호 깍지를 끼운 짤주머니에 반죽을 담아 팬에 대각선 모양으로 반죽을 파이핑해 주세요.

» 이때, 대각선으로 팬 중앙을 가로질러 먼저 한 줄 파이핑해 두면 선이 비뚤어지지 않고 반듯하게 파이핑할 수 있어요.

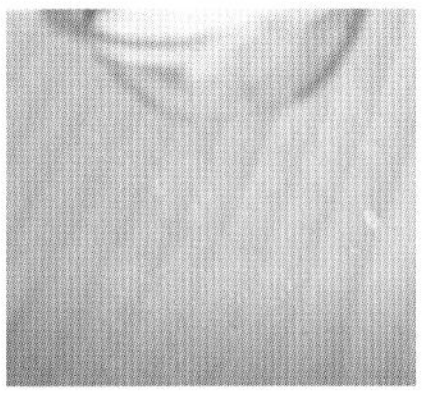

CHECK POINT. 6

6 반죽 윗면에 슈가파우더를 골고루 뿌린 후, 스며들면 한 번 더 뿌려 주세요.

» 슈가파우더는 비스퀴를 더 잘 부풀게 하고, 겉면을 바삭하게 만들어 줍니다.

7 예열한 오븐에서 180도에서 10분 동안 구워 주세요.

8 구워져 나온 시트는 틀 채로 한 번 떨어뜨려 수증기를 빼 주고, 틀에서 분리해 식힘망 위로 옮겨 주세요. 옆면의 유산지를 떼어내고 미지근할 때까지 식혀 주세요.

4	4
5	8

▲ HOW TO MAKE

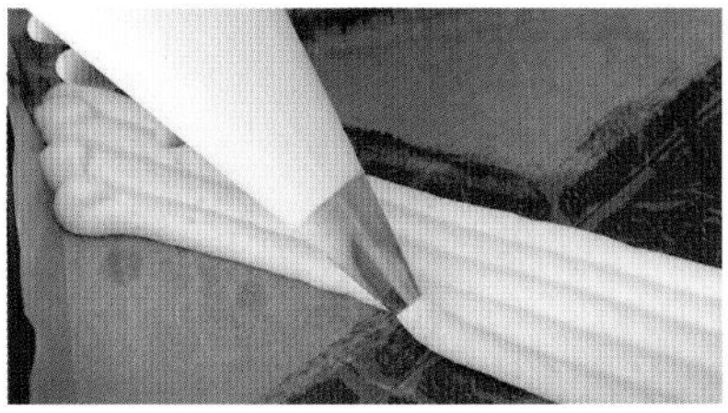

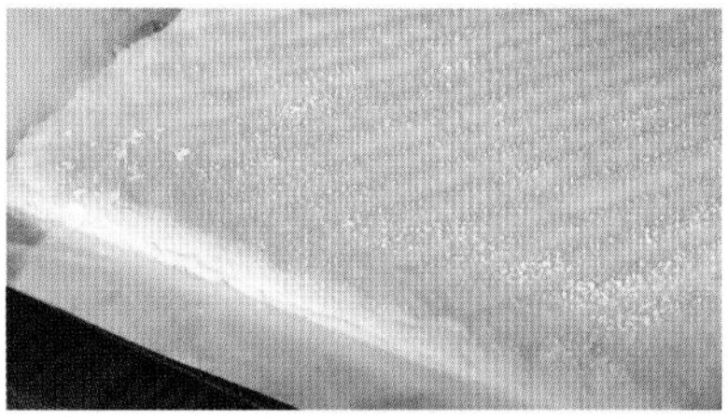

요거트 크림

1 차가운 생크림과 차가운 그릭 요거트, 요거트 파우더, 백설탕을 볼에 담아 밑에 얼음물을 받쳐서 크림이 단단해질 때까지 휘핑해 주세요.

» 롤케이크에 들어가는 크림은 너무 부드러우면 둥근 모양을 지탱하기 어려우므로 적당히 힘 있게 휘핑해 주세요.

몽타쥬

1 딸기는 씻어서 물기를 제거한 후 꼭지를 잘라내고 반으로 자르고, 키위와 망고는 껍질을 제거한 후 길쭉한 웨지 모양으로 다듬어 주세요.

2 구워서 미지근하게 식힌 비스퀴 시트는 구움색이 나지 않은 면을 위로 해서 유산지 위에 올려 두세요.

3 비스퀴의 한쪽 끝을 사선으로 잘라내고, 스패출러를 이용해 요거트 크림을 평평하게 펴 바르세요.

4 손질한 세 가지 과일을 크림 위에 일렬로 놓은 후, 김밥 말듯이 또르르 말아 주세요.

5 메탈 자를 이용해 유산지를 내 몸 쪽으로 팽팽하게 당겨서 원형으로 만든 후, 끝을 테이프로 고정해 주세요.

6 냉장고에서 최소 2시간 이상 굳힌 후 여덟 조각으로 썰어 주세요.

1	3
4	5

▲ HOW TO MAKE

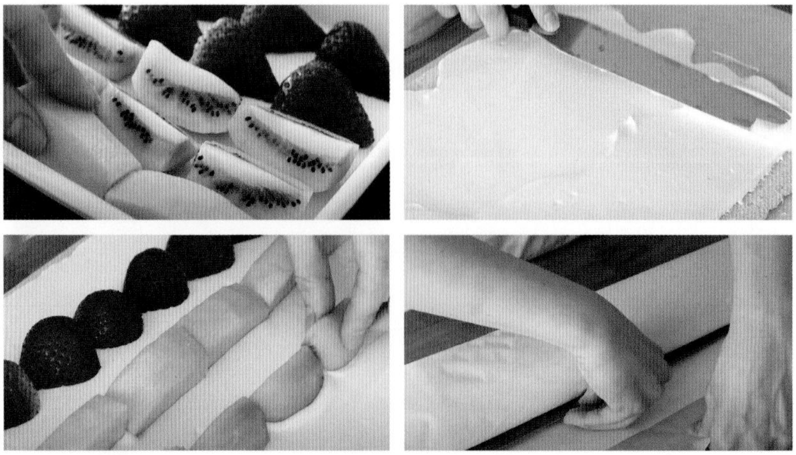

보관

- 밀폐용기에 담아 냉장 1~2일까지 보관 가능합니다.
- 생과일이 들어있는 케이크는 변질이 빠르므로 가급적 만든 당일 드시는 것이 가장 좋습니다.

뉴욕 치즈 케이크

▲ GO TO VIDEO

뉴욕에서 요리 학교에 다닐 때 배웠던 치즈케이크예요. 치즈케이크의 고장답게 학교에서 아주 여러 종류의 치즈케이크를 배웠는데, 가장 재료도 적고 간단한 이 케이크가 가장 맛있어서 놀랐던 기억이 있어요. 일반적인 뉴욕 치즈케이크와 달리 사워크림과 생크림이 들어가지 않아 진하고 꾸덕한 맛이 일품이에요.

재료

지름 15cm, 높이 7cm
높은 원형 1호틀 1개 분량

크러스트

그레이엄 크래커 또는 통밀쿠키 60g, 무염버터 25g, 백설탕 5g

치즈케이크

크림치즈 385g, 백설탕 90g, 계란 82g, 레몬즙 4g, 바닐라 익스트랙 3g

미리 준비하기

- 크러스트를 만들 무염버터는 녹여서 액체 상태로 준비하세요.
- 틀에 유산지나 테프론 시트를 재단하여 깔아 두세요.
- 치즈케이크 반죽에 들어갈 모든 재료는 실온 상태로 준비해 주세요.
- 오븐을 실제 굽는 온도보다 20~30도 높게 최소 20분 이상 충분히 예열해 주세요.

만드는 법

크러스트

1 그레이엄 크래커를 지퍼백에 넣고 밀대로 두드려서 곱게 부숴 주세요.

2 1 을 백설탕과 잘 섞어 주세요.

3 2 를 녹인 무염버터와 잘 섞어 주세요.

4 틀 바닥에 꾹꾹 눌러서 단단하게 깔고, 치즈케이크 반죽을 만들 동안 냉동실에 잠시 두어 굳혀 주세요.

1 4

▲ HOW TO MAKE

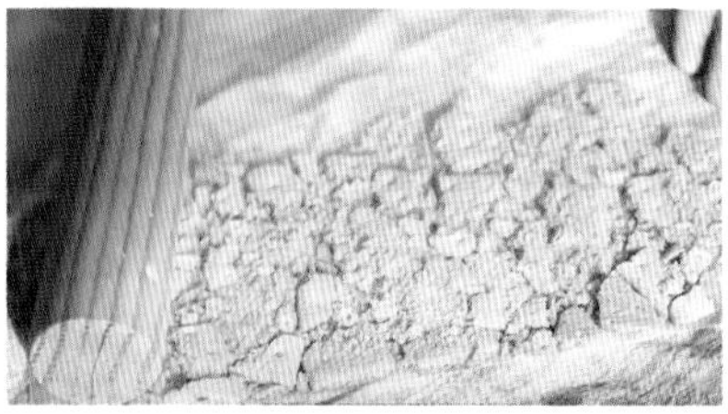

치즈케이크

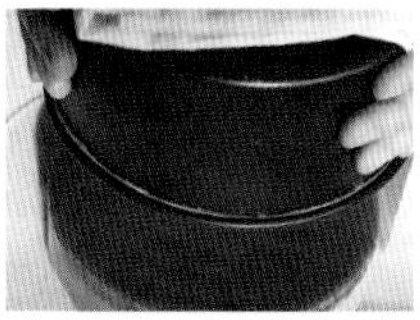

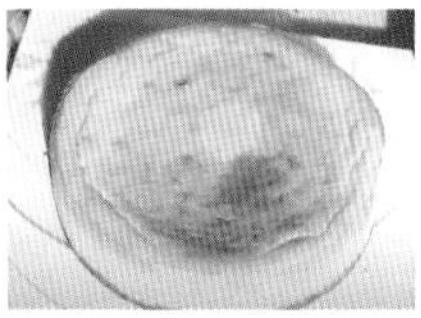

CHECK POINT. 6

1 실온 상태의 부드러운 크림치즈를 주걱으로 덩어리 없이 잘 풀어 주세요.

2 백설탕을 넣고 주걱으로 눌러가면서 설탕이 녹고 치즈 덩어리가 없어질 때까지 잘 섞어 주세요.

3 실온 상태의 계란을 넣고 섞어 주세요.

4 레몬즙과 바닐라 익스트랙을 넣고 섞어서 반죽을 완성해 주세요.

» 반죽을 섞는 과정에서 공기가 많이 들어가면 오븐 안에서 부풀어 오르거나 윗면이 갈라질 수 있으므로 천천히 조심스럽게 섞어 주세요.

5 완성된 반죽을 굳힌 크러스트 위에 부어 주세요.

6 큰 팬에 뜨거운 물을 담고, 그 위에 틀을 올려놓은 후 예열한 오븐에 150도에서 50분 동안 중탕으로 구워 주세요.

» 구워진 치즈케이크는 분리형 틀일 경우 냉장고에서 6시간 이상 틀 채로 굳힌 후 바닥면을 조심스럽게 들어내서 분리하고, 일체형 틀 사용 시 냉동실에서 꽁꽁 얼린 후, 뒤집어서 분리해 주셔야 뒤집을 때 윗부분이 뜯기지 않아요.

2	3
4	5
6	

▲ HOW TO MAKE

보관

- 밀폐용기에 담아 냉장 4~5일, 냉동 약 1달까지 보관 가능합니다.

자몽 레어 치즈케이크

▲ GO TO VIDEO

가볍고 산뜻한 레어 치즈케이크 위에 꽃처럼 예쁜 자몽과 자몽 젤리를 더해 상큼한 맛이 일품인 치즈케이크예요. 베이스가 되는 레어 치즈케이크는 굽지 않고 젤라틴을 이용해 굳힌 일종의 치즈 무스인데, 어느 과일에나 잘 어울리는 맛이어서 다른 시트러스류 과일이나 청포도, 딸기, 무화과 등으로 변경하여 만드셔도 아주 맛있어요.

재료

지름 15cm, 높이 5cm
원형 1호 무스링 1개 분량

크러스트
그레이엄 크래커 또는 통밀쿠키 70g, 무염버터 35g

치즈 무스
크림치즈 150g, 백설탕 60g, 사워크림 105g, 생크림 90g, 레몬즙 10g, 쿠앵트로 5g, 판젤라틴 4g

자몽 젤리
자몽즙 60g, 백설탕 20g, 판젤라틴 2g

몽타쥬
자몽 2개

미리 준비하기

- 크러스트를 만들 무염버터는 액체 상태로 녹여 주세요.
- 자몽 젤리를 만들 자몽은 즙을 내주세요. 약 반 개 정도가 필요합니다.

- 윗면에 올릴 자몽은 칼로 속껍질을 완전히 제거하고 과육 부분만 도려내 주세요.
- 치즈 무스와 자몽 젤리에 들어갈 판젤라틴은 얼음물에 최소 10분 이상 불려 두세요.
- 치즈 무스 재료 중 생크림은 사용 직전까지 차갑게 보관하세요.
- 치즈 무스 재료 중 크림치즈, 백설탕, 사워크림, 생크림, 레몬즙, 쿠앵트로는 실온 상태로 준비하세요.
- 무스링은 랩으로 바닥 부분을 튼튼하게 만들고, 옆면 안쪽에 투명 무스띠를 둘러 주세요.

만드는 법

크러스트

1 그레이엄 크래커를 지퍼백에 넣고 밀대로 두드려서 곱게 부숴 주세요.

2 1 을 녹인 무염버터와 잘 섞어 주세요.

3 2 를 랩을 씌운 무스링 바닥에 꾹꾹 눌러서 단단하게 깔고, 치즈 무스를 만들 동안 냉동실에 잠시 두어 굳혀 주세요.

1	2
3	

▲ HOW TO MAKE

치즈 무스

1 실온 상태의 부드러운 크림치즈를 볼에 담고 주걱으로 눌러서 잘 풀어 주세요.

2 백설탕을 넣고 주걱으로 누르듯이 섞어서 설탕을 녹이고 치즈 덩어리를 완전히 없애 주세요.

3 실온 상태의 사워크림과 레몬즙, 코앵트로를 넣고 거품기로 잘 섞어 주세요.

4 불려둔 판젤라틴의 물기를 제거하고, 전자레인지나 중탕으로 녹여 주세요.

5 3 의 반죽을 조금 떠서 녹인 젤라틴과 잘 섞어 주세요.

» 젤라틴은 반죽과 섞을 때 덩어리지기 쉽기 때문에 미리 반죽 조금과 애벌 섞기를 해주면 덩어리 없이 잘 섞여요.

6 5 를 치즈 반죽 쪽에 모두 넣고 덩어리 지지 않게 거품기로 골고루 섞어 주세요.

7 차가운 상태의 생크림을 핸드믹서로 부드럽게 휘핑해 주세요.

» 크림을 떨어뜨리면 자국이 남지만 볼을 가볍게 내리치면 사라지는 정도가 적당해요.

8 휘핑한 생크림을 6 쪽에 넣고 거품기로 퍼올리듯이 가볍게 섞어 주세요.

9 통밀 쿠키를 깔아둔 무스링 위에 반죽을 부어서 냉장고에서 2시간 이상 굳혀 주세요.

» 치즈 무스가 완전히 굳지 않으면 자몽 젤리를 올릴 수 없으므로 충분히 차게 식혀 주세요.

| 3 | 8 |
| 9 | 9 |

▲ HOW TO MAKE

자몽 젤리

1 자몽즙과 백설탕을 냄비에 넣고 설탕이 다 녹을 때까지만 가볍게 데워 주세요.

2 설탕이 다 녹으면 불에서 내린 후 불려둔 판젤라틴의 물기를 제거하고 잘 섞어서 녹여 주세요.

» 자몽 젤리가 뜨거우면 치즈 무스 위에 부을 때 무스가 녹을 수 있으므로 충분히 식혀 주세요.

1 2

▲ HOW TO MAKE

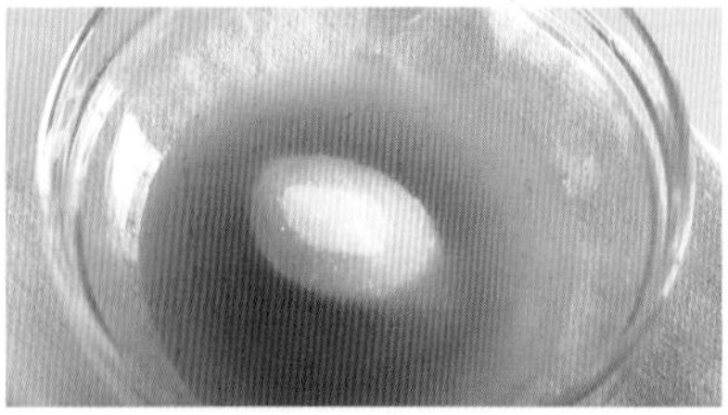

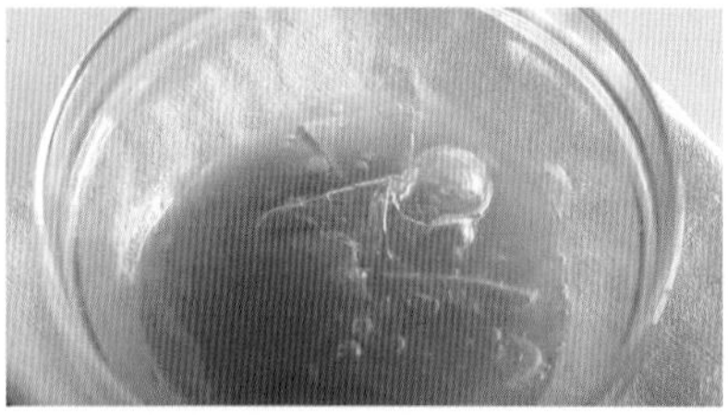

몽타쥬

1 굳힌 치즈 무스 위에 세그먼트 해둔 자몽을 꽃 모양으로 올려 주세요.

2 미지근하게 식힌 자몽 젤리를 치즈 무스 표면에 조심스럽게 붓고 냉장고에서 1시간 이상 굳혀 주세요.

1 2

▲ HOW TO MAKE

보관

- 밀폐용기에 담아 냉장 2~3일까지 보관 가능합니다.

바스크 치즈케이크

▲ GO TO VIDEO

스페인 바스크 지방의 'La Vina'라는 식당에서 처음 만들기 시작한 바스크 치즈케이크는 다른 치즈케이크들과 달리 산미가 없고, 고온에서 겉을 그을리듯이 굽기 때문에 스모키한 풍미가 있는 것이 특징이에요. 단 4가지 재료만 사용해 간단히 만들었는데도 맛이 좋아 유튜브에서 250만 조회수를 달성했던 인기 레시피예요. 많은 분들이 이 레시피로 베이킹에 성공적으로 입문하셨다며 댓글과 메시지를 보내 주셔서 열심히 레시피를 테스트했던 보람이 느껴졌던 케이크예요.

재료

지름 15cm, 높이 7cm
높은 원형 1호틀 1개 분량

크림치즈 350g, 백설탕 80g, 계란 85g, 생크림 110g

미리 준비하기

- 틀에 종이호일을 구겨 넣어서 자연스럽게 러프한 모양으로 깔아 두세요.
- 모든 재료는 실온 상태로 준비해 주세요.
- 오븐을 실제 굽는 온도보다 20~30도 높게 최소 20분 이상 충분히 예열해 주세요.

만드는 법

1 실온 상태의 부드러운 크림치즈를 주걱으로 덩어리 없이 잘 풀어주세요.

2 백설탕을 넣고 주걱으로 눌러가면서 설탕이 녹을 때까지 잘 섞어 주세요.

3 실온 상태의 계란을 넣고 주걱으로 천천히 섞어 주세요.

4 실온 상태의 생크림을 넣고 섞어서 반죽을 완성해 주세요.

» 1~4의 섞는 과정에서 공기가 과하게 들어가지 않도록 주의하세요. 반죽에 공기가 많이 들어가면 구워지면서 크게 부풀거나 윗면이 갈라질 수 있어요.

5 완성된 반죽을 유산지를 깐 틀에 붓고, 240도에서 25~30분 구워 주세요.

» 구워진 치즈케이크는 실온에서 식힌 후 6시간 이상 냉장 보관하세요.

1	2
3	4
5	5

▲ HOW TO MAKE

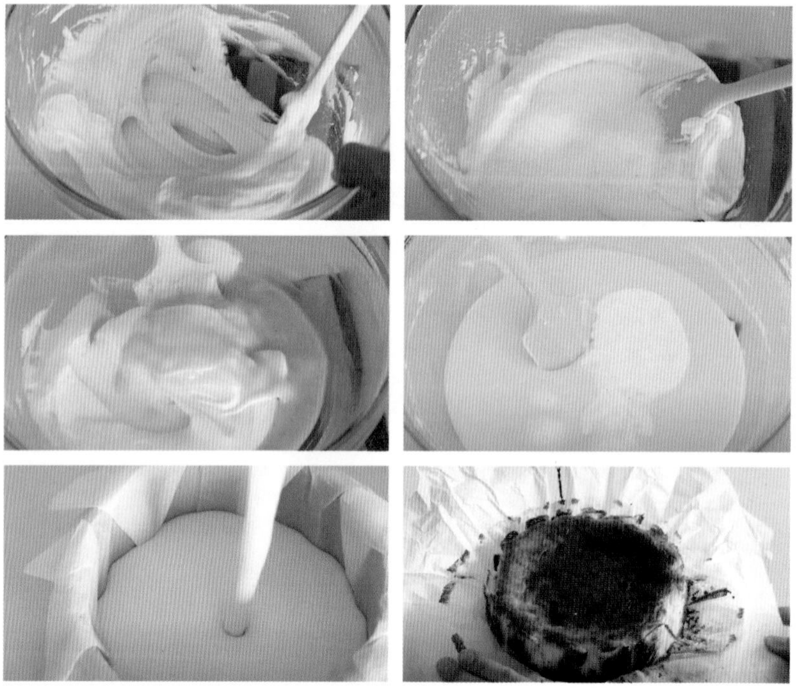

보관

- 밀폐용기에 담아 냉장 4~5일, 냉동 약 1달까지 보관 가능합니다.
- 만든 직후보다 하루 정도 지난 후가 더 맛있습니다.

초단간 5분 티라미수

▲ GO TO VIDEO

오븐 없이, 단 5가지 재료로 놀라운 맛을 내는 티라미수예요. 노른자가 들어간 부드러운 스타일의 티라미수도 좋아하지만, 마스카포네 치즈 함량이 높아 진하고 꾸덕꾸덕한 티라미수도 참 좋아하는데 이 레시피는 정말 간단한 재료와 방법으로 꾸덕꾸덕하고 고급스러운 맛의 티라미수가 뚝딱 만들어지는 기특한 레시피예요.

재료

가로×세로×높이
18×13×6cm
사각 용기 1개 분량

마스카포네 치즈 한 통 500g, 연유 10큰술(약 150g), 레이디핑거(사보이아르디) 쿠키 4~8개, 인스턴트 커피 2큰술(8g), 물 12큰술(180g), 윗면에 뿌릴 코코아 파우더 적당량

미리 준비하기

- 마스카포네 치즈는 사용 직전까지 차가운 상태로 준비하세요.

만드는 법

1 차가운 마스카포네 치즈를 볼에 담고 주걱으로 눌러서 덩어리를 가볍게 풀어주세요.
2 연유 10큰술을 넣고 주걱으로 골고루 잘 섞어 주세요.
3 인스턴트 커피에 따뜻한 물을 넣고 섞어서 살짝 식혀 주세요.
4 레이디핑거 쿠키에 3 을 충분히 적신 다음 그릇 바닥에 깔아주세요.

» 기호에 따라 레이디핑거의 양을 늘려서 두 개의 층으로 만들어도 좋아요.

5 만들어 둔 마스카포네 크림을 채우고 윗면을 평평하게 정리한 후 냉장고에서 6시간 이상 굳혀 주세요.

6 티라미수 표면에 코코아 파우더를 뿌려서 완성해 주세요.

1	2
3	4
4	5
5	6

▲ HOW TO MAKE

보관

- 밀폐하여 냉장 4~5일까지 보관 가능합니다.

하트 티라미수 케이크

▲ GO TO VIDEO

모두가 사랑하는 가장 대중적인 디저트인 티라미수를 케이크 형태로 만들어 봤어요. 마스카포네와 노른자가 들어간 정통 티라미수의 느낌은 그대로 살리면서 특별한 날에 잘 어울리도록 하트 케이크 모양으로 변형해 봤어요. 젤라틴이 따로 들어가지 않았는데도 꾸덕한 마스카포네 치즈의 함량이 높아 케이크의 형태가 잘 유지됩니다.

재료

초코 비스퀴 가로×세로 28cm×38cm 1/2빵팬 1대, 케이크 하트틀 1호 1개 분량

초코 시트

계란 노른자 85g, 백설탕(A) 20g, 꿀 8g, 계란 흰자 120g, 백설탕(B) 50g, 박력분 40g, 코코아 파우더 15g, 무염버터 15g, 우유 20g

커피 시럽

에스프레소 65g, 백설탕 15g, 깔루아 7g

티라미수 크림

우유 100g, 계란 노른자 25g, 백설탕 30g, 박력분 9g, 무염버터 8g, 바닐라 빈 2cm, 마스카포네 치즈 160g, 생크림 140g

몽타쥬

코코아 파우더 약간

미리 준비하기

- 1/2 빵팬에 유산지나 테프론 시트를 재단해서 깔아 두세요.
- 케이크 시트를 만들 박력분과 코코아 파우더는 섞어서 체 쳐 두세요.
- 하트 무스링 바닥에 랩을 단단히 씌워서 바닥을 만들어 두세요.
- 바닐라 빈은 길게 자른 후, 칼등으로 안쪽의 씨앗 부분만 긁어내 주세요.
- 생크림과 마스카포네 치즈는 사용 직전까지 차갑게 보관하세요.
- 오븐을 실제 굽는 온도보다 20~30도 높게 최소 20분 이상 충분히 예열해 주세요.

만드는 법

초코 시트

1 무염버터와 우유는 같은 볼에 담은 후 따뜻하게 데워 두세요.

2 실온의 노른자에 설탕, 꿀을 넣어 거품기로 잘 섞어 주세요.

3 핸드믹서 고속으로 노른자를 뽀얗고 걸쭉하게 될 때까지 휘핑해 주세요.

» 좁고 깊은 볼이 휘핑이 훨씬 빨리 되기 때문에, 좁은 볼에서 휘핑하고 넓은 볼로 옮겨 주었습니다.

4 차가운 흰자에 설탕을 세 번에 나눠 넣으며 핸드믹서 중속으로 휘핑해 주세요. 들어 올렸을 때 부드러우면서 쳐지지 않는 단단한 뿔이 생기는 상태까지 휘핑하세요.

5 노른자 쪽에 머랭의 절반을 덜어 넣고 마블이 약간 남아 있는 상태까지만 가볍게 섞으세요.

6 체 친 박력분과 코코아 파우더를 넣고 주걱으로 가볍게 퍼올리듯이 섞어 주세요.

7 남은 머랭을 모두 넣고 완전히 균일한 상태가 될 때까지 주걱으로 가볍게 섞어 주세요.

» 머랭은 조금만 방치해도 덩어리가 쉽게 생기므로 반죽에 넣기 직전에 주걱으로 잘 풀어 주세요.

8 버터와 우유의 온도를 40~60도 사이로 맞춘 후, 반죽 일부를 넣어 잘 섞어 주세요.

9 8 을 반죽 위에 가라앉지 않도록 뿌린 후, 주걱으로 잘 섞일 때까지만 가볍게 섞어 주세요.

» 이 단계에서 너무 과하게 반죽을 만지면 거품이 꺼져서 시트 높이가 제대로 안 나올 수 있으니 20회 정도로 가볍게 섞어주고, 잘 섞이면 바로 틀에 담아 주세요.

10 틀에 반죽을 붓고, 스크래퍼로 표면을 평평하게 정리해 주세요.

» 너무 많이 반죽을 건드리면 반죽의 거품이 꺼지면서 시트가 납작하고 질겨질 수 있으니 주의하세요.

11 예열한 오븐에 170도에서 11분 동안 구워 주세요.

12 구워져 나온 케이크 시트는 틀 채로 한 번 떨어뜨려 수증기를 빼 주고, 틀에서 분리해 식힘망 위로 옮겨서 옆면의 유산지를 떼어내고 식혀 주세요.

13 시트가 완전히 식으면 하트 무스링을 사용해서 하트 모양으로 3장 찍어내 주세요.

2	7
9	10
10	12
12	13

▲ HOW TO MAKE

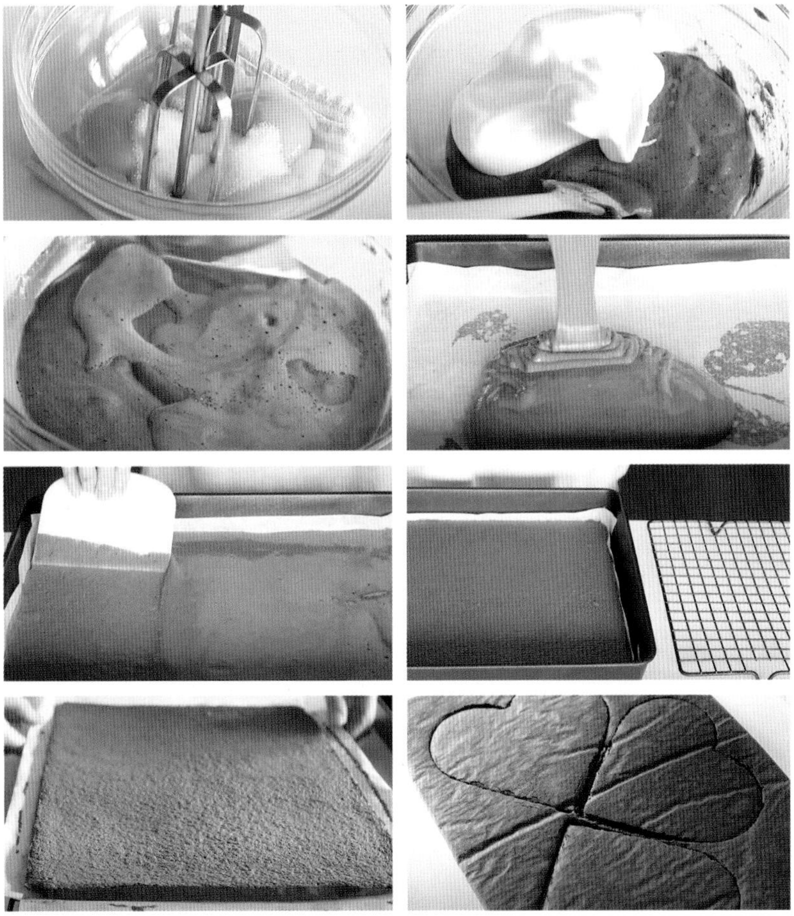

커피 시럽

1 에스프레소에 설탕을 넣고 잘 저어서 설탕을 녹여 주세요.

2 깔루아를 넣고 섞은 후 완전히 식혀 두세요.

» 깔루아는 커피 리큐르인데 생략 가능합니다.

» 인스턴트 커피를 사용할 때는, 인스턴트 커피 파우더 3g, 물 65g, 설탕 15g을 함께 데워서 설탕을 녹인 후 사용합니다.

티라미수 크림

1 노른자에 설탕을 넣고 거품기로 잘 섞어 주세요.

2 체 친 박력분을 넣고 덩어리 없이 잘 섞어 주세요.

3 냄비에 우유와 씨를 긁어낸 바닐라 빈을 넣고 가장자리가 부글부글 끓을 때까지 가볍게 데워 주세요.

4 노른자 쪽에 데운 우유를 조금씩 넣어가며 계란이 익지 않도록 거품기로 저어 주세요.

5 4를 다시 냄비에 옮겨 넣고 거품기로 바닥이 눌어붙지 않게 계속 저어 가며 중불로 가열하세요.

6 어느 순간 액체가 걸쭉해지면서 덩어리가 지기 시작할 거예요. 거품기로 계속 잘 저어서 풀어 주세요. 바닥에 큰 기포가 터지면 불에서 내려 주세요.

7 무염버터를 넣고 섞어서 녹여 주세요.

8 완성된 커스터드 크림이 뜨거울 때 체에 걸러 주세요.

9 커스터드 크림이 든 볼 밑에 얼음물을 받치고 잘 저어 가면서 20도까지 식혀 주세요.

10 식힌 커스터드 크림에 차가운 마스카포네 치즈를 넣고 거품기로 덩어리 없이 잘 풀어 주세요.

11 차가운 생크림 밑에 얼음물을 받치고 단단하게 휘핑해 주세요.

» 부드러우면서 주걱으로 넘겨 보았을 때 각이 살아있는 상태입니다.

12 10 쪽에 휘핑한 생크림을 두 번에 걸쳐 나눠 넣어가며 거품이 꺼지지 않게 가볍게 퍼올리듯이 섞어 주세요.

13 완성된 티라미수 크림을 804호 깍지를 끼운 짤주머니에 담아 주세요.

8	9
12	13

▲ HOW TO MAKE

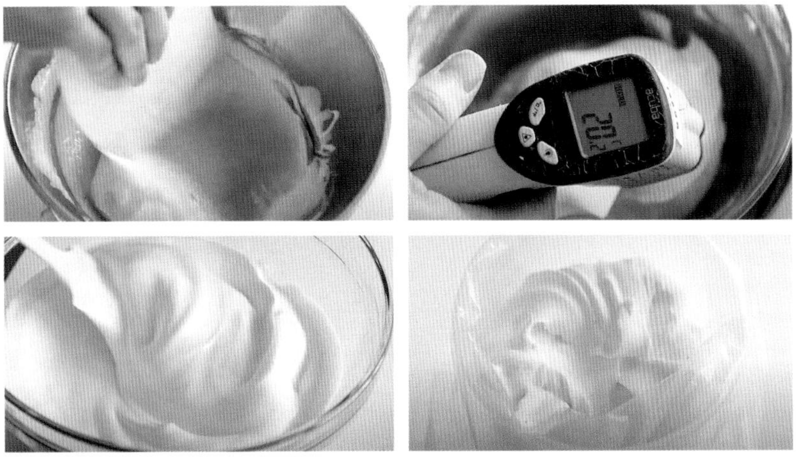

몽타쥬

1 하트 무스링 바닥에 잘라둔 케이크 시트를 깔고, 시럽을 붓으로 발라 주세요.

2 크림을 파이핑해서 1cm 두께로 쌓아 주세요.

3 1 과 2 의 과정을 세 번 반복한 후, 윗면에 올려진 크림을 스패출러로 러프하게 터치해 자연스러운 모양을 내주세요.

4 무스링을 제거할 수 있도록 케이크를 냉동실에서 2시간 이상 얼려 주세요.

5 코코아 파우더를 윗면에 뿌려 주세요.

6 얼린 케이크 아래 케이크 지름보다 작은 원통 모양 통을 놓고, 뜨거운 젖은 수건이나 토치 등으로 무스링 겉면을 따뜻하게 데운 후 아래로 살며시 내려서 무스링을 제거해 주세요.

1	2

▲ HOW TO MAKE

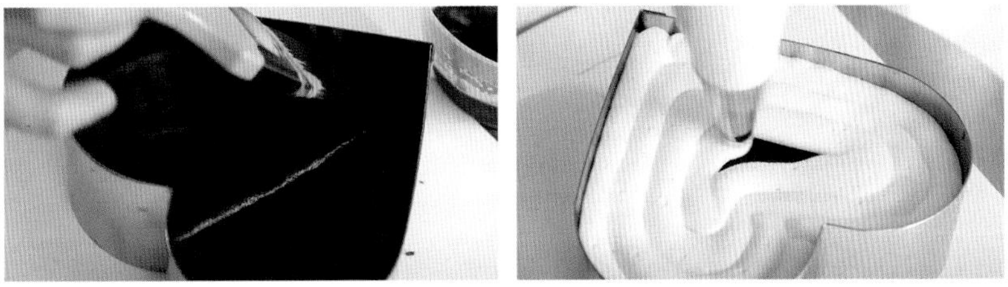

3	5
6	6

▲ HOW TO MAKE

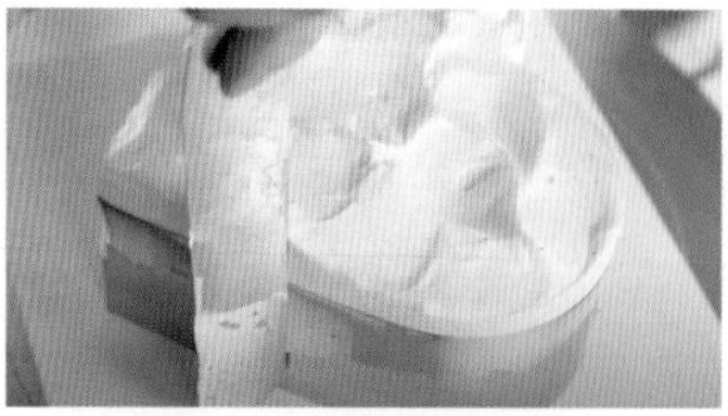

보관

- 밀폐용기에 담아 냉장 3~4일까지 보관 가능합니다.

딸기 티라미수

▲ GO TO VIDEO

정통 티라미수 외에 과일이나 말차, 쑥 등 다른 재료로 응용한 여러 가지 다양한 맛의 티라미수도 흔히 찾아볼 수 있는데요. 아마 마스카포네와 노른자가 들어간 부드러운 크림이 어디에나 잘 어울리기 때문일 거예요. 그중에서도 딸기 소스와 제철 딸기를 가득 올린 딸기 티라미수는 제가 가장 좋아하는 티라미수 중 하나예요.

재료

가로×세로×높이
11×11×4.5cm
사각 용기 4개 분량

제누와즈

계란 115g, 계란 노른자 30g, 백설탕 75g, 꿀 15g, 박력 81g, 옥수수 전분 12g, 무염버터 20g, 우유 30g, 바닐라 익스트랙 2g

딸기 소스

딸기 퓨레 150g, 백설탕 45g, 레몬즙 9g, 키르슈 18g

티라미수 크림

마스카포네 치즈 120g, 생크림 137g, 계란 노른자 34g, 백설탕 42g, 물 25g, 판젤라틴 2g

몽타쥬

딸기 18~22개

미리 준비하기

- 제누와즈는 1cm 두께로 슬라이스해서 용기 바닥 사이즈에 맞게 잘라서 준비해 두세요.
- 판젤라틴은 사용 전까지 얼음물에 최소 10분 이상 미리 불려두세요.
- 사용할 딸기는 절반은 4등분하고, 나머지는 깍뚝썰기해 주세요.
- 생크림과 마스카포네 치즈는 사용 전까지 차갑게 보관해 두세요.

만드는 법

tip 제누와즈 참고 p51

제누와즈

1 공립법 제누와즈를 만드세요.

1 완전히 식힌 후, 두께 1cm로 슬라이스 하고 용기 바닥에 맞게 재단하여 준비해 주세요.

딸기 소스

1 분량의 딸기소스 재료를 모두 섞어 잘 저어서 설탕을 완전히 녹여서 준비해 두세요.

» 키르슈는 체리 브랜디인데 생략 가능합니다.

티라미수 크림

1 차가운 생크림을 약간 되직하게 주르륵 흐를 정도로 휘핑해서 냉장고에 넣어두세요.

» 떨어뜨려 보았을 때 자국이 약간 남지만, 볼을 가볍게 내리치면 사라지는 상태입니다.

2 노른자에 물과 설탕을 넣고 잘 섞어 주세요.

3 2 가 담긴 볼을 중탕물 위에 올려 거품기로 저어 가며 76도까지 온도를 높여 주세요.

» 계란을 살균하는 과정입니다. 익지 않도록 계속 거품기로 저어 가며 가열해 주세요.

4 불에서 내려 미리 불려둔 젤라틴의 물기를 제거하고 넣어서 녹여 주세요.

5 4 를 핸드믹서로 뽀얗게 휘핑하며 손으로 볼을 만져봤을 때 미지근할 때까지 식혀 주세요.

6 다른 볼에 차가운 마스카포네를 담은 후, 5 를 두 번에 나눠서 넣어가며 거품기로 덩어리 없이 잘 섞어 주세요.

7 냉장고에 휘핑해 둔 생크림을 꺼내 전체적으로 섞어 농도를 다시 맞춘 후, 6 쪽에 두 번에 나눠서 넣어가며 주걱으로 퍼올리듯이 가볍게 섞어 주세요.

2	3
6	7

▲ HOW TO MAKE

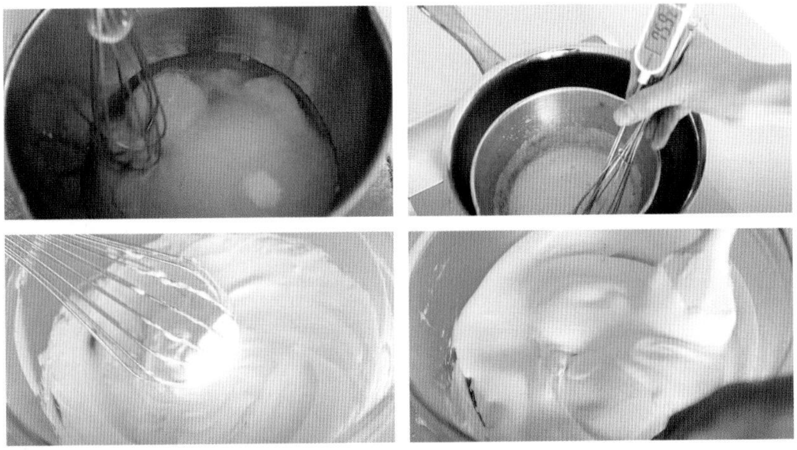

몽타쥬

1 용기 바닥에 재단해 둔 케이크 시트를 깔고 딸기 소스를 넉넉히 적셔 주세요.

2 깍뚝썰기해 둔 생딸기를 1 위에 올려주세요.

3 만들어 둔 티라미수 크림을 2 위에 채워 주세요.

4 4등분 해둔 딸기를 위에 듬뿍 올려서 마무리해 주세요.

1	2
3	4

▲ HOW TO MAKE

보관

- 밀폐용기에 담아 냉장 2일까지 보관 가능합니다.
- 생과일은 변질이 빠르기 때문에 가급적이면 만든 당일에 드시는 것이 가장 맛있어요.

딸기 샤를로트 케이크

▲ GO TO VIDEO

'샤를로트'는 비스퀴로 바닥과 옆면을 두르고, 크림을 채운 프랑스식 케이크예요. 딸기 샤를로트에는 노른자와 우유로 바바로아를 만들어 넣기도, 딸기 퓨레와 생크림을 섞어 간단하게 무스를 만들어 넣기도 하지만 저는 무스에 이탈리안 머랭을 넣어서 많이 먹어도 느끼하지 않고 가볍고 상큼한 케이크를 만들어 봤어요.

재료

지름 18cm, 높이 5cm
원형 무스링 2호 1개 분량

비스퀴 아 라 퀴이에르
계란 노른자 60g, 백설탕(A) 34g, 계란 흰자 100g, 백설탕(B) 50g, 박력분 90g, 바닐라 익스트랙 2g, 여분의 슈가파우더(윗면에 뿌리는 용도)

시럽
물 30g, 백설탕 15g, 키르슈 5g

이탈리안 머랭
계란 흰자 50g, 물 20g, 백설탕 80g

딸기 무스
딸기 퓨레 115g, 판젤라틴 4.5g, 레몬즙 8g, 생크림 112g, 키르슈 4g, 이탈리안 머랭 70g

몽타쥬
딸기 15~20알, 미로와 약간

미리 준비하기

- 비스퀴를 파이핑할 수 있게 넓은 쿠키팬에 유산지를 깔아 두세요.
- 박력분은 체에 쳐 주세요.
- 판젤라틴은 얼음물에 최소 10분 이상 불려 두세요.
- 생크림은 사용 직전까지 차갑게 보관해 주세요.
- 오븐을 실제 굽는 온도보다 20~30도 높게 최소 20분 이상 충분히 예열해 주세요.
- 무스링 바닥에 랩을 타이트하게 깔아서 바닥을 만들고, 무스링 안쪽에 투명 무스 띠를 둘러 주세요.

만드는 법

비스퀴 아 라 퀴이에르

1 볼에 노른자와 설탕(A), 바닐라 익스트랙을 넣고 노른자가 뽀얗게 될 때까지 핸드 믹서 고속으로 휘핑해 주세요.

2 흰자에 설탕(B)를 세 번에 나눠 넣어가며 휘핑해서 윤기나면서 단단한 상태의 머랭을 만드세요.

3 2 에 1 을 넣고 마블 무늬가 남는 정도까지만 주걱으로 가볍게 섞어 주세요.

4 박력분을 두 번에 나눠서 넣고 주걱의 날 부분을 사용해서 거품이 꺼지지 않도록 가볍게 섞어 주세요.

» 이때, 반죽을 떨어뜨린 모양이 선명히 남으면서 퍼지지 않는 상태여야 합니다.

5 805호 깍지를 끼운 짤주머니에 반죽을 담아 파이핑해서 지름 15cm 원형 1개, 가로 30cm×세로 10cm 직사각형 1개를 만드세요.

» 유산지에 가이드라인을 미리 그려두면 편해요.

6 반죽 윗면에 슈가파우더를 골고루 뿌린 후, 스며들면 한 번 더 뿌려 주세요.

» 슈가파우더는 비스퀴를 더 잘 부풀게 하고, 겉면을 바삭하게 만들어 줍니다.

7 예열한 오븐에서 170도에서 10분 동안 구운 후 그대로 미지근하게 식혀 주세요.

8 유산지를 제거하고, 직사각형의 비스퀴를 길게 반으로 잘라서 가로 30cm×세로 5cm의 긴 띠 두 장을 만드세요.

5	5
6	8

▲ HOW TO MAKE

▮ 시럽

1 물과 백설탕을 냄비 또는 전자레인지로 가열하여 설탕을 완전히 녹여 주세요.

» 시럽이 팔팔 끓지 않아도 설탕이 전부 녹기만 하면 됩니다.

2 키르슈를 넣고 섞어서 사용하기 전까지 완전히 식혀서 준비하세요.

» 키르슈는 체리 브랜디인데, 없으면 생략 가능합니다.

▮ 이탈리안 머랭

tip 이탈리안 머랭 버터크림 참고 p77

1 백설탕과 물을 냄비에 담아 118도가 될 때까지 젓지 말고 끓여 주세요.

2 1 의 온도가 110도 정도가 되면 흰자를 휘핑하기 시작하세요.

3 1 이 118도가 되면 불을 끄고, 흰자를 고속으로 휘핑하면서 1 을 조금씩 흘려 넣어 주세요.

4 머랭이 미지근하게 식고, 단단하게 올라올 때까지 휘핑해 주세요.

» 이탈리안 머랭이 뜨거울 때 생크림과 섞으면 생크림이 녹을 수 있으므로 30도 이하로 식혀 주세요.

» 이탈리안 머랭은 적은 양으로는 잘 만들어지지 않으므로 충분한 양을 만든 후 70g만 계량하여 사용합니다.

딸기 무스

1 차가운 생크림을 약간 되직하게 주르륵 흐를 정도로 휘핑해서 냉장고에 넣어두세요.

» 떨어뜨려 보았을 때 자국이 약간 남지만, 볼을 가볍게 내리치면 사라지는 상태입니다.

2 분량의 딸기 퓨레에 불려서 물기를 제거한 젤라틴을 넣고 따뜻하게 데워서 젤라틴을 녹여 주세요.

3 1 에 레몬즙과 키르슈를 넣고 섞은 후 30도 이하로 식혀 두세요.

4 휘핑한 생크림의 농도를 다시 거품기로 정확히 맞춘 후, 3 을 조금씩 넣어가며 거품기로 가볍게 섞어 주세요.

5 완성된 이탈리안 머랭 70g을 4 쪽에 넣고, 거품이 꺼지지 않도록 가볍게 퍼올리듯이 섞어서 무스를 완성해 주세요.

몽타쥬

1 무스링 안쪽에 비스퀴를 딱 맞게 끼워 넣으세요. 필요할 경우 가위로 원형 바닥을 약간 다듬어도 됩니다.

» 이때, 옆면과 바닥이 아주 타이트하게 끼워져야 무스가 밖으로 새지 않아요.

2 비스퀴 안쪽 면에 시럽을 골고루 발라 주세요.

3 비스퀴 안쪽에 딸기 무스를 전부 붓고 평평하게 만든 후 냉동실에서 1시간 이상 굳히세요.

4 윗면에 딸기를 가득 올리고, 미로와를 발라 마무리해 주세요.

1 2

▲ HOW TO MAKE

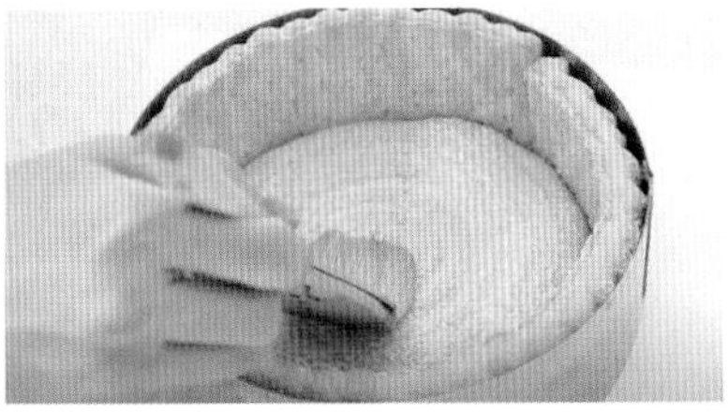

3	3
4	4

▲ HOW TO MAKE

보관

- 밀폐용기에 담아 냉장 2일까지 보관 가능합니다.
- 생과일은 변질이 빠르기 때문에 가급적이면 만든 당일에 드시는 것이 가장 맛있어요.

딸기 프레지에

▲ GO TO VIDEO

'딸기나무'라는 뜻을 가지고 있는 프랑스 케이크예요. 우리나라의 딸기 생크림 케이크처럼, 프랑스에서 가장 친근한 대표 케이크 중 하나랍니다. 버터 베이스의 고소하고 진한 무슬린 크림이 상큼한 딸기와 잘 어울려요. 가벼운 딸기 생크림 케이크와는 다른 매력이 있는, 묵직하고 부드러운 케이크예요.

재료

제누와즈 가로×세로 28cm×38cm 1/2빵팬 1대, 케이크 지름 18cm, 높이 5cm 원형 무스링 2호 1개 분량

아몬드 제누와즈

계란 110g, 계란 노른자 30g, 백설탕 76g, 박력분 70g, 아몬드 가루 28g, 슈가 파우더 28g, 무염버터 50g

시럽

백설탕 25g, 물 25g, 키르슈 10g

커스터드 크림

우유 200g, 백설탕 34g, 계란 노른자 40g, 옥수수 전분 16g, 바닐라 빈 1/3개

앙글레즈 버터크림

우유 75g, 계란 노른자 60g, 백설탕 45g, 무염버터 150g, 키르슈 10g

무슬린 크림

커스터드 크림 전량, 앙글레즈 버터크림 전량

딸기 나파쥬

딸기 퓨레 32g, 라즈베리 퓨레 48g, 백설탕 80g, NH펙틴 4g

몽타쥬

딸기 20~25알

미리 준비하기

- 1/2 빵팬에 유산지나 테프론 시트를 깔아 두세요.
- 박력분과 아몬드 가루, 슈가파우더는 섞어서 체에 쳐 주세요.
- 오븐을 실제 굽는 온도보다 20~30도 높게 최소 20분 이상 충분히 예열해 주세요.
- 커스터드 크림에 들어갈 바닐라 빈은 길게 반을 가른 후 칼등으로 씨앗을 긁어내 주세요.
- 앙글레즈 버터크림을 만들 무염버터는 실온 상태로 준비하세요.
- 무스링 바닥에 랩을 타이트하게 깔아서 바닥을 만들고, 무스링 안쪽에 투명 무스띠를 둘러 주세요.
- 딸기는 크기가 일정한 것으로 준비하고, 꼭지를 제거한 후 반으로 잘라 주세요.

만드는 법

아몬드 제누와즈

1 계란과 노른자를 볼에 담아 잘 풀어 주세요.

2 분량의 백설탕과 꿀을 넣고 거품기로 잘 섞어 주세요.

» 계란에 설탕을 넣은 후 바로 섞지 않으면 설탕이 노른자와 뭉쳐 덩어리지기 쉬우니 주의하세요.

3 2 가 담긴 볼을 뜨거운 물 위에 올려 계란이 익지 않도록 거품기로 저어 가며 37~42도가 될 때까지 온도를 높여주세요.

» 37~42도는 손으로 만져 보았을 때 기분 좋게 따뜻한 정도입니다.

4 다른 볼에 무염버터를 담아 사용 전까지 뜨거운 물 위에 올려 두세요.

» 반죽 쪽에 넣을 때 40~60도의 온도여야 합니다.

5 3 의 반죽을 떨어뜨려 보아 떨어뜨린 자국이 사라지지 않고 3초 정도 단단히 남아있는 상태까지 핸드믹서 고속으로 휘핑해 주세요.

6 핸드믹서를 든 손은 고정하고, 볼을 천천히 움직여 가며 가장 낮은 속도로 천천히 휘핑해 거친 기포를 조밀하게 정리해 주세요.

» 육안으로 보아 겉면에 큰 공기 방울이 전혀 보이지 않고 실크처럼 부드러운 상태여야 합니다.

» 핸드믹서를 흔들거나 볼 벽에 부딪히는 순간 거친 기포가 다시 생성될 수 있으니 기포를 정리하는 동안에는 핸드믹서를 매우 천천히 움직여 주세요.

7 체 쳐둔 가루 재료를 6 위에 골고루 흩뿌린 후, 주걱을 든 손으로는 볼 중앙을 가로질러 퍼올리듯이 섞고, 다른 손으로는 볼을 조금씩 일정하게 회전시켜 가며 가볍게 섞어 주세요.

8 남은 가루 없이 균일한 상태로 잘 섞였으면, 뜨겁게 보관해 두었던 버터의 온도를 확인한 후 반죽 한 주걱을 떠서 넣고 섞어 주세요.

» 이때 떠 넣은 반죽을 '희생 반죽'이라고 합니다. 버터+우유를 바로 반죽 쪽에 붓는 것보다 이렇게 조금 덜어서 먼저 섞어주면 기포가 덜 꺼지게 섞을 수 있어요.

» 버터와 우유의 온도가 낮으면 반죽의 기포를 순식간에 꺼트려서 식감이 무겁고 납작한 반죽이 나오게 됩니다. 온도를 40~60도로 잘 맞춰서 반죽에 넣어 주세요.

9 희생 반죽을 다시 본 반죽 쪽에 넣고, 고르게 섞일 수 있도록 주걱을 든 손으로는 볼 중앙을 가로질러 퍼올리듯이 섞고, 다른 손으로는 볼을 조금씩 일정하게 회전시켜 가며 가볍게 섞어 주세요.

» 버터와 우유가 반죽에 들어가고 나서부터는 기포가 매우 빠르게 꺼지므로, 20회 이내의 적은 주걱질로 반죽을 빠르게 섞어 주고, 골고루 섞이면 바로 틀에 담아줍니다.

10 틀에 반죽을 팬닝하고 윗면을 스크래퍼로 평평하게 정리한 후 예열한 오븐에 160도에서 12분 동안 구워 주세요.

11 구워져 나온 제누와즈는 뜨거울 때 틀에서 분리해 식힘망 위에서 식힌 후, 18cm 원형 무스링으로 두 장 찍어내 주세요.

시럽

1 물과 백설탕을 냄비 또는 전자레인지로 가열하여 설탕을 완전히 녹여 주세요.

» 시럽이 팔팔 끓지 않아도 설탕이 전부 녹기만 하면 됩니다.

2 키르슈를 넣고 섞어서 사용하기 전까지 완전히 식혀서 준비하세요.

» 키르슈는 체리 브랜디인데, 없으면 생략 가능합니다.

커스터드 크림

tip 커스터드 크림 참고 p69

1 커스터드 크림을 만드세요.

2 식힌 커스터드 크림은 체에 한 번 거른 후, 20~25도 사이로 온도를 맞춰 두세요.

앙글레즈 버터크림

tip 앙글레즈 버터크림 참고 p72

1 앙글레즈 버터크림을 만드세요.

무슬린 크림

1 앙글레즈 버터크림에 커스터드를 조금씩 넣으면서 핸드믹서로 휘핑해서 가볍고 부드러운 크림을 만들어 주세요.

» 이때, 앙글레즈 버터크림과 커스터드 크림의 온도는 20~25도 사이로 서로 비슷해야 분리되지 않고 잘 섞입니다.

2 완성된 무슬린 크림은 짤주머니에 담아 주세요.

딸기 나파쥬

1 딸기 퓨레와 라즈베리 퓨레를 냄비에 담아 40~50도까지 데워 주세요.

2 설탕과 펙틴을 먼저 잘 섞은 후, 1 에 조금씩 넣어가며 거품기로 빠르게 섞어 주세요.

3 다시 불을 켜서 2 가 완전히 끓어오르면 1분 정도 더 끓인 후 불에서 내려 주세요.

4 냉장고에서 차게 식히고, 사용 직전에 체에 한 번 걸러 주세요.

» 나파쥬는 냉장고에서 식혔을 때는 되직한 상태이지만 체에 거르면 유동성과 윤기가 생깁니다. 체에 거른 나파쥬는 오래 방치하지 말고 바로 사용하세요.

몽타쥬

1 무스링 바닥에 제누와즈 한 장을 깔고, 붓으로 시럽을 발라 주세요.

2 반으로 자른 딸기를 투명 무스띠에 밀착해서 옆면에 빼곡히 둘러 주세요.

3 짤주머니에 무슬린 크림을 담아 딸기 사이사이에 누르듯이 파이핑해서 옆면을 빈틈 없이 채우고, 바닥에도 크림을 얇게 한 겹 파이핑해 주세요.

» 미니 스패출러로 크림을 옆면 위쪽까지 끌어올려서 옆면에 빈 공간이 없도록 해 주세요.

4 딸기를 케이크 안쪽에도 빼곡히 세워서 채우고, 남은 크림으로 무스링 안쪽을 모두 채워 주세요.

5 스패출러로 크림을 깎아서 평평하게 만들어 주세요.

6 윗면에 제누와즈를 올린 후, 붓으로 시럽을 발라 주세요.

7 딸기 나파쥬를 케이크 윗면에 모두 올리고, 스패출러로 평평하게 펼쳐 주세요.

8 무스링을 살짝 들어 올려서 제거하고, 윗면을 딸기와 식용 금박, 레드커런트 등으로 장식해서 마무리해 주세요.

1	2
3	3
4	5
6	7
8	8

▲ HOW TO MAKE

보관

- 밀폐용기에 담아 냉장 2일까지 보관 가능합니다.
- 생과일은 변질이 빠르기 때문에 가급적이면 만든 당일에 드시는 것이 가장 맛있어요.
- 찬기가 빠질 수 있게 실온에 잠시 두었다가 드시면 크림이 부드러워져서 더 맛있습니다.

당근 케이크

▲ GO TO VIDEO

다진 당근과 피칸을 듬뿍 넣어 영양 만점인 케이크예요. 당근 케이크는 모든 재료를 간단히 섞어서 만들기도 하지만, 이번에 소개해 드리는 레시피는 제누와즈를 만들 때처럼 계란 거품을 풍성하게 올려서 더 폭신하고 가벼운 식감으로 만들어 보았어요.

재료

지름 15cm, 높이 7cm
높은 원형 1호틀 1개 분량

케이크 시트

계란 120g, 황설탕 90g, 식물성 오일 96g, 박력분 110g, 아몬드 가루 20g, 소금 1g, 베이킹파우더 4g, 베이킹 소다 2g, 시나몬 파우더 2g, 넛맥파우더 한 꼬집, 당근 120g, 피칸 30g

크림치즈 프로스팅

크림치즈 190g, 무염버터 30g, 백설탕 20g, 연유 15g, 생크림 115g, 마스카포네 치즈 45g

당근 마지팬

아몬드 가루 100g, 슈가파우더 60g, 계란 흰자 30g, 식용 색소 약간

미리 준비하기

- 틀에 유산지나 테프론 시트를 재단해 깔아두세요.
- 피칸은 160도에서 10분 정도 구운 후 굵게 다져 주세요.
- 당근은 껍질을 제거한 후 푸드프로세서나 칼로 작게 다지거나, 굵은 그레이터를 사용해 갈아주세요.

- 박력분, 아몬드 가루, 베이킹파우더, 베이킹 소다, 시나몬 파우더, 넛맥파우더는 섞어서 체 쳐 주세요.
- 오븐을 실제 굽는 온도보다 20~30도 높게 최소 20분 이상 충분히 예열해 주세요.
- 크림치즈와 무염버터는 실온 상태로 준비하세요.
- 생크림과 마스카포네 치즈는 차가운 상태로 준비하세요.

만드는 법

케이크 시트

1 분량의 계란에 황설탕을 넣고 거품기로 잘 섞어 주세요.

2 1을 뜨거운 물 위에서 중탕해서 온도를 37~42도까지 높여 주세요.

» 손가락을 담가봤을 때 따뜻한 목욕물 정도의 느낌이면 됩니다.

3 핸드믹서 고속으로 휘핑해 튼튼한 거품을 만드세요.

» 떨어뜨려 보았을 때 떨어뜨린 자국이 3초 이상 유지될 때까지 휘핑해 주세요.

4 식물성 오일을 넣고 전체적으로 잘 섞일 때까지만 핸드믹서 저속으로 가볍게 섞어 주세요.

» 과하게 섞으면 볼륨이 낮은 시트가 나와요. 오일이 보이지 않으면 바로 멈춰 주세요.

5 체 쳐둔 가루 재료를 넣고 주걱으로 퍼올리듯이 가볍게 섞어 주세요.

6 다진 당근과 구운 피칸 분태를 넣고 전체적으로 잘 섞일 때까지 주걱으로 섞어서 반죽을 마무리해 주세요.

7 반죽을 틀에 팬닝하고, 165도에서 50~55분 동안 구워 주세요.

8 구워진 케이크는 한 번 가볍게 내리쳐서 수증기를 빼 주고, 틀에서 꺼내 식힘망 위에서 뒤집어서 식혀 주세요.

9 케이크가 완전히 식으면 두께 1.5cm 3장으로 잘라 주세요.

4	5

▲ HOW TO MAKE

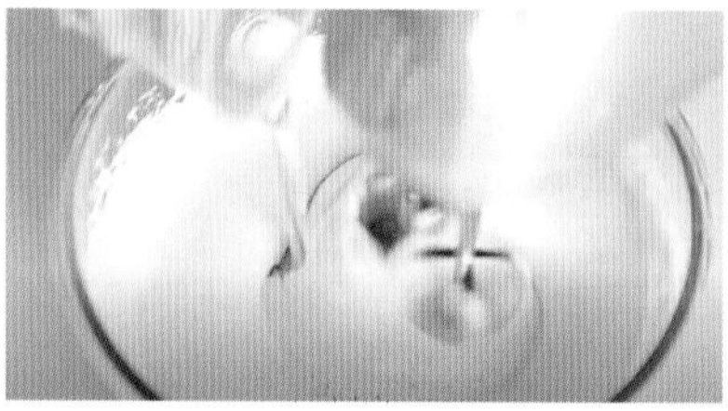

6 7
9 9

▲ HOW TO MAKE

크림치즈 프로스팅

1 실온 상태의 부드러운 크림치즈와 버터를 주걱으로 눌러서 덩어리 없이 풀어 주세요.

2 차가운 생크림에 마스카포네, 설탕, 연유를 넣고 얼음물 위에서 단단하게 휘핑해 주세요.

» 주걱으로 크림을 넘겨 보았을 때 부드러우면서 날이 살아있는 정도가 적당합니다.

3 1 쪽에 2 를 두 번에 나눠서 넣어가며 주걱으로 가볍게 퍼올리듯이 섞어 주세요.

4 완성된 크림을 804호 깍지를 끼운 짤주머니에 담아 시트 사이에 파이핑해서 몽타쥬 해 주세요.

4 4

▲ HOW TO MAKE

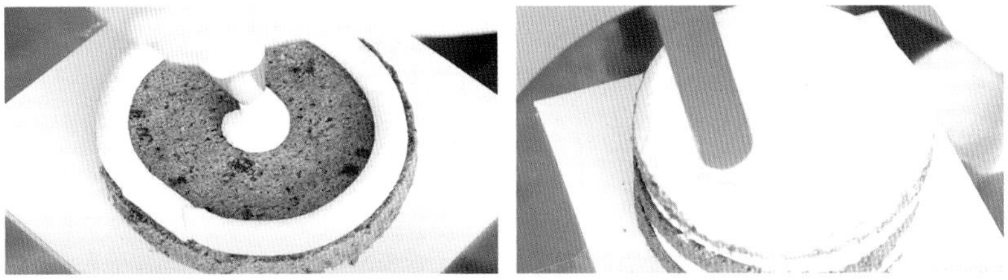

당근 마지팬

1 분량의 아몬드 가루와 슈가파우더를 잘 섞어 주세요.

2 실온의 흰자를 넣고 반죽하듯이 손으로 뭉쳐 한 덩어리로 만드세요.

3 랩으로 감싸 냉장고에서 30분~1시간 휴지한 후, 식용 색소를 섞어 당근 모양으로 만드세요.

4 완성된 당근 마지팬을 케이크 위에 올려서 마무리해 주세요.

3	4

▲ HOW TO MAKE

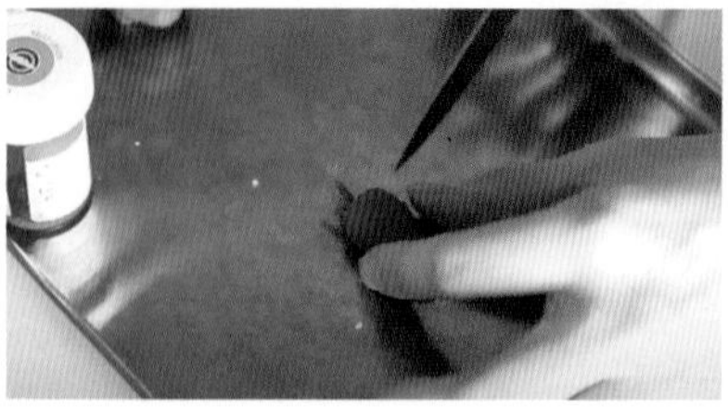

보관

- 밀폐용기에 담아 냉장 3~4일까지 보관 가능합니다.

No 색소 레드벨벳 케이크

▲ GO TO VIDEO

홍국 쌀가루를 넣어 색소 없이도 진하고 예쁜 붉은 빛이 나는 케이크예요. 홍국 쌀가루를 사용해 케이크를 만들 때에는 양 조절이 중요한데, 홍국 쌀가루는 쓴맛이 있어 반죽에 너무 많이 넣으면 구워진 케이크에서 씁쓸한 맛이 강하게 날 수 있어 유의해야 해요.

재료

지름 15cm, 높이 7cm
높은 원형 1호틀 1개 분량

케이크 시트

무염버터 113g, 식물성 오일 45g, 백설탕 120g, 소금 1g, 계란 67g, 박력분 147g, 홍국 쌀가루 29g, 코코아 파우더 10g, 베이킹 소다 4g, 베이킹파우더 4g, 버터밀크 121g

tip 버터밀크는 우유에서 버터를 분리하고 남은 액체에 젖산균을 넣어 발효시킨 것인데, 한국에서는 생산되지 않아 구할 수 없어요. 우유 112g에 레몬즙 9g을 섞어 대체하시면 됩니다.

크림치즈 프로스팅

크림치즈 330g, 슈가파우더 54g, 생크림 210g, 레몬즙 8g

미리 준비하기

- 틀에 유산지나 테프론 시트를 재단해서 깔아 두세요.
- 무염버터, 버터밀크, 크림치즈는 실온 상태로 준비하세요.
- 생크림은 사용 전까지 차갑게 보관하세요.
- 박력분, 홍국 쌀가루, 코코아 파우더, 베이킹 소다, 베이킹파우더는 섞어서 체 쳐 주세요.
- 오븐을 실제 굽는 온도보다 20~30도 높게 최소 20분 이상 충분히 예열해 주세요.

만드는 법

케이크 시트

1 실온 상태의 부드러운 무염버터를 핸드믹서로 가볍게 풀어 주세요.

2 백설탕과 소금을 넣고 색이 밝아지고 부피가 1.5배 정도 커질 때까지 휘핑해 주세요.

3 식물성 오일을 조금씩 나눠서 넣어가면서 핸드믹서로 잘 섞어 주세요.

4 실온 상태의 계란을 여러 번에 나눠 넣어가면서 휘핑해서 반죽에 크림처럼 잘 섞여 들도록 해 주세요.

5 체 친 가루 재료 1/2 → 실온의 버터밀크 1/2 → 체 친 가루 재료 1/2 → 실온의 버터밀크 1/2 순서로 주걱을 세워서 가볍게 섞어 주세요.

» 이때 주걱 대신 핸드믹서 저속으로 섞어도 무방합니다.

» 버터밀크가 차가우면 반죽이 분리될 수 있으니 반드시 실온 상태의 것을 사용하세요.

6 틀에 반죽을 팬닝하고 예열한 오븐에 170도에서 45~50분 구우세요.

7 구워져 나온 케이크 시트는 틀 채로 가볍게 내리친 후 꺼내 식힘망 위에서 뒤집어 식혀 주세요. 완전히 식으면 1.5cm 두께로 세 장 잘라 주세요.

» 반죽에 쌀가루가 들어가 가볍고 포슬해서 뜨거울 때 옮기거나 자르면 찢어질 수 있으니 주의하세요.

» 잘라내고 남은 꼬투리는 굵은 체에 내려서 가루로 만들어 주세요.

4	5
6	7

▲ HOW TO MAKE

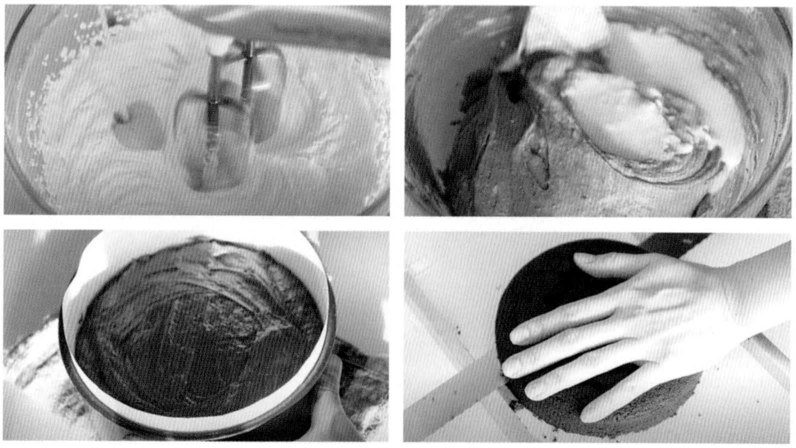

크림치즈 프로스팅

1 실온 상태의 부드러운 크림치즈를 볼에 넣고 주걱으로 눌러서 덩어리 없이 풀어 주세요.

2 슈가파우더를 넣고 주걱으로 잘 어우러지도록 섞어 주세요.

3 2 에 분량의 차가운 생크림을 1/2 정도 먼저 넣고 핸드믹서 저속으로 덩어리 없이 가볍게 섞어 주세요.

4 나머지 생크림을 모두 넣고 단단하게 휘핑해 주세요.

» 레몬즙을 넣으면 조금 더 되직해지므로 오버휘핑하지 않게 주의하세요.

5 레몬즙을 넣고 주걱으로 잘 섞어서 마무리하고, 크림을 807호 깍지를 끼운 짤주머니에 담아주세요.

6 시트 사이에 크림을 파이핑해서 몽타쥬하고, 레드벨벳 크럼을 가장자리에 자연스럽게 묻혀서 마무리하세요.

2	4
6	6
6	6

▲ HOW TO MAKE

보관

- 밀폐용기에 담아 냉장 3~4일까지 보관 가능합니다.

오레오 아이스박스 케이크

▲ GO TO VIDEO

투썸 플레이스의 인기 메뉴인 오레오 아이스박스 케이크예요. 아이스박스 케이크는 원래 사각 용기에 시판 과자와 크림을 차곡차곡 쌓아서 만드는 아주 간단한 케이크인데요. 저는 오레오 쿠키를 직접 만들고, 먹음직스럽게 크림이 흘러내리는 형태의 원형 케이크로 재해석해 보았어요.

재료

지름 약 15cm 케이크 1개 분량

오레오 쿠키

무염버터 113g, 백설탕 60g, 계란 25g, 바닐라 익스트랙 2g, 다크 커버춰 초콜릿(카카오 고형분 57.9%) 95g, 박력분 90g, 코코아 파우더 40g, 딥 블랙 코코아 파우더 30g, 베이킹파우더 2g, 소금 한 꼬집

마스카포네 크림

생크림 300g, 마스카포네 치즈 135g, 백설탕 30g, 바닐라 익스트랙 4g, 밀크 리큐르 6g

미리 준비하기

- 오레오 쿠키를 만들 모든 재료는 실온 상태로 준비하세요.
- 박력분과 베이킹파우더, 코코아 파우더, 딥 블랙 코코아 파우더는 섞어서 체에 쳐 주세요.
- 다크 커버춰 초콜릿은 전자레인지나 중탕으로 완전히 녹인 후 식혀 두세요.
- 오븐을 실제 굽는 온도보다 20~30도 높게 최소 20분 이상 충분히 예열해 주세요.
- 생크림과 마스카포네 치즈는 차갑게 준비해 주세요.

만드는 법

▌오레오 쿠키

1 실온 상태의 부드러운 무염버터를 가볍게 풀어 주세요.

2 1 에 백설탕, 소금을 넣고 버터의 색이 살짝 밝아질 때까지 가볍게 섞어 주세요.

3 2 에 실온 상태의 계란, 바닐라 익스트랙을 넣고 잘 섞일 때까지 섞어 주세요.

4 녹여서 30도 이하로 식힌 다크 커버춰 초콜릿을 넣고 잘 섞일 때까지 가볍게 섞어 주세요.

» 녹인 초콜릿의 온도가 뜨거우면 버터가 녹을 수 있으니 식힌 후 반죽에 넣어 주세요.

5 4 에 체 쳐둔 가루 재료를 넣고 주걱으로 가볍게 섞어서 반죽을 마무리해 주세요.

6 완성된 반죽 앞뒤로 종이호일이나 비닐 두 장을 놓고 밀대를 이용해 4mm 두께로 밀어 펴 주세요.

7 밀어 편 반죽을 냉동실에서 완전히 단단해질 때까지 30분~1시간 휴지해 주세요.

8 차갑고 단단해진 반죽을 지름 5cm의 원형 쿠키커터로 찍어내 주세요.

» 쿠키커터에 덧가루를 가볍게 묻힌 후 찍어내면 반죽이 쿠키커터에 달라붙지 않아요.

9 찍어낸 반죽을 타공 매트 위에 간격을 두고 팬닝한 후, 170도에서 10분 동안 구워 주세요.

» 타공 매트는 미세한 구멍이 뚫려 있어 구워지면서 쿠키 반죽의 형태 변형을 최소화해 줘요. 없다면 종이호일이나 테프론 시트를 사용하셔도 무방합니다.

» 찍고 남은 반죽은 뭉친 후 다시 밀어 펴서 재사용하세요.

» 쿠키 색이 진해서 쿠키가 오버쿡 되어도 먹어보기 전까지는 알 수 없는 방법이 없어요. 쿠키가 타지 않도록 주의하세요.

7	8
9	9

▲ HOW TO MAKE

▌마스카포네 크림

1 차갑게 보관해 두었던 생크림, 마스카포네 치즈, 백설탕, 바닐라 익스트랙, 밀크 리큐르를 볼에 넣고 얼음물 위에서 부드럽게 휘핑하세요.

» 밀크 리큐르는 생략 가능합니다.

» 자연스럽게 흘러내리는 모양을 만들려면 너무 단단하게 휘핑하는 것보다 살짝 부드러운 상태에서 멈추는 것이 좋아요.

2 쿠키를 한 층당 7개씩 총 5단으로 쌓아 올리고, 그 사이사이에 스패출러로 크림을 샌드해 주세요.

» 완성된 케이크는 냉장고에서 8시간 이상 보관하여 쿠키에 크림의 수분이 충분히 스며들도록 해 주세요.

2	2
2	2

▲ HOW TO MAKE

보관

• 밀폐용기에 담아 냉장 4~5일, 냉동 약 2주까지 보관 가능합니다.

빅토리아 스펀지 케이크

▲ GO TO VIDEO

빅토리아 스펀지 케이크는 묵직한 케이크를 구운 다음 투박하게 반으로 잘라서 그 안에 딸기 잼과 크림을 샌드해서 먹는 영국 전통 케이크예요. 제누와즈처럼 가벼운 케이크 시트에 샹티 크림을 샌드해서 만들기도 하지만, 저는 묵직한 버터 베이스 케이크와 버터크림으로 만들어 봤어요. 상큼한 라즈베리 잼이 곁들여져 전혀 무겁거나 느끼하지 않고 맛있어요. 생딸기가 나는 철에는 딸기를 함께 샌드해도 잘 어울려요.

재료

지름 15cm, 높이 7cm 높은 원형 1호틀 1개 분량

케이크 시트

무염버터 100g, 슈가파우더 100g, 계란 100g, 계란 노른자 20g, 바닐라 익스트랙 2g, 박력분 90g, 옥수수 전분 30g, 베이킹파우더 3g, 생크림 25g, 소금 한 꼬집

라즈베리 잼

냉동 라즈베리 100g, 백설탕(A) 35g, 물엿 20g, NH펙틴 4g, 백설탕(B) 22g, 레몬즙 6g

파트 아 봄브 버터크림

계란 노른자 30g, 백설탕 50g, 물 17g, 무염버터 100g

미리 준비하기

- 케이크 시트를 만들 모든 재료는 실온 상태로 준비하세요.
- 박력분, 옥수수 전분, 베이킹파우더는 함께 섞어서 체 쳐 두세요.
- 틀에 유산지나 테프론 시트를 재단해 깔아 두세요.
- 파트 아 봄브 버터크림을 만들 무염버터는 실온 상태로 준비하세요.
- 오븐을 실제 굽는 온도보다 20~30도 높게 최소 20분 이상 충분히 예열해 주세요.

만드는 법

케이크 시트

1 실온 상태의 부드러운 무염버터를 볼에 담아 핸드믹서로 풀어 주세요.

2 1 에 슈가파우더와 소금을 넣고 부피가 1.5배 정도 증가하고, 버터의 색이 하얗게 밝아질 때까지 휘핑해 주세요.

3 차갑지 않은 실온 상태의 계란과 계란 노른자, 바닐라 익스트랙을 여러 번에 걸쳐 조금씩 나눠 넣어가면서 휘핑해서 반죽이 분리되지 않고 크림처럼 잘 유화된 상태로 만들어 주세요.

» 계란을 넣고 섞는 도중에 몽글몽글하게 분리되는 것 같으면, 체 쳐둔 가루류를 한 줌 정도 덜어 넣고 휘저어 섞어 주세요. 가루류가 수분을 흡수해 분리를 잡아 줍니다.

4 3 에 체에 친 박력분과 옥수수 전분, 베이킹파우더를 넣고 주걱으로 가볍게 섞어 주세요.

5 4 에 실온 상태의 생크림을 넣고 골고루 잘 섞어서 반죽을 마무리해 주세요.

» 생크림이 차가우면 반죽이 분리될 수 있으므로 반드시 실온 상태의 것을 사용하세요.

6 틀에 반죽을 담은 후, 예열한 오븐에 160도에서 45분 동안 구워 주세요.

» 구워져 나온 케이크는 뜨거울 때 틀에서 분리해서 식힘망 위에서 식혀 주세요.

» 시간적 여유가 있다면, 밀폐하여 반나절 정도 실온에 숙성하면 케이크가 더 촉촉해져서 훨씬 맛있어요.

7 크림과 잼을 샌드할 수 있게 케이크를 가로로 반으로 잘라서 준비해 두세요.

3	5
6	7

▲ HOW TO MAKE

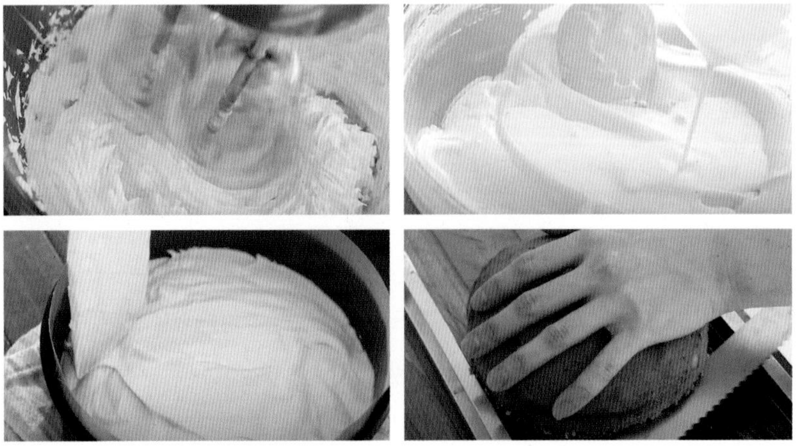

라즈베리 잼

1 냄비에 냉동 라즈베리, 백설탕(A), 물엿을 넣고 라즈베리를 완전히 해동시켜 주세요.

» 설탕과 냉동 라즈베리를 함께 두면 해동되는 과정에서 삼투압 현상 때문에 라즈베리의 수분이 더 잘 빠져나와 안정적으로 잼을 만들 수 있어요.

2 1 이 완전히 해동되면 센 불에서 저어 가며 40~50도까지 가열해 주세요.

3 불을 끄고, 백설탕(B)과 NH펙틴을 거품기로 잘 섞은 후 2 에 넣으면서 거품기로 덩어리 지지 않게 재빨리 섞어 주세요.

» 설탕은 분산성이 강해 덩어리지기 쉬운 펙틴이 잘 분산되어 섞이도록 도와줘요.

» 펙틴은 온도가 낮거나 높으면 덩어리지기 굉장히 쉬우므로, 반드시 온도를 지켜서 넣고, 넣자마자 골고루 섞어 주세요.

4 다시 가열해 가운데까지 바글바글 완전히 끓어오를 때까지 1분 정도 더 끓인 후 불에서 내려 완전히 식혀 주세요.

2	4

▲ HOW TO MAKE

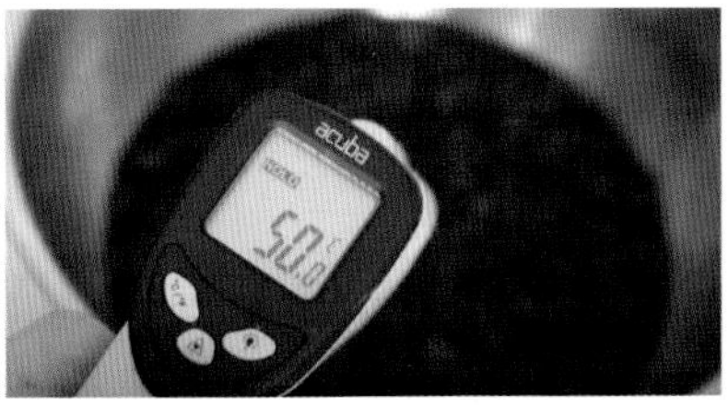

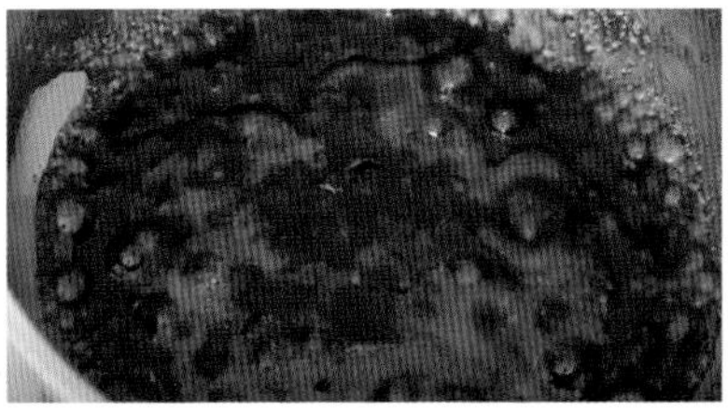

파트 아 봄브 버터크림

tip 파트 아 봄브 버터크림 참고 p75

1 파트 아 봄브 버터크림을 만드세요.

몽타쥬

1 반으로 자른 케이크에 파트 아 봄브 버터크림과 라즈베리 잼을 샌드하고, 윗면에 슈가파우더를 뿌려서 마무리하세요.

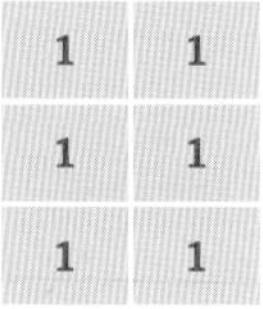

▲ HOW TO MAKE

보관

- 밀폐용기에 담아 냉장 2~3일까지 보관 가능합니다.
- 실온에 잠시 두어 찬기가 빠진 후 먹으면 크림과 시트가 부드러워져서 더 맛있습니다.

초코 구겔호프 케이크

▲ GO TO VIDEO

구겔호프(=쿠글로프)란 알자스 지방에서 유래한 전통 과자로, 구겔호프는 중간에 구멍이 뚫린 원형 틀을 말해요. 구겔호프는 발효 빵 반죽이 될 수도 있고 케이크 반죽이 될 수도 있는데, 어떤 반죽이든 구겔호프 틀에 구웠다면 전부 구겔호프라고 불러요. 저는 진한 초코와 아몬드 풍미의 반죽에 가나슈를 뿌려 장식해 보았습니다. 리스 모양을 하고 있어 크리스마스에도 잘 어울리는 케이크예요.

재료

지름 18.5cm, 높이 8cm 6cup 번트틀 1개 분량

초콜릿 케이크

무염버터 140g, 백설탕(A) 45g, 소금 1g, 바닐라 익스트랙 3g, 계란 50g, 계란 노른자 70g, 다크 커버춰 초콜릿(카카오 고형분 57.9%) 155g, 박력분 50g, 아몬드 가루 60g, 계란 흰자 75g, 백설탕(B) 30g

가나슈

다크 커버춰 초콜릿(카카오 고형분 57.9%) 70g, 생크림 70g

미리 준비하기

- 모든 재료는 실온 상태로 준비하세요.
- 박력분과 아몬드 가루는 함께 섞어서 체 쳐 두세요.
- 다크 커버춰 초콜릿은 전자레인지나 중탕으로 완전히 녹여 두세요.
- 틀에 실온 상태의 버터를 붓으로 얇게 바른 후 냉장고에 넣어 두세요.
- 오븐을 실제 굽는 온도보다 20~30도 높게 최소 20분 이상 충분히 예열해 주세요.

만드는 법

tip 틀에 버터를 발라 사용 전까지 냉장고에 넣어 두세요.

2	3
4	7
8	8

▲ HOW TO MAKE

초콜릿 케이크

1 실온 상태의 부드러운 무염버터를 핸드믹서로 가볍게 풀어 주세요.

2 설탕(A), 소금을 넣고 색이 밝아지고 부피가 1.5배 정도 증가할 때까지 휘핑해 주세요.

3 실온 상태의 계란, 계란 노른자, 바닐라 익스트랙을 여러 번에 걸쳐 나눠 넣어가면서 휘핑해 주세요.

4 녹였다가 30도 정도로 식힌 다크 커버춰 초콜릿을 넣고 섞어 주세요.

» 녹인 초콜릿의 온도가 높으면 반죽 안의 버터가 녹을 수 있으므로 식혀서 넣어 주세요.

5 체 친 박력분과 아몬드 가루를 넣고 주걱으로 가볍게 섞어 주세요.

6 흰자에 설탕(B)를 세 번에 나눠 넣어가며 휘핑해서 단단하면서 끝이 살짝 부드럽게 휘는 정도의 머랭을 만들어 주세요.

7 완성된 머랭을 5 쪽에 두 번에 걸쳐 나눠 넣어가며 거품이 꺼지지 않도록 주걱으로 가볍게 섞어 주세요.

8 반죽을 틀에 팬닝한 후, 예열한 오븐에 160도에서 40분 동안 구워 주세요.

▌가나슈

1 분량의 생크림을 전자레인지나 냄비를 이용해서 가장자리가 끓어오를 때까지(약 80도) 데워 주세요.

2 1 에 다크 커버춰 초콜릿을 넣고 3분 정도 그대로 두어 초콜릿을 녹인 후, 주걱으로 잘 저어서 유화시켜 주세요.

3 가나슈가 30도 정도로 식으면, 식힌 케이크 윗면에 자연스럽게 뿌려 주세요.

» 이때 케이크 겉면을 냉장고나 냉동실에 잠시 넣어 차갑게 만든 후 가나슈를 뿌리면 가나슈가 자연스럽게 흘러내리다가 굳어서 예쁜 모양을 만들 수 있어요.

2	3
3	3

▲ HOW TO MAKE

보관

• 밀폐용기에 담아 실온 4~5일까지 보관 가능합니다.

생크림 카스텔라

▲ GO TO VIDEO

가볍고 폭신한 카스텔라 안에 달지 않은 우유 생크림을 가득 넣은 스타벅스 스타일의 카스텔라예요. 반죽에 버터 대신 식물성 오일을 넣어 차게 냉장해도 케이크가 촉촉하고 부드러워요. 아이들도 어른들도 누구나 좋아할 만한 부담 없는 맛의 케이크예요.

재료

지름 10cm, 높이 7cm 원형 케이크틀 4개 분량

카스텔라 컵케이크

계란 180g, 계란 노른자 40g, 백설탕 120g, 꿀 20g, 박력분 130g, 식물성 오일 40g, 우유 55g, 바닐라 익스트랙 2g

샹티 크림

생크림 150g, 연유 10g, 백설탕 8g

미리 준비하기

- 틀에 유산지를 재단해 깔아두세요.
- 가루류는 함께 섞어서 체 쳐 두세요.
- 생크림은 사용 직전까지 차갑게 보관하세요.
- 오븐을 실제 굽는 온도보다 20~30도 높게 최소 20분 이상 충분히 예열해 주세요.

만드는 법

카스텔라 컵케이크

1 계란과 노른자를 볼에 담아 잘 풀어 주세요.

2 분량의 백설탕과 꿀을 넣고 거품기로 잘 섞어 주세요.

» 계란에 설탕을 넣은 후 바로 섞지 않으면 설탕이 노른자와 뭉쳐 덩어리지기 쉬우니 주의하세요.

3 2 가 담긴 볼을 뜨거운 물 위에 올려 계란이 익지 않도록 거품기로 저어 가며 37~42도가 될 때까지 온도를 높여주세요.

» 37~42도는 손으로 만져 보았을 때 기분 좋게 따뜻한 정도입니다.

4 다른 볼에 식물성 오일, 우유, 바닐라 익스트랙을 함께 담아 사용 전까지 뜨거운 물 위에 올려 두세요.

» 반죽 쪽에 넣을 때 40~60도의 온도여야 합니다.

5 3 의 반죽을 떨어뜨려 보아 떨어뜨린 자국이 사라지지 않고 3초 정도 단단히 남아있는 상태까지 핸드믹서 고속으로 휘핑해 주세요.

6 핸드믹서를 든 손은 고정하고, 볼을 천천히 움직여 가며 가장 낮은 속도로 천천히 휘핑해 거친 기포를 조밀하게 정리해 주세요.

» 육안으로 보아 겉면에 큰 공기 방울이 전혀 보이지 않고 실크처럼 부드러운 상태여야 합니다.

» 핸드믹서를 흔들거나 볼 벽에 부딪히는 순간 거친 기포가 다시 생성될 수 있으니 기포를 정리하는 동안에는 핸드믹서를 매우 천천히 움직여 주세요.

7 체 쳐둔 가루 재료를 6 위에 골고루 흩뿌린 후, 주걱을 든 손으로는 볼 중앙을 가로질러 퍼올리듯이 섞고, 다른 손으로는 볼을 조금씩 일정하게 회전시켜 가며 가볍게 섞어 주세요.

8 남은 가루 없이 균일한 상태로 잘 섞였으면, 뜨겁게 보관해 두었던 버터, 우유, 바닐라 익스트랙의 온도를 확인한 후 반죽 한 주걱을 떠서 넣고 섞어 주세요.

» 이때 떠 넣은 반죽을 '희생 반죽'이라고 합니다. 버터+우유를 바로 반죽 쪽에 붓는 것보다 이렇게 조금 덜어서 먼저 섞어주면 기포가 덜 꺼지게 섞을 수 있어요.

» 버터와 우유의 온도가 낮으면 반죽의 기포를 순식간에 꺼트려서 식감이 무겁고 납작한 반죽이 나오게 됩니다. 온도를 40~60도로 잘 맞춰서 반죽에 넣어 주세요.

9 희생 반죽을 다시 본 반죽 쪽에 넣고, 고르게 섞일 수 있도록 주걱을 든 손으로는 볼 중앙을 가로질러 퍼올리듯이 섞고, 다른 손으로는 볼을 조금씩 일정하게 회전시켜 가며 가볍게 섞어 주세요.

» 버터와 우유가 반죽에 들어가고 나서부터는 기포가 매우 빠르게 꺼지므로, 20회 이내의 적은 주걱질로 반죽을 빠르게 섞어 주고, 골고루 섞이면 바로 틀에 담아줍니다.

10 틀에 반죽을 약간 위에서 떨어뜨리듯이 한 번에 팬닝하고, 윗면을 주걱으로 정리해 주세요.

11 바닥에 틀 채로 살짝 내리쳐 불필요한 기포를 제거하고, 예열한 오븐에 150도에서 16분 동안 구워 주세요.

12 구워져 나온 카스텔라는 뜨거울 때 틀에서 분리해 식힘망 위에서 완전히 식혀 주세요.

3	4
6	7
10	12

▲ HOW TO MAKE

샹티 크림

1 차가운 생크림, 연유, 설탕을 핸드믹서로 휘핑해 단단한 크림을 만드세요.

2 완성된 크림을 원형 깍지(803호)를 끼운 짤주머니에 담아 완전히 식힌 카스텔라 안에 가득 짜 넣으세요.

1	1
2	2

▲ HOW TO MAKE

보관

- 밀폐용기에 담아 냉장 3일까지 보관 가능합니다.

라즈베리 컵케이크

▲ GO TO VIDEO

보송보송하고 촉촉한 컵케이크 반죽과, 느끼하지 않은 상큼한 라즈베리맛 크림이 잘 어울리는 컵케이크예요. 가운데에 생라즈베리를 올리고 라즈베리 크림을 꽃잎 모양으로 파이핑해서 꽃 모양으로 만들어 봤어요. 모양이 예쁘고 맛도 있어서 선물로도 좋은 케이크예요.

재료

높은 머핀틀 6개 분량

컵케이크

무염버터 78g, 백설탕 95g, 계란 60g, 박력분 96g, 베이킹파우더 4g, 우유 51g, 냉동 또는 생과 라즈베리 60g

라즈베리 버터크림

백설탕 40g, 계란 흰자 26g, 무염버터 90g, 라즈베리 퓨레 32g, 소금 한 꼬집

미리 준비하기

- 컵케이크를 만들 모든 재료는 실온 상태로 준비해 주세요.
- 컵케이크 반죽에 들어갈 박력분과 베이킹파우더는 섞어서 체에 쳐 주세요.
- 라즈베리 버터크림을 만들 무염버터와 라즈베리 퓨레는 실온 상태로 준비해 두세요.
- 머핀팬에 유산지로 된 머핀 컵을 깔아 두세요.
- 오븐을 실제 굽는 온도보다 20~30도 높게 최소 20분 이상 충분히 예열해 주세요.

만드는 법

컵케이크

1 실온 상태의 부드러운 무염버터를 볼에 담아 핸드믹서로 가볍게 풀어주세요.

2 백설탕과 소금을 넣고, 버터의 색이 밝아지고 부피가 증가할 때까지 휘핑해 주세요.

3 계란을 여러 번에 걸쳐서 나눠 넣어가며 잘 섞일 때까지 휘핑해서 반죽이 분리되지 않고 크림처럼 잘 유화된 상태로 만들어 주세요.

» 차가운 계란을 사용하면 계란이 버터와 잘 섞이지 않아 반죽이 분리되기 쉬워요. 냉장고에서 바로 꺼낸 차가운 계란이라면 껍질째 따뜻한 물에 2~3분 담가 두었다가 사용하세요.

» 계란을 넣고 섞는 도중에 몽글몽글하게 분리되는 것 같으면, 체 쳐둔 가루류를 한 줌 정도 덜어 넣고 휘저어 섞어 주세요. 가루류가 수분을 흡수해 분리를 잡아 줍니다.

4 3 에 체에 친 박력분과 베이킹파우더를 넣고 주걱으로 가볍게 섞어 주세요.

5 4 에 실온 상태의 우유를 넣고 골고루 잘 섞어서 반죽을 마무리해 주세요.

6 완성된 반죽을 짤주머니에 담거나 스쿱을 이용해 틀에 60%씩 팬닝하고, 라즈베리를 머핀 컵 한 개 당 3~4알씩 넣어 주세요.

» 라즈베리는 바닥, 가운데, 윗부분에 골고루 위치하도록 반죽을 팬닝하면서 뿌려 주세요.

» 냉동 라즈베리는 별도의 해동 없이 차가운 상태로 바로 사용하세요.

7 예열한 오븐에 160도에서 22분 동안 구워 주세요.

» 구워져 나온 컵케이크는 뜨거울 때 틀에서 분리한 후 식힘망 위에서 식혀 두세요.

2	3
6	6

▲ HOW TO MAKE

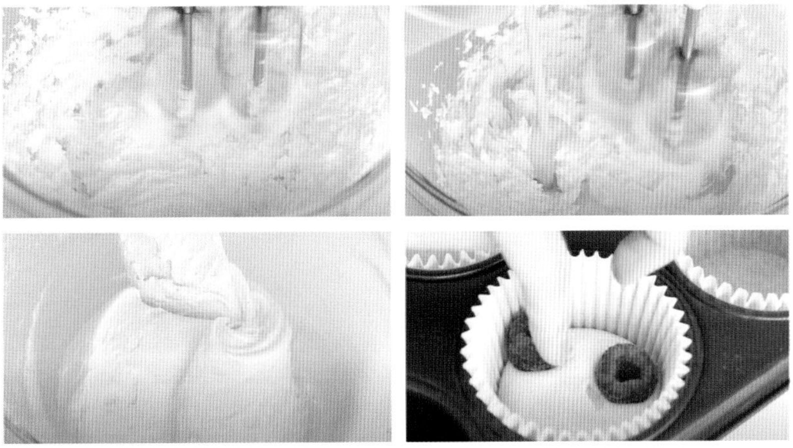

라즈베리 버터크림

1 볼에 흰자와 백설탕을 넣고 거품기로 잘 섞어 주세요.

2 1 을 끓는 물 위에 올리고, 흰자가 익지 않도록 잘 저어 가며 중탕해서 65도까지 온도를 높여 주세요.

3 불에서 내려서 머랭이 단단해질 때까지 핸드믹서 고속으로 휘핑하면서 식혀 주세요.

» 버터와 섞어야 하므로 30도 이하로 식을 때까지 휘핑해 주세요.

4 완성된 스위스 머랭에 실온 상태의 무염버터를 넣고 휘핑해 주세요.

» 파이핑하기 좋은 질감의 버터크림을 만들려면 버터가 너무 흐물거리지 않는 것이 좋아요. 그렇다고 차가운 버터를 넣으면 머랭과의 온도 차이 때문에 분리가 날 수 있으므로 20~23도 정도의 버터를 사용하세요.

5 실온 상태의의 라즈베리 퓨레를 넣고 잘 섞일 때까지 휘핑해서 크림을 완성해 주세요.

6 125K 깍지를 끼운 짤주머니에 완성된 크림을 담아 컵케이크 위에 꽃 모양으로 파이핑해 주세요.

» 라즈베리 생과 안쪽에 라즈베리 퓨레와 미로와를 1:1로 섞은 것을 채운 후, 컵케이크 중앙에 올려서 마무리해 주었어요.

5	6
6	6

▲ HOW TO MAKE

보관

- 밀폐용기에 담아 냉장 3일까지 보관 가능합니다.
- 컵케이크 부분의 냉기가 살짝 빠질 수 있게 실온에 잠시 두었다가 드시면 더 부드러운 식감으로 드실 수 있어요.

블루베리 컵케이크

▲ GO TO VIDEO

컵케이크 반죽과 크림에 블루베리를 가득 넣은 맛있는 컵케이크예요. 버터크림이나 생크림을 휘핑할 때, 블루베리 잼이나 콩포트를 크림 쪽에 넣으면 색소 없이도 자연스럽고 예쁜 보라색이 나요.

재료

높은 머핀틀 6개 분량

컵케이크

무염버터 78g, 백설탕 95g, 계란 60g, 박력분 96g, 베이킹파우더 4g, 우유 54g, 생과 또는 냉동 블루베리 30알, 소금 한 꼬집

블루베리 잼

생과 또는 냉동 블루베리 80g, 레몬즙 8g, 백설탕 32g, NH펙틴 2g, 카시스 리큐르 3g

블루베리 크림치즈 크림

크림치즈 120g, 슈가파우더 34g, 생크림 162g, 블루베리 잼 22g

미리 준비하기

- 컵케이크를 만들 모든 재료는 실온 상태로 준비해 주세요.
- 컵케이크 반죽에 들어갈 박력분과 베이킹파우더는 섞어서 체에 쳐 주세요.
- 블루베리 크림치즈 크림을 만들 크림치즈와 생크림은 사용 전까지 차갑게 준비해 두세요.
- 머핀팬에 유산지로 된 머핀 컵을 깔아 두세요.
- 오븐을 실제 굽는 온도보다 20~30도 높게 최소 20분 이상 충분히 예열해 주세요.

만드는 법

컵케이크

1 실온 상태의 부드러운 무염버터를 볼에 담아 핸드믹서로 가볍게 풀어주세요.

2 백설탕과 소금을 넣고, 버터의 색이 밝아지고 부피가 증가할 때까지 휘핑해 주세요.

3 계란을 여러 번에 걸쳐서 나눠 넣어가며 잘 섞일 때까지 휘핑해서 반죽이 분리되지 않고 크림처럼 잘 유화된 상태로 만들어 주세요.

» 차가운 계란을 사용하면 계란이 버터와 잘 섞이지 않아 반죽이 분리되기 쉬워요. 냉장고에서 바로 꺼낸 차가운 계란이라면 껍질째 따뜻한 물에 2~3분 담가 두었다가 사용하세요.

» 계란을 넣고 섞는 도중에 몽글몽글하게 분리되는 것 같으면, 체 쳐둔 가루류를 한 줌 정도 덜어 넣고 휘저어 섞어 주세요. 가루류가 수분을 흡수해 분리를 잡아 줍니다.

4 3에 체에 친 박력분과 베이킹파우더를 넣고 주걱으로 가볍게 섞어 주세요.

5 4에 실온 상태의 우유를 넣고 골고루 잘 섞어서 반죽을 마무리해 주세요.

6 완성된 반죽을 짤주머니에 담거나 스쿱을 이용해 틀에 60%씩 팬닝하고, 블루베리를 머핀 컵 한 개당 5알씩 넣어 주세요.

» 블루베리는 바닥, 가운데, 윗부분에 골고루 위치하도록 반죽을 팬닝하면서 뿌려 주세요.

» 냉동 블루베리는 별도의 해동 없이 차가운 상태로 바로 사용하세요.

7 예열한 오븐에 160도에서 22분 동안 구워 주세요.

» 구워져 나온 컵케이크는 뜨거울 때 틀에서 분리한 후 식힘망 위에서 식혀 두세요.

2	3
5	6

▲ HOW TO MAKE

블루베리 잼

1 냉동 블루베리와 레몬즙을 냄비에 담아 완전히 해동시켜 주세요.

2 1 을 약불로 40~50도가 될 때까지 데운 다음 불을 꺼 주세요.

3 백설탕과 NH펙틴을 거품기로 잘 섞은 후, 2 에 넣으면서 거품기로 덩어리 지지 않게 재빨리 섞어 주세요.

» 설탕은 분산성이 강해 덩어리지기 쉬운 펙틴이 잘 분산되어 섞이도록 도와줘요.

4 다시 불을 켜고 4~5분 정도 주걱으로 저어 가면서 끓여서 잼을 졸여 주세요.

5 불에서 내려 한 김 식으면 카시스 리큐르를 넣고 섞어 주세요.

» 카시스 리큐르는 생략 가능합니다.

6 표면에 막이 생기지 않도록 랩을 밀착한 후, 사용 전까지 차게 식혀 두세요.

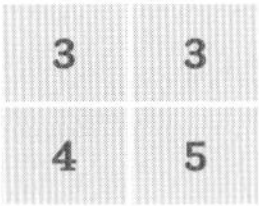

▲ HOW TO MAKE

블루베리 크림치즈 크림

1 볼에 실온 상태의 크림치즈를 넣고 주걱으로 눌러서 덩어리 없이 잘 풀어 주세요.

2 1 에 슈가파우더를 넣고, 주걱으로 덩어리 없이 잘 섞어 주세요.

3 2 에 차가운 생크림과 블루베리 잼을 넣고, 핸드믹서 중고속으로 크림이 단단해질 때까지 휘핑해 주세요.

» 이때 혼합물의 온도가 차갑지 않으면 휘핑이 잘되지 않으므로, 생크림과 잼은 반드시 차가운 상태로 사용하세요.

4 완성된 크림을 식힌 컵케이크 위에 스쿱으로 자연스럽게 떠서 올려 주세요.

» 블루베리 생과와 민트 잎으로 장식해서 마무리해 주었어요.

1	2
3	3
4	4

▲ HOW TO MAKE

보관

- 밀폐용기에 담아 냉장 3일까지 보관 가능합니다.
- 컵케이크 부분의 냉기가 살짝 빠질 수 있게 실온에 잠시 두었다가 드시면 더 부드러운 식감으로 드실 수 있어요.

애플 얼그레이 컵케이크

▲ GO TO VIDEO

컵케이크 반죽에 얼그레이와 조린 사과를 넣어서 향긋함과 상큼함을 더한, 가을과 잘 어울리는 맛의 컵케이크예요. 베이킹에 사용하는 사과는 새콤한 맛이 있고 과육이 단단한 홍옥 같은 품종이 잘 어울려요. 부사처럼 신맛이 덜하고 당도가 높은 품종 선택 시에는 레몬즙의 양을 조금 늘려서 만들어 보세요.

재료

높은 머핀틀 6개 분량

사과 콩포트

사과(홍옥) 150g, 백설탕 30g, 무염버터 7g, 레몬즙 7g, 칼바도스 5g

컵케이크

무염버터 60g, 백설탕 80g, 계란 50g, 박력분 80g, 베이킹파우더 3.5g, 우유 45g, 얼그레이 찻잎 2g, 사과 콩포트 75g, 소금 한 꼬집

크림치즈 프로스팅

크림치즈 100g, 슈가파우더 30g, 무염버터 50g, 바닐라 익스트랙 2g

미리 준비하기

- 컵케이크를 만들 모든 재료는 실온 상태로 준비해 주세요.
- 컵케이크 반죽에 들어갈 얼그레이 찻잎은 곱게 갈아 두세요.
- 컵케이크 반죽에 들어갈 박력분과 베이킹파우더, 곱게 간 얼그레이 찻잎은 섞어서 체에 쳐 주세요.
- 프로스팅을 만들 크림치즈와 무염버터는 실온 상태로 준비해 주세요.
- 머핀팬에 유산지로 된 머핀 컵을 깔아 두세요.
- 오븐을 실제 굽는 온도보다 20~30도 높게 최소 20분 이상 충분히 예열해 주세요.

만드는 법

▌사과 콩포트

1 사과는 껍질을 벗기고 가로×세로×높이 약 0.6cm의 정육면체 모양으로 작게 썰어 주세요.

2 냄비에 작게 썬 사과, 백설탕, 무염버터를 넣고 센 불로 가열해 볶으면서 수분을 날려 주세요.

» 너무 오랫동안 익히면 사과가 흐물흐물해지므로, 센 불에서 빠르게 볶은 후 사과의 수분기가 사라지면 바로 불에서 내려 주세요.

3 레몬즙과 칼바도스를 넣고 섞은 후, 사용하기 전까지 완전히 식혀 두세요.

» 칼바도스는 사과 브랜디인데, 없으면 생략 가능합니다.

» 완성된 사과 콩포트 중 75g은 반죽에 넣고, 나머지는 윗면에 올릴 데코레이션으로 사용합니다.

1 3

▲ HOW TO MAKE

▌컵케이크

1 실온 상태의 부드러운 무염버터를 볼에 담아 핸드믹서로 가볍게 풀어주세요.

2 백설탕과 소금을 넣고, 버터의 색이 밝아지고 부피가 증가할 때까지 휘핑해 주세요.

3 계란을 여러 번에 걸쳐서 나눠 넣어가며 잘 섞일 때까지 휘핑해서 반죽이 분리되지 않고 크림처럼 잘 유화된 상태로 만들어 주세요.

» 차가운 계란을 사용하면 계란이 버터와 잘 섞이지 않아 반죽이 분리되기 쉬워요. 냉장고에서 바로 꺼낸 차가운 계란이라면 껍질째 따뜻한 물에 2~3분 담가 두었다가 사용하세요.

» 계란을 넣고 섞는 도중에 몽글몽글하게 분리되는 것 같으면, 체 쳐둔 가루류를 한 줌 정도 덜어 넣고 휘저어 섞어 주세요. 가루류가 수분을 흡수해 분리를 잡아 줍니다.

4 3 에 체에 친 박력분과 베이킹파우더, 얼그레이 찻잎을 넣고 주걱으로 가볍게 섞어 주세요.

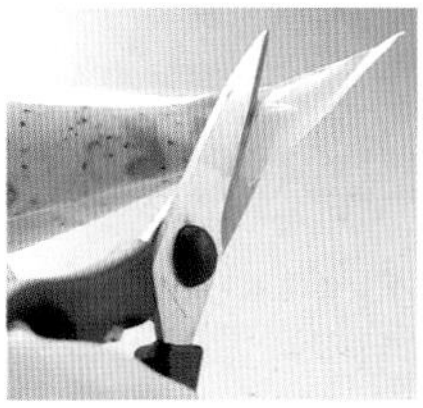

tip 사과 조각이 걸리지 않게 가위로 앞부분을 조금 크게 잘라 주세요.

5 4 에 실온 상태의 우유를 넣고 골고루 잘 섞어 주세요.

6 5 에 만들어서 식혀 둔 사과 콩포트 75g을 넣고 골고루 섞어서 반죽을 완성해 주세요.

7 완성된 반죽을 짤주머니에 담거나 스쿱을 이용해 틀에 60%씩 팬닝하고, 예열한 오븐에 160도에서 22분 동안 구워 주세요.

» 구워져 나온 컵케이크는 뜨거울 때 틀에서 분리한 후 식힘망 위에서 식혀 두세요.

2	4
5	6
7	7

▲ HOW TO MAKE

크림치즈 프로스팅

1 볼에 실온 상태의 크림치즈를 넣고 주걱으로 덩어리 없이 잘 풀어 주세요.

2 1 에 실온 상태의 무염버터를 넣고 핸드믹서로 색이 밝아지고 크림 상태가 될 때까지 휘핑해 주세요.

3 2 에 슈가파우더와 바닐라 익스트랙을 넣고 섞어서 프로스팅을 완성해 주세요.

4 완성된 크림을 6발 별깍지를 낀 짤주머니에 채운 후, 컵케이크 위에 둥글게 파이핑해서 완성하세요.

» 남은 사과 콩포트를 중앙에 올리고, 말린 수레국화 꽃잎을 올려서 장식해 주었어요.

2	3
4	4

▲ HOW TO MAKE

보관

- 밀폐용기에 담아 냉장 3일까지 보관 가능합니다.
- 컵케이크 부분의 냉기가 살짝 빠질 수 있게 실온에 잠시 두었다가 드시면 더 부드러운 식감으로 드실 수 있어요.

레몬 컵케이크

▲ GO TO VIDEO

레몬이 들어간 디저트를 개인적으로 좋아해서 여름이 되면 꼭 한 번은 만들어 먹는 컵케이크예요. 제 컵케이크 레시피들은 대체적으로 가벼운 맛인데 이 레몬 컵케이크도 무척 가볍고 상큼해서 누구나 좋아할 거예요. 가볍고 보송보송한 컵케이크 위에 올려진 우유 맛 마스카포네 크림과 상큼한 레몬커드가 참 잘 어울려요.

재료

높은 머핀틀 6개 분량

컵케이크

무염버터 78g, 백설탕 95g, 계란 60g, 박력분 96g, 베이킹파우더 4g, 우유 54g, 소금 한 꼬집, 레몬 제스트 4g

레몬커드

계란 55g, 백설탕 41g, 레몬즙 50g, 레몬 제스트 2g, 무염버터 30g

마스카포네 크림

생크림 140g, 백설탕 20g, 마스카포네 치즈 100g

미리 준비하기

- 컵케이크를 만들 모든 재료는 실온 상태로 준비해 주세요.
- 컵케이크 반죽에 들어갈 박력분과 베이킹파우더는 섞어서 체에 쳐 주세요.
- 레몬은 깨끗이 씻어서 껍질 부분을 제스터로 갈아 제스트를 만들고, 알맹이는 즙을 내주세요.

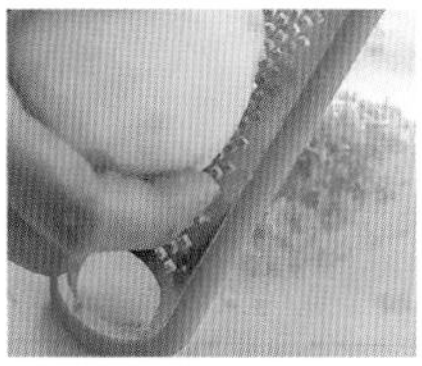

tip 레몬 제스트 만들기

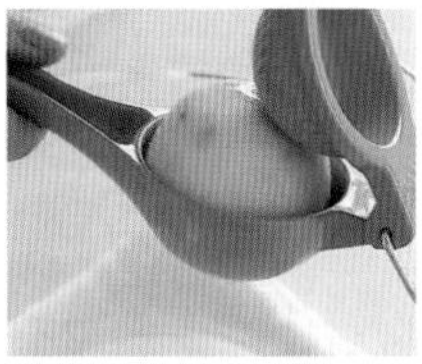

tip 레몬즙 짜기

- 마스카포네 크림을 만들 생크림과 마스카포네 치즈는 사용 전까지 차갑게 준비해 두세요.
- 머핀팬에 유산지로 된 머핀 컵을 깔아 두세요.
- 오븐을 실제 굽는 온도보다 20~30도 높게 최소 20분 이상 충분히 예열해 주세요.

만드는 법

컵케이크

1 실온 상태의 부드러운 무염버터를 볼에 담아 핸드믹서로 가볍게 풀어주세요.

2 백설탕과 소금을 넣고, 버터의 색이 밝아지고 부피가 증가할 때까지 휘핑해 주세요.

3 계란을 여러 번에 걸쳐서 나눠 넣어가며 잘 섞일 때까지 휘핑해서 반죽이 분리되지 않고 크림처럼 잘 유화된 상태로 만들어 주세요.

» 차가운 계란을 사용하면 계란이 버터와 잘 섞이지 않아 반죽이 분리되기 쉬워요. 냉장고에서 바로 꺼낸 차가운 계란이라면 껍질째 따뜻한 물에 2~3분 담가 두었다가 사용하세요.

» 계란을 넣고 섞는 도중에 몽글몽글하게 분리되는 것 같으면, 체 쳐둔 가루류를 한 줌 정도 덜어 넣고 휘저어 섞어 주세요. 가루류가 수분을 흡수해 분리를 잡아 줍니다.

4 3에 체에 친 박력분과 베이킹파우더를 넣고 주걱으로 가볍게 섞어 주세요.

5 4에 실온 상태의 우유를 넣고 골고루 잘 섞어서 반죽을 마무리해 주세요.

6 완성된 반죽을 짤주머니에 담거나 스쿱을 이용해 틀에 60%씩 팬닝하고, 예열한 오븐에 160도에서 22분 동안 구워 주세요.

» 구워져 나온 컵케이크는 뜨거울 때 틀에서 분리한 후 식힘망 위에서 식혀 두세요.

3	4
5	6
6	6

▲ HOW TO MAKE

▥ 레몬커드

1 계란을 볼에 담아 거품기로 풀어 주세요.

2 1 에 백설탕을 넣고 거품기로 가볍게 섞어 주세요.

3 분량의 레몬즙을 냄비에 넣고, 가장자리가 살짝 끓어오를 정도로 데워 주세요.

4 데운 레몬즙을 2 에 조금씩 넣어가며 계란이 익지 않도록 거품기로 잘 섞어 주세요.

5 4 를 다시 냄비에 넣고, 바닥이 익지 않도록 주걱으로 잘 저어 가며 묽은 수프 농도가 될 때까지 약불로 가열해 주세요.

6 5 를 체에 한 번 거르고, 무염버터와 레몬 제스트를 넣고 섞어 주세요.

7 얼음물 위에 레몬커드가 담긴 볼을 올려놓고, 주걱으로 저어 가면서 30도 이하로 식혀 주세요.

» 스테인리스 트레이에 옮겨서 랩을 덮고 냉동실에 넣어 빠르게 실온 상태로 식혀도 됩니다.

8 구워서 식힌 컵케이크의 속을 파내고, 레몬커드를 채워 주세요.

5	6
6	7
8	8

▲ HOW TO MAKE

마스카포네 크림

1 차가운 생크림, 마스카포네, 백설탕을 볼에 함께 넣고 마스카포네 덩어리가 완전히 풀릴 때까지 핸드믹서 저속으로 천천히 휘핑해 주세요.

2 덩어리 없이 잘 풀리면, 속도를 중고속으로 높여서 크림이 쫀쫀하고 단단해질 때까지 휘핑해 주세요.

» 너무 과하게 휘핑되면 질감이 거칠어지고 맛이 느끼해지므로 주의하세요.

3 스패출러로 컵케이크 윗면에 완성된 크림을 러프하게 올려서 마무리해 주세요.

» 남은 레몬커드와 타임을 윗면에 자연스럽게 올려서 장식해 주었어요.

1	2

▲ HOW TO MAKE

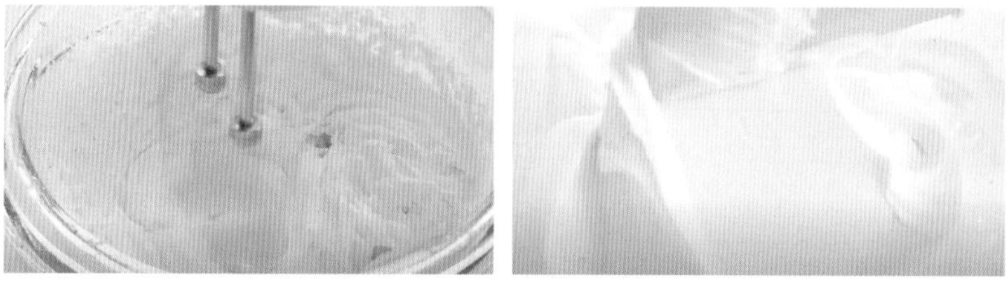

3	3

▲ HOW TO MAKE

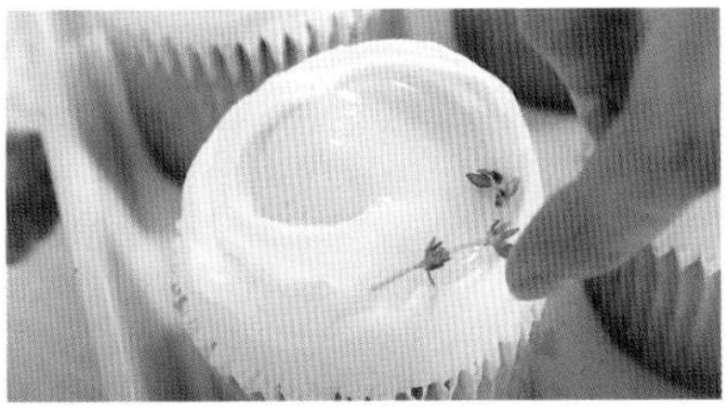

보관

- 밀폐용기에 담아 냉장 3일까지 보관 가능합니다.
- 컵케이크 부분의 냉기가 살짝 빠질 수 있게 실온에 잠시 두었다가 드시면 더 부드러운 식감으로 드실 수 있어요.

클래식
갸또 쇼콜라

▲ GO TO VIDEO

'갸또 쇼콜라'는 프랑스어로 '초코 케이크'라는 뜻으로, 일반적으로 흰자 머랭과 녹인 초콜릿이 들어간 케이크 반죽으로 만들어요. 갸또 쇼콜라는 중탕으로 굽기도 하고 중탕 없이 굽기도 하는데, 중탕으로 구운 것은 케이크에 수분감이 많아 더 촉촉한 식감이고, 중탕하지 않고 구우면 더 진하고 단단한 느낌으로 완성됩니다. 방법이 정해져 있는 것은 아니니 취향에 따라 만들어 보세요.

재료
지름 15cm, 높이 7cm
높은 원형 1호틀 1개 분량

다크 커버춰 초콜릿 85g(카카오 고형분 57.9%), 무염버터 37g, 계란 노른자 48g, 계란 흰자 85g, 백설탕 60g, 박력분 24g, 코코아 파우더 24g, 생크림 60g

미리 준비하기

- 모든 재료는 실온 상태로 준비하세요.
- 박력분과 코코아 파우더는 함께 섞어서 체를 쳐 두세요.
- 틀에 유산지나 테프론 시트를 재단해 깔아 두세요.
- 오븐을 실제 굽는 온도보다 20~30도 높게 최소 20분 이상 충분히 예열해 주세요.

만드는 법

1 다크 커버춰 초콜릿과 무염버터를 볼에 함께 담아 전자레인지나 중탕을 이용해서 완전히 녹여 주세요.

2 생크림을 냄비에 담아 가열하거나, 전자레인지를 이용해 따뜻하게 데워 주세요.

3 1 쪽에 2 를 두 번에 나눠 넣어가며 주걱으로 중심부부터 잘 저어서 완전히 유화시켜 주세요.

» 이때 혼합물의 상태는 매끈하며 윤기가 도는 상태여야 합니다.

4 3 을 실온 상태의 노른자와 섞어 주세요.

» 머랭을 만들 동안 초콜릿의 온도가 내려가면 반죽이 굳어버릴 수 있으므로, 만약 실내가 춥다면 반죽이 담긴 볼을 따뜻한 물 위에 올려두세요.

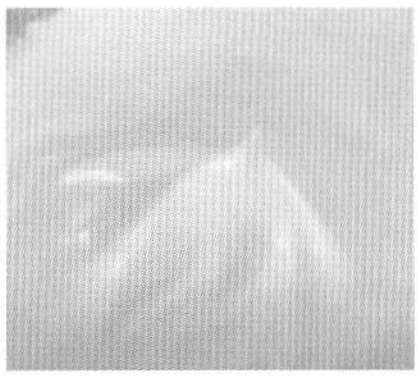

CHECK POINT. 5

5 다른 볼에 흰자를 담고, 백설탕을 세 번에 나눠 넣어가며 휘핑해서 단단한 머랭을 만들어 주세요.

» 완성된 머랭은 뾰족하면서 끝이 살짝 휘어지는 뿔이 생기는 상태입니다. (약 90% 휘핑)

6 4 쪽에 완성된 머랭 1/3을 먼저 넣고 거품기로 가볍게 퍼올리듯이 섞어 주세요.

7 머랭이 완전히 섞이기 전에 체 쳐둔 가루를 넣고 거품기로 섞어 주세요.

8 남은 머랭을 모두 넣고 주걱으로 퍼올리듯이 가볍게 섞어서 반죽을 완성해 주세요.

9 유산지를 깔아둔 틀에 팬닝한 후, 예열한 오븐에 160도에서 33분 동안 구워 주세요.

1	3
4	7

▲ HOW TO MAKE

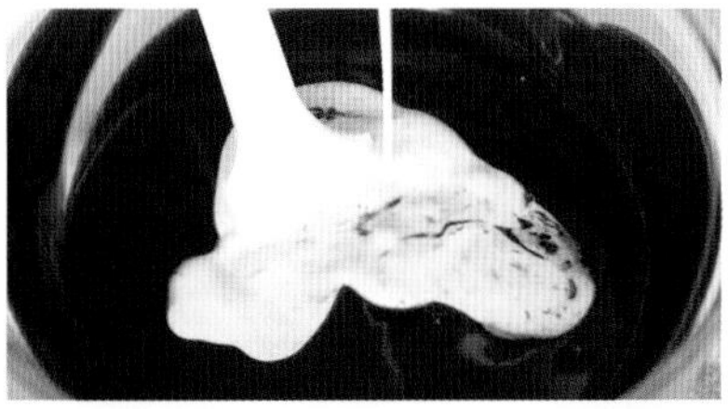

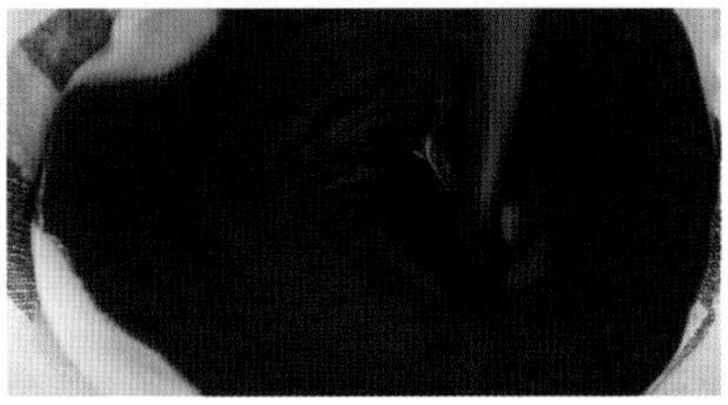

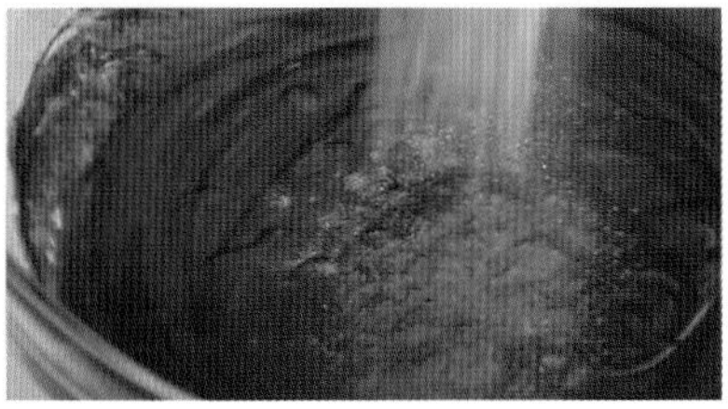

9 9

▲ HOW TO MAKE

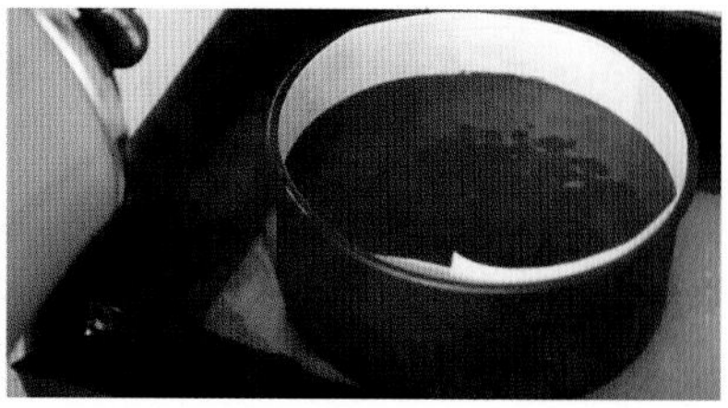

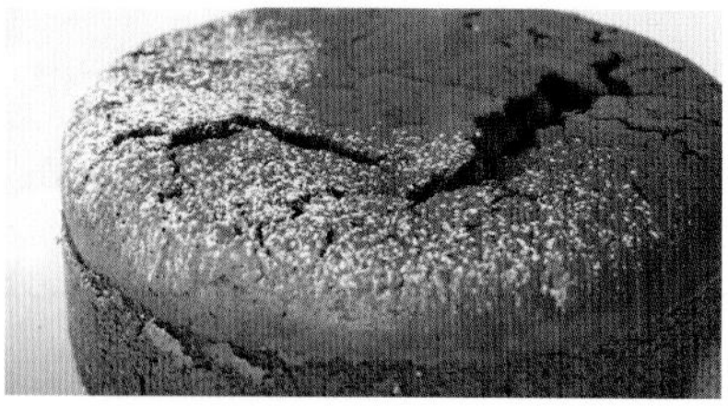

보관

• 밀폐용기에 담아 실온 2~3일, 냉장 4~5일까지 보관 가능합니다.

말차 더블 갸또 쇼콜라

▲ GO TO VIDEO

진하고 꾸덕한 말차 갸또 쇼콜라에 쫀쫀한 말차 앙글레즈 가나슈와 바닐라 샹티 크림을 올려서 잘랐을 때 한번에 3가지 층이 보이도록 만들어 봤어요. 냉장 보관해서 꾸덕하게 드시면 정말 맛있답니다. 말차 덕후라면 반드시 만들어 보셔야 할 레시피예요!

재료

지름 15cm, 높이 7cm
높은 원형 1호틀 1개 분량

말차 갸또 쇼콜라
화이트 커버춰 초콜릿 56g, 무염버터 64g, 생크림 40g, 계란 노른자 54g, 백설탕(A) 20g, 계란 흰자 90g, 백설탕(B) 40g, 박력분 27g, 말차 가루 12g

말차 앙글레즈 가나슈
화이트 커버춰 초콜릿 120g, 계란 노른자 36g, 백설탕 22g, 우유 45g, 말차 가루 6g

바닐라 샹티 크림
생크림 180g, 백설탕 15g, 바닐라 빈 2cm

미리 준비하기

- 말차 갸또 쇼콜라를 만들 모든 재료는 실온 상태로 준비하세요.
- 박력분은 체를 쳐 두세요.
- 샹티 크림을 만들 생크림은 차갑게 준비해 두세요.
- 바닐라 빈은 칼등을 이용해서 씨앗을 긁어내 주세요.
- 틀에 유산지나 테프론 시트를 재단해 깔아 두세요.
- 오븐을 실제 굽는 온도보다 20~30도 높게 최소 20분 이상 충분히 예열해 주세요.

만드는 법

말차 갸또 쇼콜라

1 화이트 커버춰 초콜릿과 무염버터를 볼에 함께 담아 전자레인지나 중탕을 이용해서 완전히 녹여 주세요.

2 1 에 말차 가루를 넣고 거품기로 덩어리 없이 잘 풀어 주세요.

3 생크림을 냄비에 담아 가열하거나, 전자레인지를 이용해 따뜻하게 데워 주세요.

4 2 쪽에 3 을 두 번에 나눠 넣어가며 주걱으로 중심부부터 잘 저어서 완전히 유화시켜 주세요.

» 이때 혼합물의 상태는 매끈하며 윤기가 도는 상태여야 합니다.

5 다른 볼에 실온 상태의 노른자를 담고, 백설탕(A)를 넣고 거품기로 섞어서 설탕을 녹여 주세요.

6 5 에 4 를 넣고 거품기로 잘 섞어 주세요.

7 체 친 박력분을 넣고 거품기로 가루가 보이지 않을 때까지 섞어 주세요.

» 머랭을 만들 동안 초콜릿의 온도가 내려가면 반죽이 굳어버릴 수 있으므로, 만약 실내가 춥다면 반죽이 담긴 볼을 따뜻한 물 위에 올려두세요.

8 다른 볼에 흰자를 담고, 백설탕(B)를 두 번에 나눠 넣어가며 휘핑해서 단단한 머랭을 만들어 주세요.

» 완성된 머랭은 뾰족하면서 끝이 살짝 휘어지는 뿔이 생기는 상태입니다. (약 90% 휘핑)

9 7 쪽에 완성된 머랭 1/3을 먼저 넣고 거품기로 가볍게 퍼올리듯이 섞어 주세요.

10 먼저 넣은 머랭이 완전히 섞이기 전에 남은 머랭을 모두 넣고, 주걱으로 퍼올리듯이 가볍게 섞어서 반죽을 완성해 주세요.

11 유산지를 깔아둔 틀에 팬닝한 후, 예열한 오븐에 170도에서 33분 동안 구워 주세요.

» 구워져 나온 갸또 쇼콜라는 틀 채로 가볍게 떨어뜨린 후, 윗면에 가나슈를 올릴 수 있도록 완전히 식혀 두세요.

1	2

▲ HOW TO MAKE

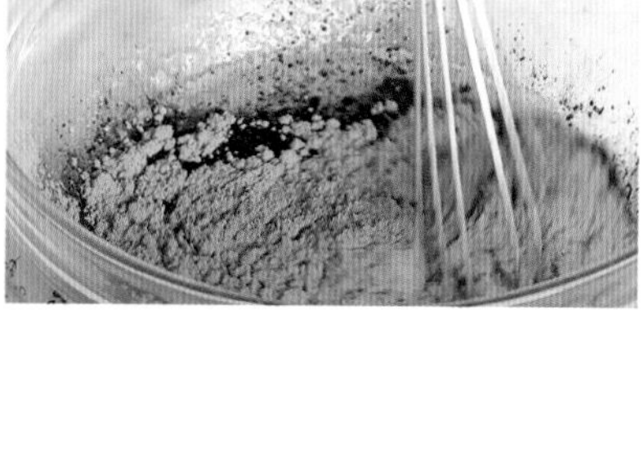

7	10
11	11

▲ HOW TO MAKE

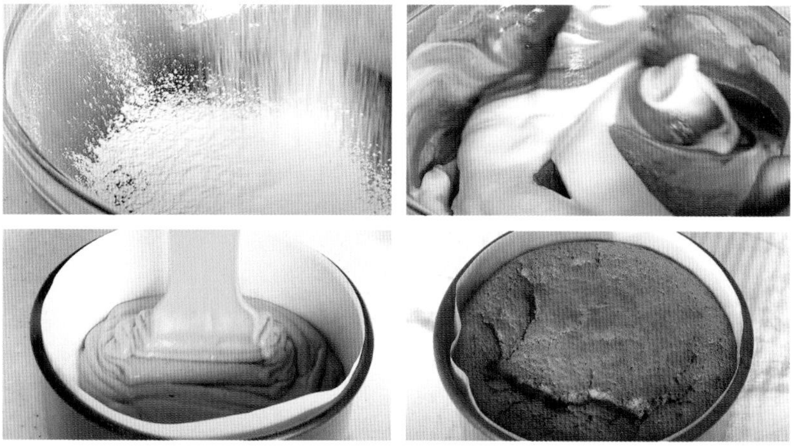

▮ 말차 앙글레즈 가나슈

1 분량의 화이트 초콜릿을 전자레인지나 중탕을 이용해 완전히 녹여 주세요.

2 말차 가루를 넣고 거품기로 덩어리 없이 잘 풀어 주세요.

3 다른 볼에 노른자와 백설탕을 담고 거품기로 섞어 주세요.

4 분량의 우유를 가장자리가 끓어오를 때까지 살짝 데워 주세요.

5 3 에 4 를 조금씩 부어 가며 노른자가 익지 않도록 거품기로 잘 섞어 주세요.

6 5 를 다시 냄비에 옮겨 담고, 82도가 될 때까지 주걱으로 냄비 바닥과 옆면을 잘 저어 가며 데워 주세요.

» 아주 적은 양의 배합이기 때문에 온도계로 온도를 측정하기보다는 텍스처로 상태를 파악하는 것이 좋습니다. 묽은 수프처럼 보이며, 주걱을 손가락으로 그어 보았을 때 손가락이 지나간 길이 확실하게 보이는 상태입니다.

7 완성된 크렘 앙글레즈를 체에 한 번 거른 후, 2 에 넣고 중심부부터 천천히 섞어 유화시켜 가나슈를 만들어 주세요.

» 이때, 크렘 앙글레즈와 말차 가나슈의 온도는 모두 따뜻해야 분리되지 않고 잘 섞입니다.

8 식힌 갸또 쇼콜라의 움푹 파인 표면에 완성된 말차 앙글레즈 가나슈를 붓고, 스패출러로 평평하게 정리해 주세요.

9 샹티 크림을 바르기 전까지 냉동실에 잠시 두어 가나슈를 굳혀 주세요.

7	7
7	8
8	9

▲ HOW TO MAKE

▌바닐라 샹티 크림

1. 차가운 생크림에 백설탕과 씨앗을 긁어낸 바닐라 빈을 넣고 핸드믹서로 단단하게 휘핑해 주세요.
2. 가나슈를 올린 갸또 쇼콜라 표면에 완성된 크림을 스패출러로 펴 발라 주세요.

   » 윗면에 여분의 말차 가루를 뿌려서 완성해 주었어요.

2	2

▲ HOW TO MAKE

보관

- 밀폐용기에 담아 냉장 약 3일까지 보관 가능합니다.

쑥 인절미 갸또 쇼콜라

▲ GO TO VIDEO

일반적인 갸또 쇼콜라와는 조금 다른 제법으로, 크림법과 머랭을 이용해 좀더 가볍고 부드러운 식감으로 만들어 본 케이크예요. 쑥과 볶은 콩가루는 자주 함께 쓰이는 재료인데요. 쑥의 씁쓸하고 진한 맛을 볶은 콩가루의 고소함이 감싸 주어서 쑥을 좋아하지 않으시는 분도 맛있게 드실 수 있어요.

재료

지름 15cm, 높이 7cm 높은 원형 1호틀 1개 분량

쑥 갸또 쇼콜라

무염버터 40g, 백설탕(A) 20g, 계란 노른자 34g, 화이트 커버춰 초콜릿 60g, 생크림 15g, 박력분 40g, 베이킹파우더 1g, 쑥가루 8g, 계란 흰자 74g, 백설탕(B) 40g

인절미 크림

생크림 150g, 연유 17g, 백설탕 5g, 볶은 콩가루 12g

미리 준비하기

- 쑥 갸또 쇼콜라 반죽을 만들 모든 재료는 실온 상태로 준비하세요.
- 쑥 갸또 쇼콜라 반죽에 넣을 화이트 커버춰 초콜릿은 전자레인지나 중탕으로 완전히 녹여 두세요.
- 박력분과 쑥가루, 베이킹파우더는 함께 섞어서 체를 쳐 두세요.
- 인절미 크림을 만들 생크림은 차갑게 준비해 두세요.
- 틀에 유산지나 테프론 시트를 재단해 깔아 두세요.
- 오븐을 실제 굽는 온도보다 20~30도 높게 최소 20분 이상 충분히 예열해 주세요.

만드는 법

쑥 갸또 쇼콜라

1 볼에 실온 상태의 부드러운 무염버터를 넣고 거품기로 잘 풀어 주세요.

2 설탕(A)를 넣고, 설탕 입자가 어느 정도 작아지고 버터 색이 밝아질 때까지 거품기로 섞어 주세요.

3 실온 상태의 노른자를 두 번에 나눠서 넣어 가며 거품기로 충분히 섞어 주세요.

» 이 단계에서 설탕 입자가 남아 있게 되면, 오븐에서 구운 후에 설탕 입자가 케이크 표면에 하얀 반점처럼 떠오를 수 있어요. 설탕 입자가 거의 사라질 때까지 충분히 섞어 주세요.

4 녹여서 30도 정도로 식혀둔 화이트 커버춰 초콜릿을 3 에 넣고 거품기로 잘 섞어 주세요.

5 실온 상태의 생크림을 넣고 거품기로 섞어 주세요.

6 체에 친 쑥가루, 박력분, 베이킹파우더를 넣고 주걱으로 날을 세워서 섞어 주세요.

» 체에 걸러지지 않는 쑥의 섬유질은 반죽 쪽에 같이 넣어 주세요.

7 다른 볼에 흰자를 넣고, 설탕(B)를 세 번에 나눠가며 휘핑해 단단한 머랭을 만드세요.

» 완성된 머랭은 뾰족하면서 끝이 살짝 휘어지는 뿔이 생기는 상태입니다. (약 90% 휘핑)

8 6 에 완성된 머랭을 두 번에 나눠 넣어가며 주걱으로 반죽의 볼륨이 꺼지지 않도록 가볍게 섞어 주세요.

9 유산지를 깐 팬에 팬닝하고, 예열한 오븐에 중탕으로 160도에서 40분 동안 구워 주세요.

» 중탕으로 굽지 않아도 되지만, 중탕으로 구우면 전체적으로 더 촉촉한 식감으로 완성할 수 있어요.

» 구워져 나온 갸또 쇼콜라는 틀 채로 가볍게 떨어뜨린 후, 윗면에 크림을 올릴 수 있도록 완전히 식혀 두세요.

2	3

▲ HOW TO MAKE

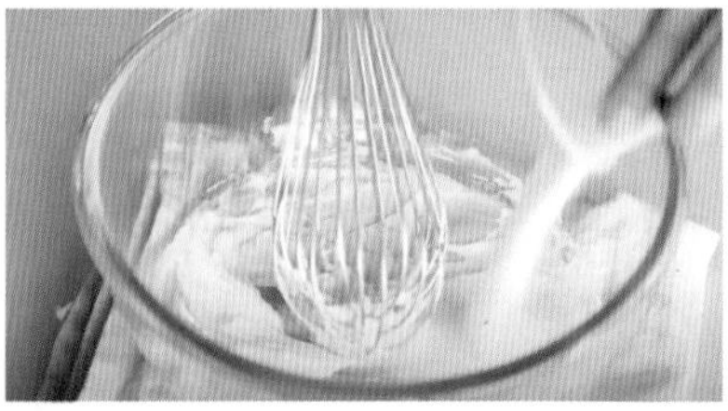

4 6
9 9

▲ HOW TO MAKE

인절미 크림

1 차가운 생크림, 연유, 백설탕, 볶은 콩가루를 볼에 담아 핸드믹서로 단단하게 휘핑해주세요.

» 콩가루는 뭉치기 쉬우니 크림에 넣기 직전에 체에 한 번 쳐 주세요.

2 식힌 쑥 갸또 쇼콜라 윗면에 완성된 인절미 크림을 스패출러로 펴 발라 주세요.

» 윗면에 여분의 볶은 콩가루를 뿌려서 완성해 주었어요.

2 2
2

▲ HOW TO MAKE

보관

• 밀폐용기에 담아 냉장 약 3일까지 보관 가능합니다.

04

TART & PIE
타르트와 파이

사과 타르트
딸기 타르트
레몬 머랭 타르트
트리플 초코 타르트
피스타치오 체리타르트
딸기 레어 치즈타르트
블루베리 더블치즈 타르트
엥가디너 누스토르테
피칸파이
미국식 애플 파이
펌킨파이
단호박 치즈 파이
플랑
에그타르트
키슈
복숭아 갈레트
키 라임 파이
바노피 파이

사과 타르트

▲ GO TO VIDEO

아몬드 가루, 설탕, 버터, 계란을 1:1:1:1 비율로 섞어 만든 아몬드 크림과, 얇게 썰어 꽃처럼 올린 사과로 만드는 프랑스식 사과 타르트예요. 저는 단맛이 없고 부스러지는 파트 브리제를 타르트지로 사용했는데, 파트 수크레나 파트 사블레 반죽으로 응용하셔도 맛있어요.

재료

지름 20cm, 높이 2cm
낮은 타르트틀 3호
1개 분량

파트 브리제

박력분 136g, 무염버터 70g, 물 32g, 계란 노른자 12g, 소금 1g

아몬드 크림

무염버터 80g, 계란 80g, 슈가파우더 80g, 아몬드 가루 80g, 박력분 10g, 골드럼 5g

기타

사과(홍옥) 1개, 살구잼 40g, 물 10g

미리 준비하기

- 파트 브리제 재료는 버터, 가루류, 액체 모두 사용 직전까지 차갑게 보관하세요.
- 물과 계란 노른자를 함께 담아 소금을 녹인 후, 차갑게 만들어 두세요.
- 무염버터는 정육면체 모양으로 작게 썰어서 사용 직전까지 냉장고에 넣어 두세요.
- 아몬드 크림 재료는 전부 실온 상태로 준비하세요.
- 오븐을 실제 굽는 온도보다 20~30도 높게 최소 20분 이상 충분히 예열해 주세요.

만드는 법

tip 파트 브리제 참고 p62

파트 브리제

1 파트 브리제 반죽을 만드세요.

2 휴지한 반죽을 밀대와 덧가루를 사용해 두께 3mm, 지름 약 24cm의 원형으로 밀어 펴 주세요.

» 강력분은 입자가 크고 무거워서 박력분보다 더 잘 흩뿌려지고, 반죽에도 덜 스며들기 때문에 덧가루로 강력분을 사용합니다.

3 타르트틀에 반죽을 끼워 넣고, 틀에 반죽을 밀착한 후 가장자리를 깔끔하게 잘라내세요.

4 포크 등으로 반죽에 작은 구멍을 여러 개 낸 후, 아몬드 크림을 채우기 전까지 틀 채로 냉장 휴지하세요.

» 타르트 반죽은 차갑고 단단한 상태에서 구워야 타르트 쉘의 수축이나 변형을 최소화할 수 있어요.

2	3
3	4

▲ HOW TO MAKE

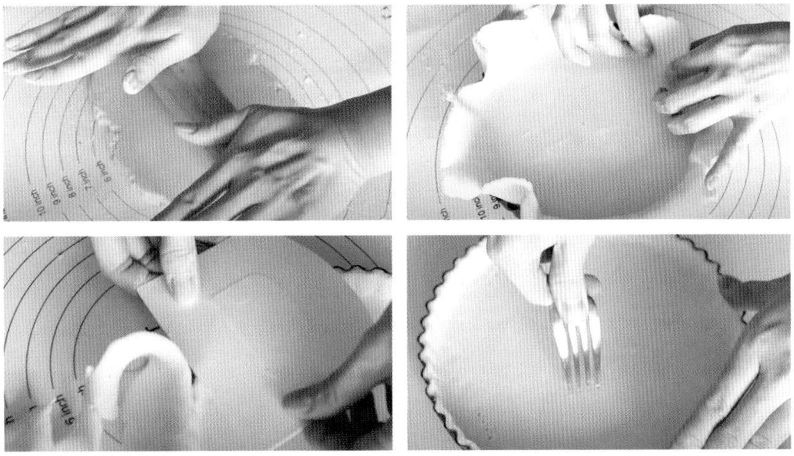

아몬드 크림

1 실온 상태의 부드러운 무염버터를 가볍게 풀어 주세요.

2 1 에 슈가파우더를 넣고 크림처럼 골고루 잘 섞일 때까지 가볍게 섞어 주세요.

3 실온 상태의 계란을 여러 번에 걸쳐 나눠 넣어가며 핸드믹서로 섞어 주세요.

4 3 에 체에 친 아몬드 가루, 박력분을 넣고 주걱으로 섞어 주세요.

5 골드럼을 넣고 가볍게 섞어서 반죽을 완성해 주세요.

» 럼은 생략 가능합니다.

» 완성된 아몬드 크림은 반나절 이상 냉장 휴지를 권장합니다. 휴지하지 않고 바로 구울 경우, 오븐 안에서 부풀어 오를 수 있습니다.

6 타르트지에 아몬드 크림을 채운 후 표면을 평평하게 정리해 주세요.

7 사과 1개를 1~1.5mm 두께로 얇게 썰어서 6 의 위에 꽃처럼 올려 주세요.

8 표면에 백설탕을 골고루 뿌리고, 예열한 오븐에 175도에서 50~55분 동안 구워 주세요.

» 취향에 따라 백설탕에 시나몬 파우더를 약간 섞어도 좋아요.

2	4
6	7

▲ HOW TO MAKE

▮ 마무리

1 분량의 살구잼에 물을 섞어서 뜨겁게 데워 주세요.

2 구워져 나온 사과 타르트가 따뜻할 때 표면에 붓으로 살구잼을 골고루 듬뿍 발라 주세요.

3 타르트가 한 김 식고 나면 다시 한번 더 발라주세요.

» 살구잼은 적당한 산미가 있어 타르트에 상큼함을 더해 주고, 표면에 광택과 윤기를 주며 표면이 마르지 않게 도와줍니다.

1 2

▲ HOW TO MAKE

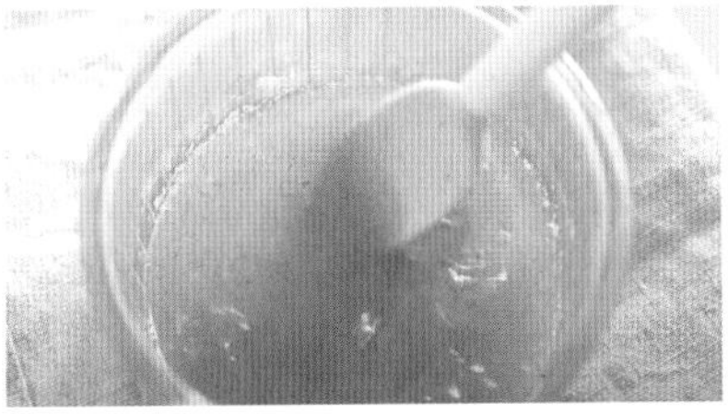

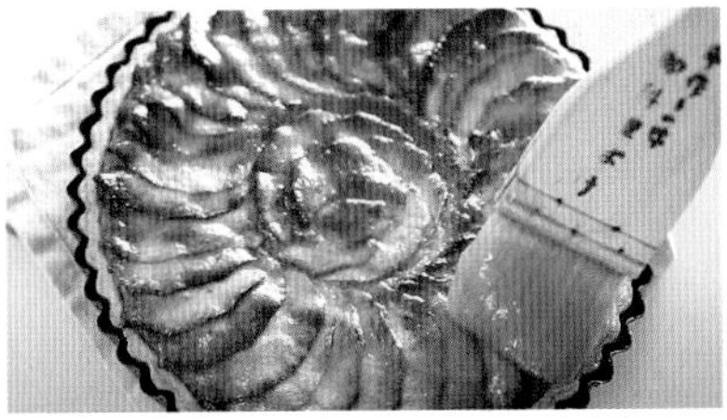

보관

- 파트 브리제로 만든 타르트는 구워져 나온 당일 가장 바삭하고 맛있게 드실 수 있습니다.
- 실온 2일, 냉동 약 2주까지 보관 가능하지만, 바삭한 맛이 떨어질 수 있습니다.

딸기 타르트

▲ GO TO VIDEO

타르트의 기본 중의 기본이라 할 수 있는 아주 클래식한 구성의 타르트예요. 바삭한 파트 수크레에 아몬드 크림과 커스터드 크림을 섞어 만든 크렘 프랑지판을 채워서 굽고, 디플로마트 크림을 올린 후 생딸기로 마무리했어요. 위에 올리는 과일은 청포도, 망고, 블루베리, 오렌지 등 어떤 것이든 잘 어울리기 때문에 사계절 내내 활용하기 좋은 레시피입니다.

재료

낮은 타르트틀 3호
지름 20cm, 높이 2cm
1개 분량

파트 수크레

박력분 105g, 백설탕 42g, 무염버터 50g, 소금 1g, 계란 21g

커스터드 크림

우유 203g, 계란 노른자 51g, 백설탕 63g, 옥수수 전분 18g, 무염버터 15g, 바닐라 빈 3cm

크렘 프랑지판

무염버터 50g, 백설탕 50g, 계란 50g, 아몬드 가루 50g, 커스터드 크림 80g

디플로마트 크림

생크림 50g, 커스터드 크림 180g

마무리

딸기 20개, 생크림 100g, 설탕 10g, 미로와 약간

tip **크렘 프랑지판**: 아몬드 크림과 커스터드 크림을 섞은 것을 크렘 프랑지판이라고 합니다. 아몬드 크림보다 더 부드럽고 가벼운 식감을 내고 싶을 때 사용합니다.

미리 준비하기

- 파트 수크레를 만들 모든 재료는 전부 실온 상태로 준비하세요.
- 박력분은 체에 쳐 두세요.
- 아몬드 크림을 만들 재료는 전부 실온 상태로 준비하세요.
- 바닐라 빈은 길게 자른 후 칼등으로 씨앗 부분을 긁어내 주세요.
- 끓인 커스터드 크림을 담아 식힐 스테인리스 트레이에 랩을 깔아 두세요.
- 오븐을 실제 굽는 온도보다 20~30도 높게 최소 20분 이상 충분히 예열해 주세요.
- 생크림은 사용 전까지 차갑게 보관하세요.
- 딸기는 세척 후 물기를 제거하고 반 잘라 주세요.

만드는 법

tip 파트 수크레 참고 p58

파트 수크레

1 파트 수크레를 만드세요.

2 휴지가 끝난 반죽을 밀대와 덧가루를 사용해 두께 3mm, 지름 약 24cm의 넓은 원형으로 밀어 펴 주세요.

» 강력분은 입자가 크고 무거워서 박력분보다 더 잘 흩뿌려지고, 반죽에도 덜 스며들기 때문에 덧가루로 강력분을 사용합니다.

3 타르트틀에 반죽을 끼워 넣고, 틀에 반죽을 밀착한 후 가장자리를 깔끔하게 잘라 내세요.

4 포크 등으로 반죽에 작은 구멍을 여러 개 낸 후, 반죽이 다시 단단해질 때까지 틀 채로 냉장 휴지하세요.

» 타르트 반죽은 차갑고 단단한 상태에서 구워야 타르트 쉘의 수축이나 변형을 최소화할 수 있어요.

2	3

▲ HOW TO MAKE

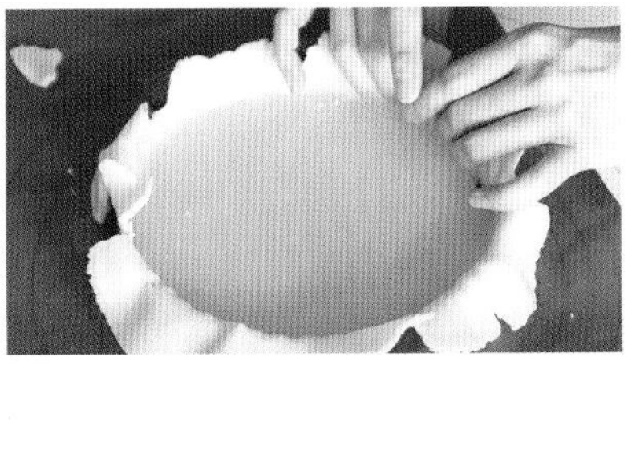

4

▲ HOW TO MAKE

커스터드 크림

tip 커스터드 크림 참고 p69

1 커스터드 크림을 만들고, 차게 식혀 냉장 보관해 두세요.

크렘 프랑지판

1 실온 상태의 부드러운 무염버터를 가볍게 풀어 주세요.

2 1 에 슈가파우더를 넣고 크림처럼 골고루 잘 섞일 때까지 가볍게 섞어 주세요.

3 실온 상태의 계란을 여러 번에 걸쳐 나눠 넣어가며 핸드믹서로 섞어 주세요.

4 3 에 체에 친 아몬드 가루, 박력분을 넣고 주걱으로 섞어서 아몬드 크림을 완성해 주세요.

» 완성된 아몬드 크림은 반나절 이상 냉장 휴지를 권장합니다. 휴지하지 않고 바로 구울 경우, 오븐 안에서 부풀어 오를 수 있습니다.

5 미리 만들어 식혀 둔 커스터드 크림 중 80g을 체에 걸러 주세요.

6 냉장 휴지한 아몬드 크림과 체에 거른 커스터드 크림을 주걱으로 치대듯이 잘 섞어서 크렘 프랑지판을 만드세요.

7 완성된 크렘 프랑지판을 짤주머니에 담고, 퐁사쥬한 파트 수크레 안쪽에 평평하게 담아 주세요.

8 예열해 둔 오븐에 170도에서 45~50분 동안 구워 주세요.

» 구워져 나온 타르트는 위에 크림을 올릴 수 있게 완전히 식혀 주세요.

3	4
5	7

▲ HOW TO MAKE

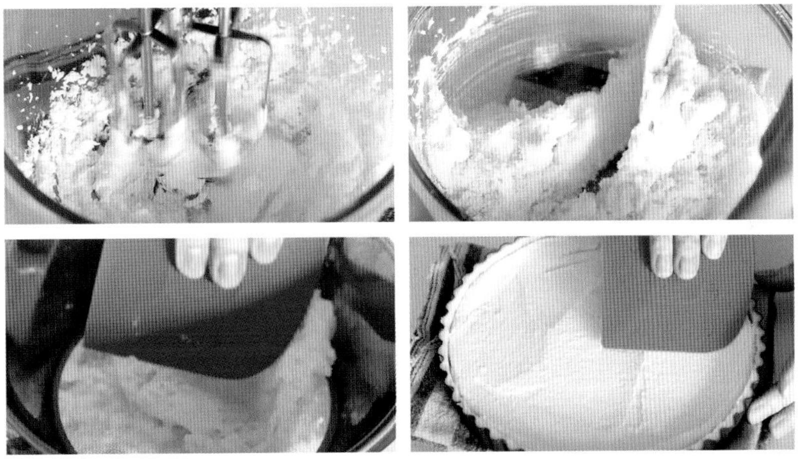

디플로마트 크림

1 만들어서 식혀 둔 커스터드 크림 중 180g을 체에 걸러 주세요.

2 차가운 생크림을 볼에 담아 핸드믹서로 단단하게 휘핑하세요.

» 휘핑한 생크림이 너무 부드러우면 완성된 크림이 힘 없이 쳐질 수 있으니 유의하세요.

3 식힌 커스터드 크림 쪽에 생크림을 두 번에 나눠 넣어가며 섞어서 디플로마트 크림을 만들어 주세요.

» 생크림의 절반은 힘을 주어 치대듯이 섞고, 나머지는 거품이 꺼지지 않도록 주걱의 날을 세워 가볍게 섞어 주세요.

1	3

▲ HOW TO MAKE

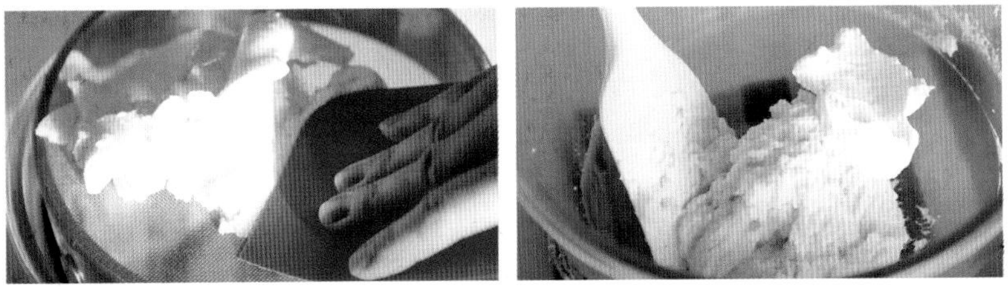

마무리

1 디플로마트 크림을 805호 깍지를 끼운 짤주머니에 담아 완전히 식힌 타르트 위에 볼록하게 올려 주세요.

2 타르트 중앙에 통딸기를 한 개 올린 후, 주변에 반 자른 딸기를 촘촘하게 둘러 주세요.

3 분량의 차가운 생크림과 설탕을 볼에 담아 단단하게 휘핑해 주세요.

4 완성된 샹티 크림을 803호 깍지를 끼운 짤주머니에 담아 가장자리의 빈 공간에 파이핑해 주세요.

5 미로와(광택제)를 딸기 표면에 붓으로 발라서 마무리해 주세요.

1	2
4	5

▲ HOW TO MAKE

보관

- 밀폐용기에 담아 냉장 2일까지 보관 가능합니다.
- 생과일은 변질이 빠르기 때문에 가급적이면 만든 당일에 드시는 것이 가장 맛있어요.

레몬 머랭 타르트

▲ GO TO VIDEO

프랑스의 어느 파티세리에 가도 하나쯤 있을 법한, 아주 기본적인 레몬 타르트예요. 레몬의 신맛이 너무 두드러지지 않도록, 상큼함과 부드러움 사이의 밸런스를 잘 맞췄어요. 저는 작은 크기의 타르트틀에 만들었지만 큰 타공 링이나 주름 타르트 팬을 이용해 큰 사이즈로 만들어 보셔도 좋아요.

재료

지름 7cm, 높이 2cm
원형 타공 타르트링
6개 분량

파트 사블레

박력분 150g, 아몬드 가루 18g, 슈가파우더 56g, 무염버터 90g, 소금 1g, 계란 28g, 여분의 카카오버터 약간

레몬 크림

레몬즙 60g, 레몬 제스트 5g, 계란 100g, 계란 노른자 60g, 무염버터 50g, 백설탕 53g, 판젤라틴 1g, 리몬첼로 4g

이탈리안 머랭

계란 흰자 70g, 백설탕 140g, 물 47g

미리 준비하기

- 파트 사블레를 만들 모든 재료는 매우 차갑게 준비해 주세요.
- 파트 사블레를 만들 계란과 소금은 함께 섞어서 소금을 녹인 후, 차갑게 만들어 두세요.
- 파트 사블레를 만들 무염버터는 정육면체 모양으로 작게 썰어서 사용 직전까지 냉장고에 넣어 두세요.

- 파트 사블레를 만들 박력분과 아몬드 가루, 슈가파우더는 함께 섞어서 체 쳐 주세요.
- 레몬 크림에 넣을 판젤라틴은 얼음물에 최소 10분 이상 불려두세요.
- 레몬은 깨끗이 씻어서 껍질 부분을 제스터로 갈아 제스트를 만들고, 알맹이는 즙을 내주세요.
- 레몬 크림에 넣을 무염버터는 실온 상태로 준비해 두세요.
- 틀에 반죽이 달라붙지 않도록 타공 타르트링 안쪽에 붓으로 실온의 버터를 얇게 발라 두세요.
- 타르트를 구울 팬 위에 타공 매트를 깔아 두세요.
- 오븐을 실제 굽는 온도보다 20~30도 높게 최소 20분 이상 충분히 예열해 주세요.

만드는 법

tip 파트 사블레 참고 p60

파트 사블레

1 파트 사블레 반죽을 만드세요.

2 완성된 반죽을 두 덩어리로 나눠서 납작하게 만든 후, 랩이나 비닐에 싸서 최소 2시간 이상 냉장 휴지해 주세요.

» 이 타르트는 두께가 매우 얇으므로 휴지를 충분히 하지 않으면 타르트 표면이 울퉁불퉁해지거나 수축하기 쉬워요.

» 한 덩이로는 옆면을 재단하고, 다른 한 덩이로는 바닥 부분을 찍어내는 데 사용해요.

3 휴지한 반죽 중 하나를 꺼내서 덧가루와 밀대를 이용해 2mm 두께의 긴 사각형 모양으로 밀어 펴 주세요.

» 강력분은 입자가 크고 무거워서 박력분보다 더 잘 흩뿌려지고, 반죽에도 덜 스며들기 때문에 덧가루로 강력분을 사용합니다.

» 가로 2cm, 세로 21.3cm의 긴 띠 모양으로 6장 재단한 후, 사용 전까지 냉장고에 넣어 두세요.

4 나머지 반죽도 2mm 두께로 밀어 편 후, 타르트링을 이용해 원형 모양으로 6장 찍어내 주세요.

» 찍어낸 반죽은 타르트 바닥 부분이 되므로, 링에서 분리하지 말고 그대로 끼워 두세요.

5 재단해 둔 옆면 반죽을 타르트링 옆면에 밀착해서 끼우고, 남은 윗부분은 칼로 깔끔하게 잘라내 주세요.

6 완전히 단단해질 때까지 냉동실에서 잠시 굳힌 후, 예열한 오븐에 160도에서 20분 동안 구워 주세요.

» 타공 타르트링은 반드시 타공 매트 위에 올려놓고 구워야 바닥이 들뜨거나 부풀어 오르지 않아요.

7 구워져 나온 타르트 쉘에 녹인 카카오버터를 붓으로 얇게 발라 코팅해 주세요.

» 카카오버터는 레몬 크림의 수분 때문에 타르트 쉘이 눅눅해지는 것을 늦춰 줍니다.

2	3
4	5
7	

▲ HOW TO MAKE

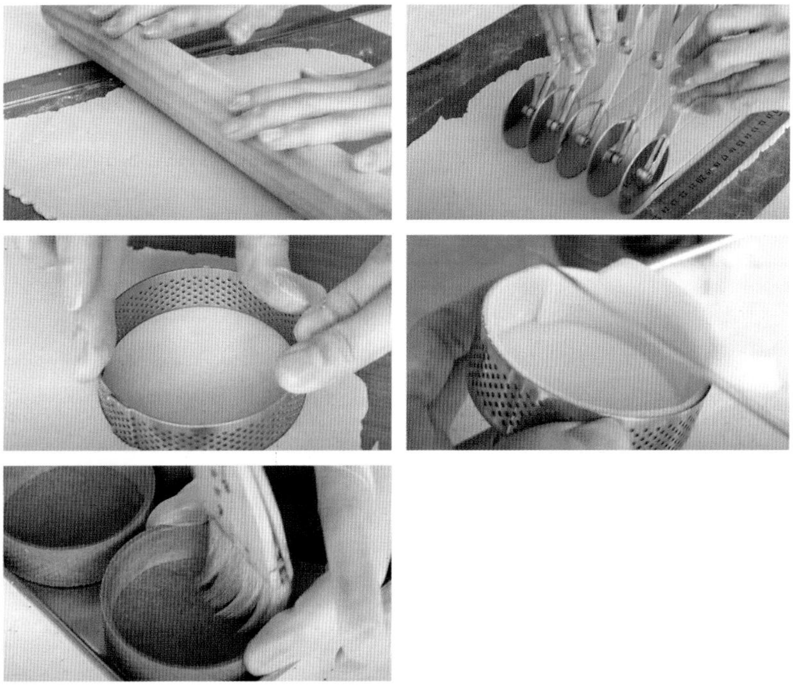

레몬 크림

1 계란, 계란 노른자, 백설탕을 볼에 담아 거품기로 잘 섞어 주세요.

2 레몬즙과 레몬 제스트를 가장자리가 끓어오를 때까지(약 80도) 가볍게 데워 주세요.

3 2 를 1 에 조금씩 넣으면서 계란이 익지 않도록 거품기로 잘 섞어 주세요.

4 3 을 다시 냄비에 넣고, 바닥이 익지 않도록 주걱으로 잘 저어 가며 묽은 수프 농도가 될 때까지 약불로 가열해 주세요.

5 불려둔 젤라틴의 물기를 제거하고 넣고 섞은 후, 체에 걸러 주세요.

6 레몬커드가 35~40도 정도로 식으면 실온 상태의 무염버터를 넣고 핸드블렌더로 매끈하게 혼합해 주세요.

» 이때, 버터가 녹지 않고 포마드 상태로 레몬커드와 섞여야 질감도 맛도 부드럽습니다. 레몬커드가 뜨거우면 버터가 녹아버리니 주의하세요.

7 리몬첼로를 넣고 섞어 레몬 크림을 완성해 주세요.

» 리몬첼로는 레몬 리큐르인데 생략 가능합니다.

8 완성된 크림을 짤주머니에 담아 50g씩 파이핑해서 타르트 쉘 안쪽을 채워 주세요.

» 크림에 든 젤라틴이 굳기 전에 타르트 쉘에 담아 주어야 표면이 매끈하게 됩니다.

1	4
6	8

▲ HOW TO MAKE

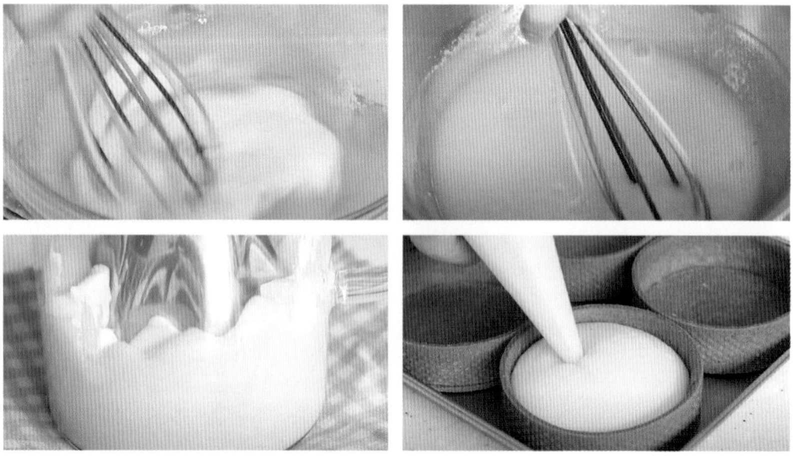

▌ 이탈리안 머랭

1 백설탕과 물을 냄비에 담아 118도가 될 때까지 젓지 말고 끓여 주세요.

2 1 의 온도가 110도 정도가 되면 흰자를 휘핑하기 시작하세요.

3 1 이 118도가 되면 불을 끄고, 흰자를 고속으로 휘핑하면서 1 을 조금씩 흘려 넣어 주세요.

4 머랭이 미지근하게 식고, 단단하게 올라올 때까지 휘핑해 주세요.

5 깍지(806호)를 끼운 짤주머니에 담아 타르트 위에 파이핑해 주세요.

6 토치로 머랭의 겉면을 그을려서 장식해 주세요.

2	4
5	6

▲ HOW TO MAKE

보관

- 밀폐용기에 담아 냉장 2일까지 보관 가능합니다.
- 만든 당일 드시는 것이 타르트 쉘 부분이 바삭해서 가장 맛있습니다.

트리플 초코 타르트

▲ GO TO VIDEO

초코 타르트 쉘, 초코 아파레이유, 가나슈가 어우러진 진한 초코 타르트예요. 부드러운 초코 아파레이유가 바삭한 타르트 쉘과 진하고 꾸덕한 가나슈를 잘 이어 주어 세 가지 층이 조화로워요.

재료

지름 8cm, 높이 2cm
원형 타공 타르트링
6개 분량

초코 파트 사블레
박력분 155g, 코코아 파우더 12g, 슈가파우더 48g, 무염버터 120g, 소금 1g, 계란 21g

초코 아파레이유
생크림 80g, 다크 커버춰 초콜릿(카카오 고형분 57.9%) 32g, 계란 55g, 백설탕 24g, 박력분 5g

가나슈
생크림 54g, 다크 커버춰 초콜릿(카카오 고형분 57.9%) 41g, 무염버터 13g

미리 준비하기

- 초코 파트 사블레를 만들 모든 재료는 매우 차갑게 준비해 주세요.
- 초코 파트 사블레를 만들 계란과 소금은 함께 섞어서 소금을 녹인 후, 차갑게 만들어 두세요.
- 초코 파트 사블레를 만들 무염버터는 정육면체 모양으로 작게 썰어서 사용 직전까지 냉장고에 넣어 두세요.
- 초코 파트 사블레를 만들 박력분과 코코아 파우더, 슈가파우더는 함께 섞어서 체쳐 주세요.

- 가나슈에 넣을 무염버터는 실온 상태로 준비해 두세요.
- 틀에 반죽이 달라붙지 않도록 타공 타르트링 안쪽에 붓으로 실온의 버터를 얇게 발라 두세요.
- 타르트를 구울 팬 위에 타공 매트를 깔아 두세요.
- 오븐을 실제 굽는 온도보다 20~30도 높게 최소 20분 이상 충분히 예열해 주세요.

만드는 법

tip 파트 사블레 참고 p60

초코 파트 사블레

1 초코 파트 사블레 반죽을 만드세요.

2 완성된 반죽을 두 덩어리로 나눠서 납작하게 만든 후, 랩이나 비닐에 싸서 최소 2시간 이상 냉장 휴지해 주세요.

» 한 덩이로는 옆면을 재단하고, 다른 한 덩이로는 바닥 부분을 찍어내는 데 사용해요.

3 휴지한 반죽 중 하나를 꺼내서 덧가루와 밀대를 이용해 3mm 두께의 긴 사각형 모양으로 밀어 펴 주세요.

» 강력분은 입자가 크고 무거워서 박력분보다 더 잘 흩뿌려지고, 반죽에도 덜 스며들기 때문에 덧가루로 강력분을 사용합니다.

4 가로 2cm, 세로 23.5cm의 긴 띠 모양으로 6장 재단한 후, 사용 전까지 냉장고에 넣어 두세요.

5 나머지 반죽도 3mm 두께로 밀어 편 후, 타르트링을 이용해 원형 모양으로 6장 찍어내 주세요.

» 찍어낸 반죽은 타르트 바닥 부분이 되므로, 링에서 분리하지 말고 그대로 끼워 두세요.

6 재단해 둔 옆면 반죽을 타르트링 옆면에 밀착해서 끼우고, 남은 윗부분은 칼로 깔끔하게 잘라내 주세요.

7 완전히 단단해질 때까지 냉동실에서 잠시 굳힌 후, 예열한 오븐에 160도에서 20분 동안 구워 주세요.

» 타공 타르트링은 반드시 타공 매트 위에 올려놓고 구워야 바닥이 들뜨거나 부풀어 오르지 않아요.

8 구워져 나온 타르트 쉘이 뜨거울 때, 여분의 노른자를 붓으로 얇게 발라 주세요.

» 노른자 막이 타르트 쉘을 얇게 코팅해 아파레이유에 의해 타르트 쉘이 눅눅해지는 것을 늦춰 줍니다.

3	4
6	8

▲ HOW TO MAKE

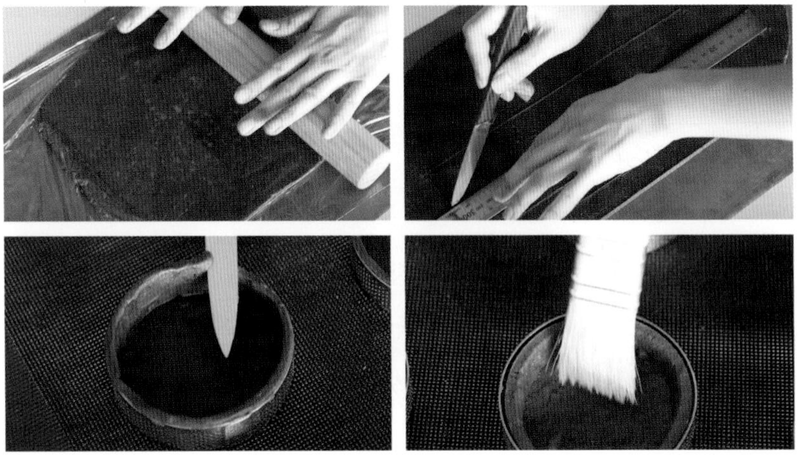

초코 아파레이유

1 분량의 다크 커버춰 초콜릿을 중탕이나 전자레인지를 사용해서 녹여 주세요.

2 분량의 생크림을 냄비나 전자레인지를 사용해서 따뜻하게 데워 주세요.

3 1 에 2 를 두 번에 걸쳐 넣고 섞어서 유화시켜 주세요.

» 이때, 녹인 다크 커버춰와 생크림의 온도가 서로 비슷해야 분리되지 않고 잘 섞여요.

4 실온 상태의 계란을 넣고 거품기로 잘 섞어 주세요.

5 박력분을 체 쳐서 넣고 거품기로 섞어 주세요.

6 백설탕을 넣고 거품기로 섞어서 반죽을 완성해 주세요.

» 아파레이유를 만들 때 공기가 너무 많이 들어가면 오븐 안에서 크게 부풀어 올라요. 반죽에 공기가 들어가지 않게 조심스럽게 섞어 주세요.

7 완성된 아파레이유를 체에 한 번 거른 후, 타르트 쉘에 85% 정도씩 차게 부어 예열한 오븐에 170도에서 12분 동안 구워 주세요.

1 5
7 7

▲ HOW TO MAKE

▮ 가나슈

1 분량의 생크림을 전자레인지나 냄비를 이용해서 가장자리가 끓어오를 때까지(약 80도) 데워 주세요.

2 1 에 다크 커버춰 초콜릿을 넣고 3분 정도 그대로 두어 초콜릿을 녹인 후, 주걱으로 잘 저어서 유화시켜 주세요.

3 2 가 35~40도 사이로 식으면 실온 상태의 부드러운 버터를 넣고 주걱으로 잘 저어서 섞어 주세요.

» 이때, 버터가 녹지 않고 포마드 상태로 가나슈와 섞여야 질감도 맛도 부드럽습니다. 가나슈의 온도가 낮으면 버터와 잘 섞이지 않고, 너무 높으면 버터가 액체 상태로 녹아 버리니 주의하세요.

4 구워져 나온 타르트 위에 완성된 가나슈를 부어서 굳혀 주세요.

3 4

▲ HOW TO MAKE

보관

- 밀폐용기에 담아 냉장 2일까지 보관 가능합니다.
- 만든 당일 드시는 것이 타르트 쉘 부분이 바삭해서 가장 맛있습니다.

피스타치오 체리타르트

▲ GO TO VIDEO

피스타치오는 붉은 과일과 대체로 궁합이 좋아요. 저는 피스타치오 크림과 체리를 함께 매치해 보았는데, 라즈베리나 딸기 등으로 응용해 만들어 보셔도 잘 어울릴 거예요. 아몬드 크림과 함께 굽는 체리로 저는 맛과 향이 진한 아마레나 체리 통조림을 사용했는데 맛있는 체리가 나올 철에는 생체리로 대체해서 만들어 보셔도 좋아요.

재료

지름 8cm, 높이 2cm
원형 타공 타르트링
6개 분량

피스타치오 휩드 가나슈

생크림(A) 67g, 물엿 15g, 화이트 커버춰 초콜릿 105g, 생크림(B) 150g, 피스타치오 페이스트 15g

피스타치오 아몬드 크림

무염버터 60g, 슈가파우더 60g, 전란 60g, 아몬드 가루 54g, 박력분 6g, 피스타치오 페이스트 23g, 키르슈 5g, 아마레나 체리 통조림 18알

파트 사블레

박력분 176g, 아몬드 가루 22g, 슈가파우더 66g, 무염버터 106g, 소금 2g, 계란 34g

마무리

장식용 생체리 약간

미리 준비하기

- 파트 사블레를 만들 모든 재료는 매우 차갑게 준비해 주세요.
- 파트 사블레를 만들 계란과 소금은 함께 섞어서 소금을 녹인 후, 차갑게 만들어 두세요.
- 파트 사블레를 만들 무염버터는 정육면체 모양으로 작게 썰어서 사용 직전까지 냉장고에 넣어 두세요.
- 파트 사블레를 만들 박력분과 아몬드 가루, 슈가파우더는 함께 섞어서 체 쳐 주세요.
- 피스타치오 아몬드 크림을 만들 모든 재료는 실온 상태로 준비해 두세요.
- 틀에 반죽이 달라붙지 않도록 타공 타르트링 안쪽에 붓으로 실온의 버터를 얇게 발라 두세요.
- 타르트를 구울 팬 위에 타공 매트를 깔아 두세요.
- 오븐을 실제 굽는 온도보다 20~30도 높게 최소 20분 이상 충분히 예열해 주세요.

만드는 법

피스타치오 휩드 가나슈

1 생크림(A)와 물엿을 냄비에 넣고, 가장자리가 끓어오를 때까지 가볍게 데워 주세요.

2 1 을 화이트 커버춰 초콜릿 위에 붓고, 초콜릿이 녹을 때까지 3분 정도 기다렸다가 주걱으로 잘 섞어서 유화시켜 가나슈를 만들어 주세요.

3 2 에 실온 상태의 피스타치오 페이스트를 넣고 잘 풀어 주세요.

4 실온의 생크림(B)를 넣고 주걱으로 잘 섞어서 균일하게 만든 후, 냉장고에서 최소 6시간 이상 휴지시켜 주세요.

» 2~4까지의 과정은 핸드블렌더를 사용하면 더욱 안정적이고 균일한 결과물을 얻을 수 있습니다.

» 초콜릿 성분이 안정화되지 않으면 휘핑이 되지 않거나 휘핑 도중 분리되기 쉽기 때문에 하룻밤 냉장 휴지를 권장합니다.

2	3
3	4

▲ HOW TO MAKE

파트 사블레

tip 파트 사블레 참고 p60

1 파트 사블레 반죽을 만드세요.

2 완성된 반죽을 두 덩어리로 나눠서 납작하게 만든 후, 랩이나 비닐에 싸서 최소 2시간 이상 냉장 휴지해 주세요.

» 한 덩이로는 옆면을 재단하고, 다른 한 덩이로는 바닥 부분을 찍어내는 데 사용해요.

3 휴지한 반죽 중 하나를 꺼내서 덧가루와 밀대를 이용해 3mm 두께의 긴 사각형 모양으로 밀어 펴 주세요.

» 강력분은 입자가 크고 무거워서 박력분보다 더 잘 흩뿌려지고, 반죽에도 덜 스며들기 때문에 덧가루로 강력분을 사용합니다.

4 가로 2cm, 세로 23.5cm의 긴 띠 모양으로 6장 재단한 후, 사용 전까지 냉장고에 넣어 두세요.

5 나머지 반죽도 3mm 두께로 밀어 편 후, 타르트링을 이용해 원형 모양으로 6장 찍어내 주세요.

» 찍어낸 반죽은 타르트 바닥 부분이 되므로, 링에서 분리하지 말고 그대로 끼워 두세요.

6 재단해 둔 옆면 반죽을 타르트링 옆면에 밀착해서 끼우고, 남은 윗부분은 칼로 깔끔하게 잘라내 주세요.

» 퐁사쥬가 끝난 타르트 쉘은 아몬드 크림을 채워 굽기 전까지 냉장 또는 냉동에서 단단하게 굳혀 주세요.

3 4
5 6

▲ HOW TO MAKE

피스타치오 아몬드 크림

1 실온 상태의 부드러운 무염버터를 가볍게 풀어 주세요.

2 1 에 슈가파우더를 넣고 크림처럼 골고루 잘 섞일 때까지 가볍게 섞어 주세요.

3 실온 상태의 계란을 여러 번에 걸쳐 나눠 넣어가며 핸드믹서로 섞어 주세요.

4 실온의 피스타치오 페이스트를 넣고 가볍게 섞어 주세요.

5 4 에 체에 친 아몬드 가루, 박력분을 넣고 주걱으로 섞어서 반죽을 완성해 주세요.

» 완성된 아몬드 크림은 반나절 이상 냉장 휴지를 권장합니다. 휴지하지 않고 바로 구울 경우, 오븐 안에서 부풀어 오를 수 있습니다.

6 완성된 피스타치오 아몬드 크림을 짤주머니에 담아 퐁사쥬한 타르트지 안에 50% 정도씩 채워 넣어 주세요.

7 윗면에 아마레나 체리 통조림을 3알씩 올리고, 예열한 오븐에 170도에서 25분 동안 구워 주세요.

» 타공 타르트링은 반드시 타공 매트 위에 올려놓고 구워야 바닥이 들뜨거나 부풀어 오르지 않아요.

» 구워져 나온 타르트는 윗면에 크림을 올릴 수 있도록 완전히 식혀 두세요.

3	5
6	7

▲ HOW TO MAKE

▮ 마무리

1 냉장 휴지한 피스타치오 휩드 가나슈를 핸드믹서로 단단하게 휘핑해 주세요.

2 8발 별깍지를 끼운 짤주머니에 가나슈를 담아 구워서 식힌 타르트 위에 파이핑하고, 생체리로 장식해 주세요.

1	2
2	

▲ HOW TO MAKE

보관

- 밀폐용기에 담아 냉장 2일까지 보관 가능합니다.
- 만든 당일 드시는 것이 타르트 쉘 부분이 바삭해서 가장 맛있습니다.

딸기 레어 치즈타르트

▲ GO TO VIDEO

딸기의 상큼한 맛과 레어 치즈 케이크의 새콤한 맛이 잘 어울리는 타르트예요. 오븐을 사용하지 않고 간단한 공정으로 만들 수 있지만 결과물은 근사해서 선물하기에도 참 좋은 타르트랍니다.

재료

지름 15cm, 높이 5cm
원형 무스링 1호
1개 분량

타르트 쉘

그레이엄 크래커 또는 통밀쿠키 180g, 무염버터 40g, 화이트 커버춰 초콜릿 60g

딸기 치즈 무스

크림치즈 130g, 슈가파우더 52g, 딸기 퓨레 100g, 생크림 130g, 레몬즙 7g, 판젤라틴 3g, 생딸기 적당량

미리 준비하기

- 타르트 쉘에 사용할 무염버터와 화이트 커버춰 초콜릿은 녹여서 준비해 두세요.
- 무스링 바닥에 랩을 단단히 씌워 바닥을 만들어 주세요.
- 딸기 치즈 무스에 들어갈 크림치즈는 실온 상태로 준비하세요.
- 판젤라틴은 얼음물에 최소 10분 이상 불려 두세요.
- 생크림은 차갑게 준비하세요.

만드는 법

▌타르트 쉘

1 그레이엄 크래커(통밀쿠키)를 곱게 부숴 주세요.

2 분량의 무염버터와 화이트 커버춰를 볼에 담아 함께 녹여 주세요.

3 2 에 부순 과자를 넣고 골고루 섞어 주세요.

4 3 을 무스링의 바닥과 옆면에 균일한 두께로 꾹꾹 눌러서 잘 붙이고, 사용 전까지 냉동실에 넣어서 굳혀 두세요.

1	2
3	4

▲ HOW TO MAKE

▌딸기 치즈 무스

1 차가운 상태의 생크림은 약 70%로 휘핑해서 냉장고에 넣어 두세요.

» 크림을 떨어뜨리면 자국이 남지만 볼을 가볍게 내리치면 사라지는 정도가 적당해요.

2 실온 상태의 부드러운 크림치즈를 볼에 담아 주걱으로 잘 풀어 주세요.

3 2 에 슈가파우더를 넣고 주걱으로 잘 섞어 주세요.

4 분량의 딸기 퓨레를 볼에 담아 따뜻하게 데워 주세요. (약 50도)

5 미리 불려둔 젤라틴의 물기를 키친타올로 제거한 후 4 에 넣어서 녹여 주세요.

6 5 를 3 쪽에 절반만 먼저 넣고 거품기로 빠르게 섞은 뒤, 나머지를 모두 넣고 잘 섞어 주세요.

» 젤라틴은 차가운 쪽에 넣고 방치하면 덩어리지기 쉬워요. 크림치즈 쪽에 넣는 즉시 잘 섞어 주세요.

7 미리 휘핑해 둔 생크림을 전체적으로 휘저어 농도를 정확히 맞춘 후, 6 에 두 번에 나눠서 넣어가며 주걱으로 섞어 주세요.

» 마구 휘저으면 거품이 꺼질 수 있으므로 퍼 올리듯이 가볍게 섞어 주세요.

8 레몬즙을 넣고 잘 섞어서 반죽을 마무리해 주세요.

9 굳혀둔 타르트 쉘 안에 완성된 치즈 무스를 부은 후, 냉장고에서 2시간 이상 굳혀 주세요.

10 생딸기를 타르트 위에 듬뿍 올려서 마무리해 주세요.

1	5
6	7
9	10

▲ HOW TO MAKE

보관

- 밀폐용기에 담아 냉장 2~3일까지 보관 가능합니다.
- 생과일은 변질이 빠르기 때문에 가급적이면 만든 당일에 드시는 것이 가장 맛있어요.

블루베리 더블치즈 타르트

▲ GO TO VIDEO

오븐에 구운 치즈 반죽과 굽지 않는 치즈 무스를 더한 제품을 '더블 치즈'라는 이름으로 종종 찾아볼 수 있는데요. 녹진한 치즈 케이크 층과 가볍고 사르르 녹는 치즈 무스 층이 잘 어우러져 언제 어디서나 사랑받는 조합인 것 같아요. 여기에 바삭한 타르트 쉘과 상큼한 블루베리를 더해 사랑스러운 맛과 비주얼의 타르트를 만들어 보았어요. 타르트 반죽으로 파트 사블레를 사용했는데, 파트 수크레나 파트 브리제 등 다른 반죽으로 응용해서 만들어도 맛있어요.

재료

지름 16.5cm, 높이 3cm
높은 타르트틀 2호
1개 분량

파트 사블레

박력분 80g, 아몬드 가루 10g, 슈가파우더 30g, 무염버터 48g, 소금 한 꼬집, 계란 15g, 계란 노른자 약간(표면에 바를 용도)

베이크드 치즈 필링

크림치즈 140g, 백설탕 30g, 계란 45g, 생크림 55g, 옥수수 전분 4g, 레몬즙 5g

블루베리 잼

생과 또는 냉동 블루베리 80g, 레몬즙 8g, 백설탕 32g, NH펙틴 2g, 카시스 리큐르 3g

치즈 무스

크림치즈 100g, 마스카포네 치즈 30g, 백설탕 23g, 연유 10g, 레몬즙 6g, 판젤라틴 2g, 생크림 110g

미리 준비하기

- 파트 사블레를 만들 버터, 가루, 액체를 포함한 모든 재료는 매우 차갑게 준비해 주세요.
- 계란에 소금을 녹인 후, 차갑게 만들어 두세요.
- 파트 사블레에 넣을 무염버터는 정육면체 모양으로 작게 썰어서 사용 직전까지 냉장고에 넣어 두세요.
- 박력분과 아몬드 가루, 슈가파우더는 함께 섞어서 체 쳐 주세요.
- 베이크드 치즈 필링을 만들 모든 재료는 실온 상태로 준비해 주세요.
- 치즈 무스를 만들 마스카포네 치즈와 생크림은 사용 전까지 차갑게 보관해 주세요.
- 치즈 무스에 넣을 크림치즈는 실온 상태로 준비해 주세요.
- 치즈 무스에 넣을 판젤라틴은 사용 전까지 얼음물에 최소 10분 이상 불려 두세요.

만드는 법

파트 사블레

tip 파트 사블레 참고 p60

1 파트 사블레 반죽을 만드세요.

2 휴지한 반죽을 밀대와 덧가루를 사용해 3mm 두께의 넓은 원형으로 밀어 펴 주세요.

» 강력분은 입자가 크고 무거워서 박력분보다 더 잘 흩뿌려지고, 반죽에도 덜 스며들기 때문에 덧가루로 강력분을 사용합니다.

3 타르트틀에 반죽을 끼워 넣고, 틀에 반죽을 밀착한 후 가장자리를 깔끔하게 잘라 내세요.

4 타르트 반죽이 다시 차갑고 단단해질 때까지 틀 채로 냉장 휴지하세요.

» 타르트 반죽은 차갑고 단단한 상태에서 구워야 타르트 쉘의 수축이나 변형을 최소화할 수 있어요.

5 반죽 위에 유산지를 올리고 누름돌을 가득 채운 후, 예열한 오븐에 170도에서 15분 동안 굽고, 누름돌을 제거한 후 10분 더 구워 주세요.

» 구워져 나온 후 노른자를 붓으로 타르트 안쪽에 얇게 바르면, 코팅된 노른자 막이 치즈 필링에 의해 타르트 쉘이 눅눅해지는 것을 늦춰 줍니다.

2	3
3	5

▲ HOW TO MAKE

베이크드 치즈 필링

1 실온 상태의 부드러운 크림치즈를 볼에 담아 주걱으로 잘 눌러서 풀어 주세요.

2 1 에 백설탕을 넣고 주걱으로 덩어리 없이 섞어 주세요.

3 2 에 계란과 생크림을 차례로 넣고 주걱으로 천천히 섞어 주세요.

4 3 에 옥수수 전분을 체 쳐서 넣고 섞어 주세요.

5 마지막으로 레몬즙을 넣고 섞어서 반죽을 완성해 주세요.

» 반죽에 공기가 많이 들어가면 오븐 안에서 부풀어 오르므로, 반죽을 섞을 때에는 공기가 들어가지 않도록 천천히 조심스럽게 섞어 주세요.

6 애벌굽기 한 타르트에 붓고 예열한 오븐에 165도에서 20분 동안 구워 주세요.

» 구워진 타르트는 블루베리 잼과 치즈 무스를 올릴 수 있도록 틀채로 완전히 식혀 두세요.

2	3
4	6

▲ HOW TO MAKE

블루베리 잼

1 냉동 블루베리와 레몬즙을 냄비에 담아 완전히 해동시켜 주세요.

2 1 을 약불로 40~50도가 될 때까지 데운 다음 불을 꺼 주세요.

3 백설탕과 NH펙틴을 거품기로 잘 섞은 후, 2 에 넣으면서 거품기로 덩어리지지 않게 재빨리 섞어 주세요.

» 설탕은 분산성이 강해 덩어리지기 쉬운 펙틴이 잘 분산되어 섞이도록 도와줘요.

4 다시 불을 켜고 4~5분 정도 주걱으로 저어 가면서 끓여서 잼을 졸여 주세요.

5 불에서 내려 한 김 식으면 카시스 리큐르를 넣고 섞어 주세요.

» 카시스 리큐르는 생략 가능합니다.

6 표면에 막이 생기지 않도록 랩을 밀착해 실온 상태로 식힌 후, 구운 치즈타르트 위에 펴 발라 주세요.

3	4
6	

▲ HOW TO MAKE

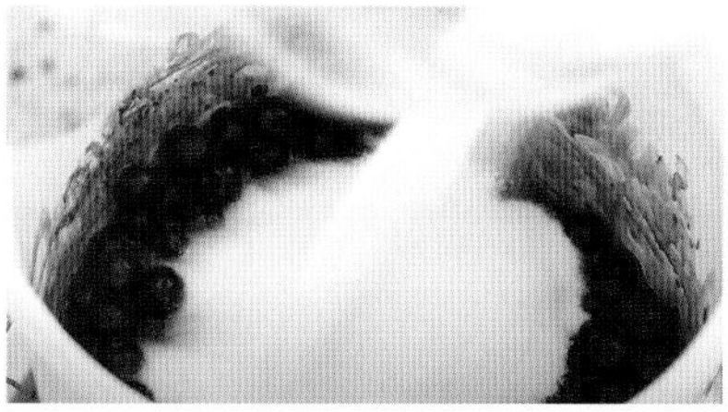

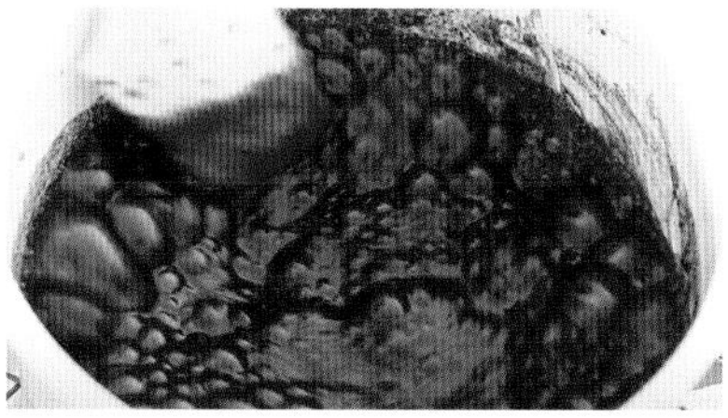

치즈 무스

1 생크림은 약 70%로 휘핑해서 냉장고에 넣어 두세요.

» 크림을 떨어뜨리면 자국이 남지만 볼을 가볍게 내리치면 사라지는 정도가 적당해요.

2 실온 상태의 부드러운 크림치즈를 주걱으로 잘 풀어 덩어리를 없애 주세요.

3 2 에 실온 상태의 마스카포네 치즈를 넣고 거품기로 잘 섞어 주세요.

4 3 에 백설탕과 연유를 넣고 섞어 주세요.

5 물기를 제거한 불린 젤라틴과 레몬즙을 볼에 담아 함께 데워서 젤라틴을 완전히 녹여 주세요.

» 젤라틴은 50 ~ 60도 이상에서 녹으므로 너무 뜨겁게 데우지 않아도 됩니다.

6 4 의 치즈 반죽 소량을 5 쪽에 넣고 주걱으로 빠르게 잘 섞어 주세요.

» 녹인 젤라틴을 처음부터 치즈 반죽 쪽에 모두 넣으면 섞는 과정에서 젤라틴 덩어리가 생기기 쉬우므로 미리 조금 덜어 섞어줍니다.

7 6 을 4 의 치즈 반죽 쪽에 모두 붓고 거품기로 골고루 잘 섞어 주세요.

8 미리 휘핑해 둔 생크림을 전체적으로 휘저어 농도를 다시 정확히 맞춘 후, 7 에 두 번에 나눠서 넣어가며 주걱으로 섞어 주세요.

» 마구 휘저으면 거품이 꺼질 수 있으므로 퍼 올리듯이 가볍게 섞어 주세요.

9 완성된 치즈 무스를 블루베리 잼을 바른 타르트 위에 올린 후, 스패출러로 둥글게 모양을 잡아 주세요.

» 생블루베리와 민트, 블루베리 잼으로 표면을 장식해서 완성해 주었어요.

6	9
9	9

▲ HOW TO MAKE

보관

- 만든 당일 드시는 것이 타르트 쉘이 바삭해서 가장 맛있습니다.
- 밀폐용기에 담아 냉장 2일, 냉동 약 2주까지 보관 가능합니다.

엥가디너 누스토르테

▲ GO TO VIDEO

'Bündner Nusstorte'라고도 불리는 이 과자는 스위스 엥가딘이라는 지방의 전통 과자예요. 과자 반죽 안에 캐러멜에 버무린 견과류(주로 호두)가 들어 있고, 타르트지로 뚜껑을 덮어서 굽습니다. 고소한 타르트지 안에 캐러멜과 호두가 가득 차 있는 맛있는 타르트예요.

재료

지름 20cm, 높이 2cm
낮은 타르트틀 3호
1개 분량

파트 사블레
무염버터 125g, 슈가파우더 90g, 계란 40g, 박력분 210g, 아몬드 가루 45g, 소금 한 꼬집

캐러멜 호두 필링
호두 분태 145g, 백설탕 55g, 생크림100g, 꿀 45g, 물엿 10g, 무염버터 30g

미리 준비하기

- 파트 사블레를 만들 버터, 가루, 액체를 포함한 모든 재료는 매우 차갑게 준비해 주세요.
- 계란에 소금을 녹인 후, 차갑게 만들어 두세요.
- 파트 사블레에 넣을 무염버터는 정육면체 모양으로 작게 썰어서 사용 직전까지 냉장고에 넣어 두세요.
- 박력분과 아몬드 가루, 슈가파우더는 함께 섞어서 체 쳐 주세요.

- 필링용 호두 분태는 끓는 물에 1~2분 데친 후 물기를 빼고, 식품건조기에 바싹 말리거나 100도 오븐에서 1~2시간 구워서 전처리해 주세요.
- 오븐을 실제 굽는 온도보다 20~30도 높게 최소 20분 이상 충분히 예열해 주세요.

만드는 법

tip 파트 사블레 참고 p60

파트 사블레

1 파트 사블레 반죽을 만드세요.

2 바닥 부분 290g, 뚜껑 부분 210g으로 반죽을 두 덩이로 나눈 후, 둥글고 납작하게 만들어 랩이나 비닐을 씌워 냉장고에서 2시간 이상 휴지하세요.

3 휴지가 끝난 반죽 두 덩이를 꺼내서 밀대와 덧가루를 사용해 5mm 두께의 넓은 원형으로 밀어 펴 주세요.

» 강력분은 입자가 크고 무거워서 박력분보다 더 잘 흩뿌려지고, 반죽에도 덜 스며들기 때문에 덧가루로 강력분을 사용합니다.

» 캐러멜 필링이 당도가 높기 때문에 타르트 반죽을 다른 타르트보다 약간 두껍게 해 주셔야 밸런스가 잘 맞아요.

4 뚜껑 부분 반죽은 밀어 편 다음, 사용하기 전까지 냉장고에 넣어 두세요.

5 타르트틀에 바닥 부분 반죽을 끼워 넣고, 틀에 반죽을 밀착한 후 가장자리를 깔끔하게 잘라내세요.

6 타르트 반죽이 다시 차갑고 단단해질 때까지 틀 채로 냉장 휴지하세요.

» 타르트 반죽은 차갑고 단단한 상태에서 구워야 타르트 쉘의 수축이나 변형을 최소화할 수 있어요.

7 반죽 위에 유산지를 올리고 누름돌을 가득 채운 후, 예열한 오븐에 170도에서 15분 동안 구운 후, 누름돌을 제거하고 15분 더 구워 주세요.

» 구워진 파트 사블레는 캐러멜 필링을 채우기 전까지 틀 채로 잠시 식혀 두세요.

3 5

▲ HOW TO MAKE

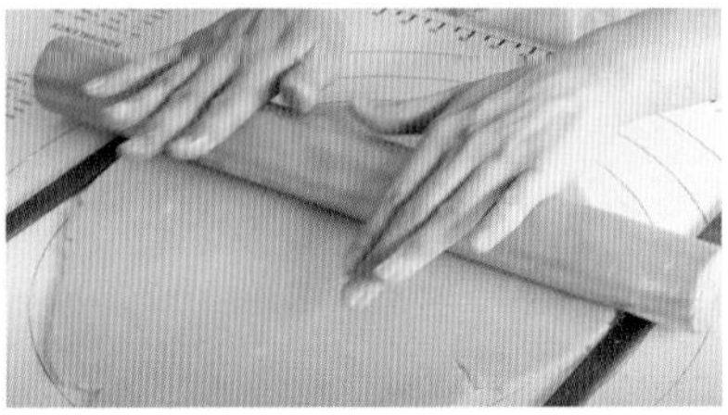

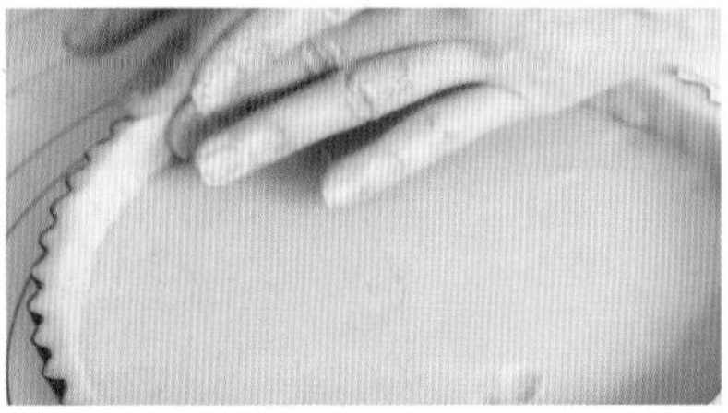

캐러멜 호두 필링

1 냄비에 백설탕을 넣고 약불로 천천히 가열해 주세요.

2 생크림에 소금을 넣고, 뜨거운 상태로 1 에 넣을 수 있게 준비해 두세요.

» 이때, 생크림은 70도 이상이어야 하며, 너무 팔팔 끓여서 생크림의 수분이 날아가지 않도록 주의합니다.

3 1 이 캐러멜화 되어 짙은 갈색이 나면, 불을 끄고 준비해 두었던 뜨거운 생크림을 조금씩 넣으면서 주걱으로 섞어 주세요.

» 이때 뜨거운 수증기가 많이 발생하므로 손에 화상을 입지 않게 주의하세요.

4 3 에 물엿과 꿀을 넣고, 중불에서 115도가 될 때까지 주걱으로 저어 가면서 끓여 주세요.

5 불에서 내린 후 무염버터를 넣어 섞고, 캐러멜이 식어서 굳기 전에 전처리한 호두 분태를 넣고 잘 섞어 주세요.

6 초벌 굽기 해둔 타르트 쉘 안에 캐러멜 호두 필링을 가득 채워 주세요.

7 6 을 실온 상태로 식힌 후, 미리 밀어둔 뚜껑 부분 반죽을 타르트 윗면에 올려 주세요.

8 타르트 뚜껑과 옆면 반죽을 밀대와 손으로 잘 눌러서 붙여 주고, 노른자를 표면에 붓으로 얇게 발라 주세요.

» 커피 엑기스를 한두 방울 노른자 쪽에 넣어서 구움색을 더 진하게 내어 주어도 좋아요.

9 노른자가 완전히 마르기 전에 윗면을 포크로 긁어서 무늬를 내고, 수증기가 빠져 나갈 수 있도록 작은 구멍을 여러 개 뚫어 주세요.

10 예열한 오븐에 170도에서 25분 동안 구워 주세요.

3	5
6	7
8	9

▲ HOW TO MAKE

보관

- 밀폐용기에 담거나 조각내서 개별 포장하여 실온 4~5일, 냉동 약 3주까지 보관 가능합니다.

피칸파이

▲ GO TO VIDEO

먹어 본 사람마다 칭찬을 아끼지 않는, 어디 내어놓아도 맛있다고 할 만큼 자신 있는 피칸파이예요. 필링에 들어가는 비정제 황설탕 머스코바도는 없을 경우 흑설탕으로 대체하셔도 되지만, 머스코바도가 내는 풍미가 이 파이의 맛의 비결이므로 머스코바도를 사용해서 만드시면 더욱 고급스러운 맛을 느끼실 수 있어요.

재료

지름 20cm, 높이 2cm
낮은 타르트틀 3호
1개 분량

파트 사블레

박력분 88g, 아몬드 가루 11g, 슈가파우더 33g, 무염버터 53g, 소금 1g, 계란 17g

필링

계란 76g, 꿀 30g, 물엿 40g, 머스코바도 50g, 무염버터 50g, 바닐라 익스트랙 2g, 소금 2g, 피칸 215g

미리 준비하기

- 파트 사블레를 만들 버터, 가루, 액체를 포함한 모든 재료는 매우 차갑게 준비해 주세요.
- 계란에 소금을 녹인 후, 차갑게 만들어 두세요.
- 파트 사블레에 넣을 무염버터는 정육면체 모양으로 작게 썰어서 사용 직전까지 냉장고에 넣어 두세요.
- 박력분과 아몬드 가루, 슈가파우더는 함께 섞어서 체 쳐 주세요.

- 필링용 피칸은 끓는 물에 1~2분 데친 후 물기를 빼고, 식품건조기에 바싹 말리거나 100도 오븐에서 2시간 구워서 전처리해 주세요.
- 오븐을 실제 굽는 온도보다 20~30도 높게 최소 20분 이상 충분히 예열해 주세요.

만드는 법

tip 파트 사블레 참고 p60

파트 사블레

1 파트 사블레 반죽을 만드세요.

2 휴지가 끝난 반죽을 밀대와 덧가루를 사용해 두께 3mm, 지름 약 24cm의 넓은 원형으로 밀어 펴 주세요.

» 강력분은 입자가 크고 무거워서 박력분보다 더 잘 흩뿌려지고, 반죽에도 덜 스며들기 때문에 덧가루로 강력분을 사용합니다.

3 타르트틀에 반죽을 끼워 넣고, 틀에 반죽을 밀착한 후 가장자리를 깔끔하게 잘라내세요.

4 포크 등으로 반죽에 작은 구멍을 여러 개 낸 후, 반죽이 다시 단단해질 때까지 틀 채로 냉장 휴지하세요.

» 타르트 반죽은 차갑고 단단한 상태에서 구워야 타르트 쉘의 수축이나 변형을 최소화할 수 있어요.

5 반죽 위에 유산지를 올리고 누름돌을 가득 채운 후, 예열한 오븐에 170도에서 10분 구운 후 누름돌을 제거하고 10분 더 구워 주세요.

2	3
5	

▲ HOW TO MAKE

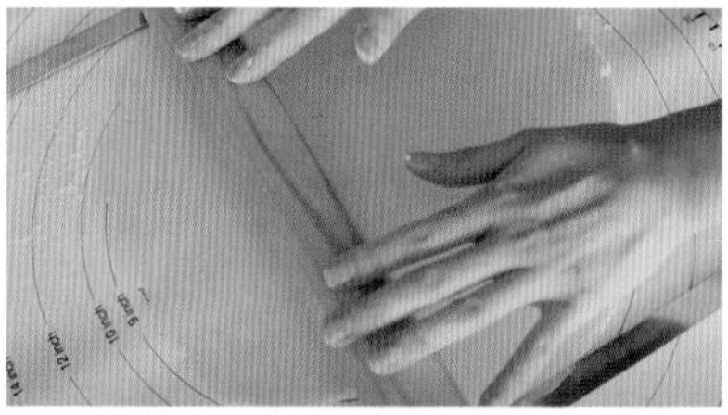

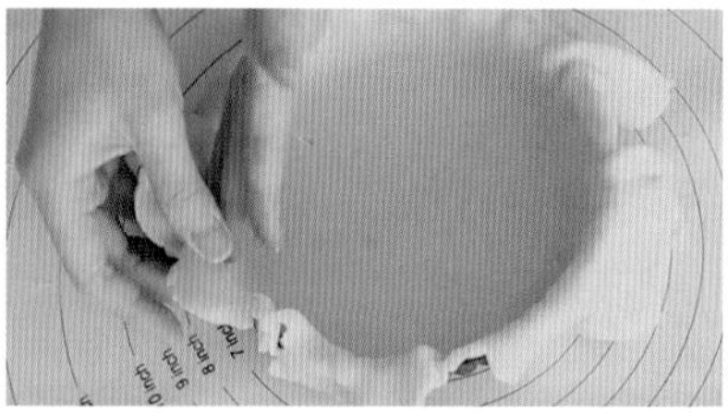

필링

1 꿀, 물엿, 머스코바도, 무염버터, 바닐라 익스트랙, 소금을 냄비에 넣고 데워 주세요.

2 잘 저으면서 데우다가, 중앙까지 전체적으로 끓어오르면 불을 꺼 주세요.

3 2 를 따뜻한 정도로 식힌 후에, 계란을 넣고 거품기로 잘 섞어서 필링을 완성해주세요.

4 전처리한 피칸을 초벌굽기 한 파트 사블레 안에 가득 채우고, 완성된 필링을 타르트지에 부어 주세요.

5 예열한 오븐에 160도에서 40~45분 동안 구워 주세요.

1	3
4	

▲ HOW TO MAKE

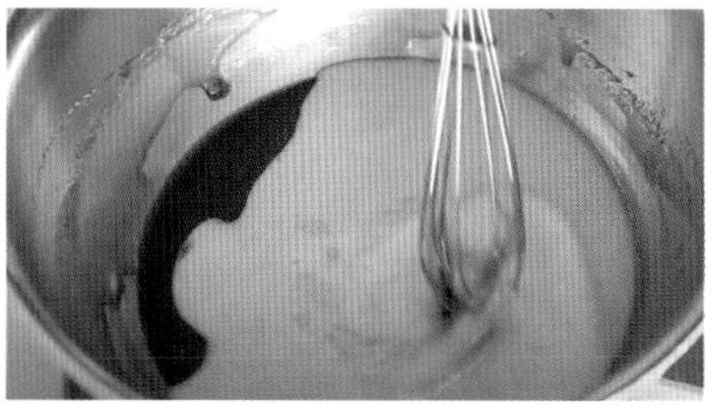

보관

- 밀폐용기에 담거나 조각내서 개별 포장하여 실온 1일, 냉장 2~3일, 냉동 약 3주까지 보관 가능합니다.

미국식
애플 파이

▲ GO TO VIDEO

앞서 소개해 드린 프랑스식 사과 타르트와는 또 다른 느낌의 파이예요. 투박하고 두툼한 파이 도우 안에 졸인 사과 필링을 한가득 채워 푸짐하고 러프한 매력이 있어요. 미국식 파이 틀은 대체로 타르트 몰드보다 크고 깊어서 필링을 듬뿍 담을 수 있고, 그래서 더욱 풍성한 맛이 나는 것 같아요.

재료

윗면 지름 22.8cm, 바닥면 지름 20cm, 높이 3.8cm 9인치 파이팬 1개 분량

사과 필링

사과 4개, 무염버터 60g, 중력분 15g, 황설탕 100g, 소금 1g, 물 25g, 레몬즙 15g, 시나몬 파우더 3g, 골드럼 8g

미국식 파이 도우

중력분 270g, 박력분 180g, 무염버터 300g, 소금 4g, 물 117g, 표면에 바를 계란물 약간, 터비나도 설탕 약간

tip 계란물은 계란 흰자와 노른자를 잘 풀어서 사용합니다.

미리 준비하기

- 파이 도우에 필요한 모든 재료는 매우 차갑게 준비해 주세요.
- 물에 소금을 녹인 후, 차갑게 만들어 두세요.
- 파이 도우를 만들 무염버터는 정육면체 모양으로 작게 썰어서 사용 직전까지 냉장고에 넣어 두세요.
- 오븐을 실제 굽는 온도보다 20~30도 높게 최소 20분 이상 충분히 예열해 주세요.

만드는 법

사과 필링

1 사과는 껍질을 제거하고 나박 썰어주세요.

2 썬 사과를 볼에 담고, 시나몬 가루와 레몬즙을 넣고 잘 버무려 주세요.

» 이때 신맛이 적은 사과 품종이라면 레몬즙 양을 조금 늘려주시는 게 좋아요.

3 팬을 달구어 무염버터를 완전히 녹인 다음, 밀가루를 넣고 거품기로 잘 저으면서 끓여 주세요.

4 밀가루가 버터에 완전히 소스처럼 잘 섞이면 황설탕, 소금, 물을 넣고 거품기로 잘 저어 가며 걸쭉한 소스 질감이 될 때까지 살짝만 끓여 주세요.

5 불을 끄고 골드럼을 넣어 주세요.

6 5 를 식힌 후 사과가 담긴 볼에 넣고, 잘 버무려 주세요.

2	4
6	6

▲ HOW TO MAKE

미국식 파이 도우

tip 미국식 파이 도우 참고 p64

1 파이 반죽을 만드세요.

2 약 6:4 정도 비율로 반죽을 두 개로 나눠서 둥글고 납작하게 만들어 주세요. 큰 부분으로는 바닥을, 작은 부분으로는 격자무늬를 만들어요.

3 랩을 씌워 냉장고에서 최소 1시간 이상 휴지해 주세요.

4 휴지가 끝난 반죽 중 큰 덩어리를 밀대와 덧가루를 사용해 두께 3mm의 넓은 원형으로 밀어 펴 주세요.

» 강력분은 입자가 크고 무거워서 박력분보다 더 잘 흩뿌려지고, 반죽에도 덜 스며들기 때문에 덧가루로 강력분을 사용합니다.

5 파이 틀에 반죽을 끼워 넣고, 가장자리를 틀보다 1인치 여유 있게 잘라내 주세요.

6 만들어 둔 사과 필링을 파이 반죽 안에 가득 채워 주세요.

7 휴지해 둔 반죽 중 작은 덩어리를 꺼내서 두께 3mm의 원형으로 밀어 편 후, 칼을 이용해 14개의 긴 띠 모양으로 잘라 주세요.

8 잘라낸 띠를 이용해서 가로 7줄, 세로 7줄씩 교차하도록 파이 윗면에 격자무늬를 만들어 주세요.

9 끝부분을 손가락으로 꼬집어서 잘 여며 주세요.

10 격자무늬 윗면에 계란물을 얇게 바르고 터비나도 설탕을 뿌린 후, 예열한 오븐에 170도에서 50분~1시간 동안 구워 주세요.

4	6
7	8
9	10

▲ HOW TO MAKE

보관

- 구운 당일에 실온에 두고 드시는 것이 파이지 부분이 바삭해서 가장 맛있습니다.
- 냉장 2~3일, 냉동 약 3주까지 보관 가능합니다.

펌킨파이

▲ GO TO VIDEO

우리나라에서 추석에 송편이나 전을 먹듯이, 미국에서 추수감사절에 제일 많이 먹는 파이가 펌킨파이예요. 우리나라에서는 베이킹에 단호박을 주로 사용하는데, 펌킨파이는 늙은 호박을 사용해 만들어서 단호박이나 크림치즈를 사용해서 만드는 단호박 파이나 타르트와는 또 다른 소박한 매력이 있어요.

재료

윗면 지름 22.8cm,
바닥면 지름 20cm,
높이 3.8cm 9인치 파이팬
1개 분량

미국식 파이 도우

중력분 150g, 박력분 100g, 무염버터 165g, 소금 2g, 물 65g

펌킨 필링

펌킨 퓨레(삶아서 체에 내린 늙은 호박) 425g, 계란 100g, 계란 노른자 34g, 황설탕 85g, 꿀 50g, 생크림 150g, 우유 150g, 소금 3g, 시나몬 파우더 3g, 생강 가루 1g, 넛맥 1g, 정향(클로브) 0.5g

미리 준비하기

- 파이 도우에 필요한 모든 재료는 매우 차갑게 준비해 주세요.
- 물에 소금을 녹인 후, 차갑게 만들어 두세요.
- 무염버터는 정육면체 모양으로 작게 썰어서 사용 직전까지 냉장고에 넣어 두세요.
- 늙은 호박은 전자레인지나 찜통에 쪄서 익힌 후 뜨거울 때 체에 걸러서 식혀 주세요.

만드는 법

tip 미국식 파이 도우 참고 p64

미국식 파이 도우

1 파이 반죽을 만드세요.

2 휴지한 반죽을 밀대와 덧가루를 사용해 두께 3mm의 넓은 원형으로 밀어 펴 주세요.

» 강력분은 입자가 크고 무거워서 박력분보다 더 잘 흩뿌려지고, 반죽에도 덜 스며들기 때문에 덧가루로 강력분을 사용합니다.

3 파이 틀에 반죽을 끼워 넣고, 가장자리를 틀보다 1인치 여유 있게 잘라낸 후 손으로 꼬집어서 모양을 만드세요.

4 냉동실에서 틀 채로 반죽이 단단해질 때까지 휴지하세요.

» 타르트 반죽은 차갑고 단단한 상태에서 구워야 타르트 쉘의 수축이나 변형을 최소화할 수 있어요.

5 타르트에 누름돌을 가득 채운 후 예열한 오븐에 180도에서 15분 동안 굽고, 누름돌을 제거한 후 15분 더 구워 주세요.

| 2 | 3 |
| 3 | |

▲ HOW TO MAKE

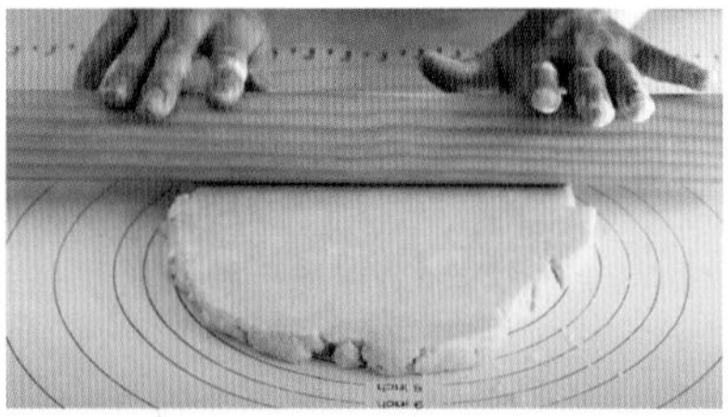

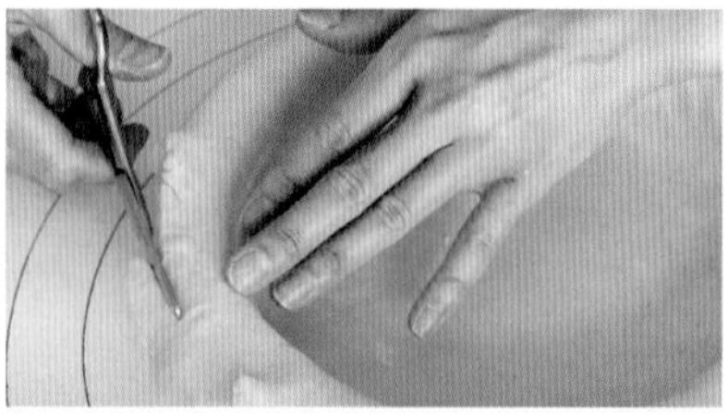

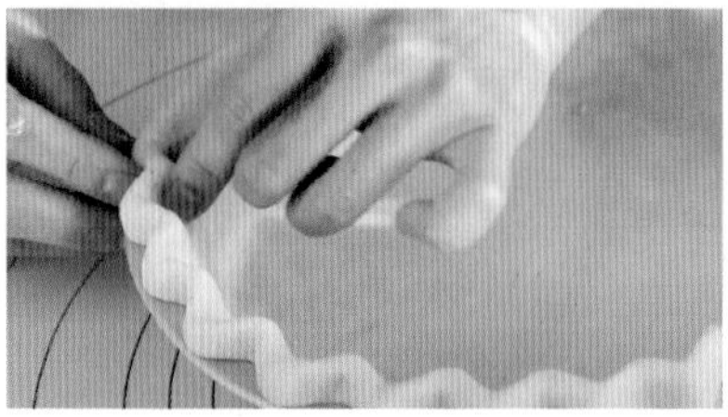

펌킨 필링

1 계란과 노른자를 볼에 담아 함께 잘 풀어 주세요.

2 1 에 우유와 생크림, 바닐라 익스트랙을 넣고 거품기로 섞어 주세요.

3 2 에 황설탕과 꿀, 소금, 시나몬 파우더, 생강 가루, 넛맥, 정향을 넣고 잘 섞어 주세요.

4 호박 퓨레를 다른 볼에 담아 주세요.

5 4 쪽에 3 을 조금씩 넣어가면서 거품기로 잘 섞어 주세요.

6 초벌굽기한 파이지에 완성된 필링을 붓고, 예열한 오븐에 160도에서 1시간 동안 익혀 주세요.

3	4
5	6

▲ HOW TO MAKE

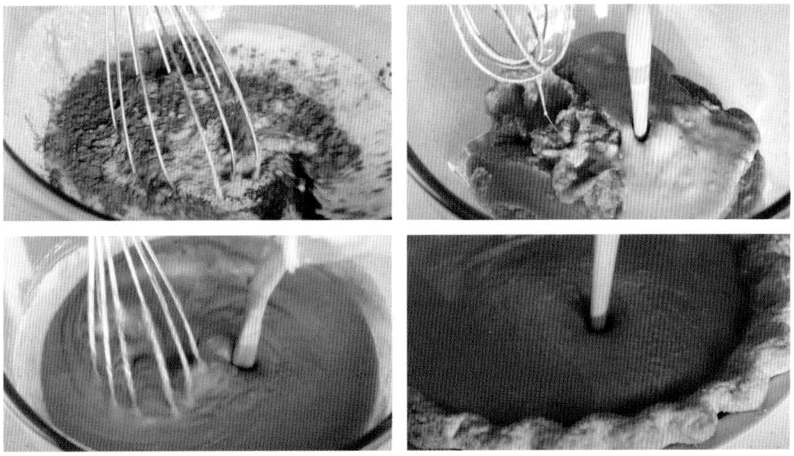

보관

- 구운 당일에 실온에 두고 드시는 것이 파이지 부분이 바삭해서 가장 맛있습니다.
- 냉장 2~3일, 냉동 약 3주까지 보관 가능합니다.

단호박 치즈 파이

▲ GO TO VIDEO

단호박을 쪄서 필링으로 가득 넣은 맛있는 파이예요. 담백하고 단호박 본연의 맛이 잘 살아 있어 누구나 좋아하는 부담 없는 맛의 파이랍니다.

재료

지름 20cm, 깊이 2cm
낮은 타르트틀 3호
1개 분량

파트 브리제

박력분 113g, 무염버터 59g, 계란 노른자 8g, 물 27g, 소금 1g

단호박 크림치즈 필링

크림치즈 100g, 백설탕 30g, 꿀 10g, 계란 45g, 생크림 30g, 옥수수 전분 4g, 익혀서 체에 내린 단호박 100g, 시나몬 파우더 약간

단호박 크림

생크림 180g, 마스카포네 치즈 40g, 백설탕 13g, 단호박 가루 6g

미리 준비하기

- 파트 브리제 재료는 버터, 가루류, 액체 모두 사용 직전까지 차갑게 보관하세요.
- 물과 계란 노른자를 함께 담아 소금을 녹인 후, 차갑게 만들어 두세요.
- 무염버터는 정육면체 모양으로 작게 썰어서 사용 직전까지 냉장고에 넣어 두세요.
- 필링에 들어갈 단호박은 전자레인지나 찜통에 쪄서 익힌 후 체에 걸러서 식혀 주세요.
- 단호박 크림에 들어갈 모든 재료는 차갑게 준비해 두세요.

- 단호박 크림에 들어갈 단호박 가루와 백설탕은 미리 잘 섞어 주세요.
- 오븐을 실제 굽는 온도보다 20~30도 높게 최소 20분 이상 충분히 예열해 주세요.

만드는 법

tip 파트 브리제 참고 p62

파트 브리제

1 파트 브리제 반죽을 만드세요.

2 휴지한 반죽을 밀대와 덧가루를 사용해 두께 3mm, 지름 약 24cm의 원형으로 밀어 펴 주세요.

» 강력분은 입자가 크고 무거워서 박력분보다 더 잘 흩뿌려지고, 반죽에도 덜 스며들기 때문에 덧가루로 강력분을 사용합니다.

3 타르트틀에 반죽을 끼워 넣고, 틀에 반죽을 밀착한 후 가장자리를 깔끔하게 잘라내세요.

4 타르트 반죽이 차갑고 단단해질 때까지 다시 냉장 휴지하세요.

» 타르트 반죽은 차갑고 단단한 상태에서 구워야 타르트 쉘의 수축이나 변형을 최소화할 수 있어요.

5 유산지를 올린 후 누름돌을 가득 채워 180도에서 20분 동안 구운 후, 누름돌을 제거하고 10분 더 구워 주세요.

2	3

▲ HOW TO MAKE

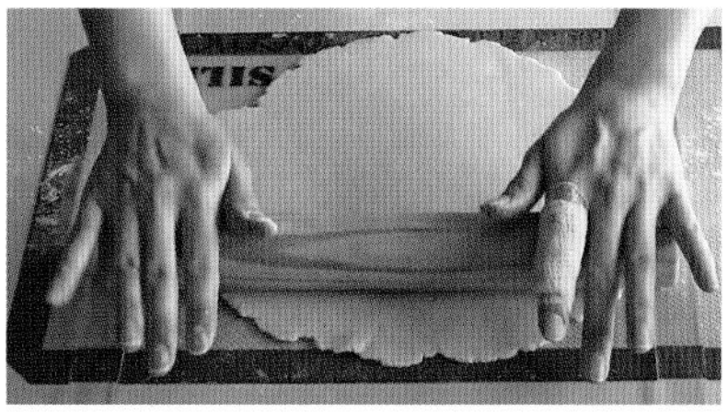

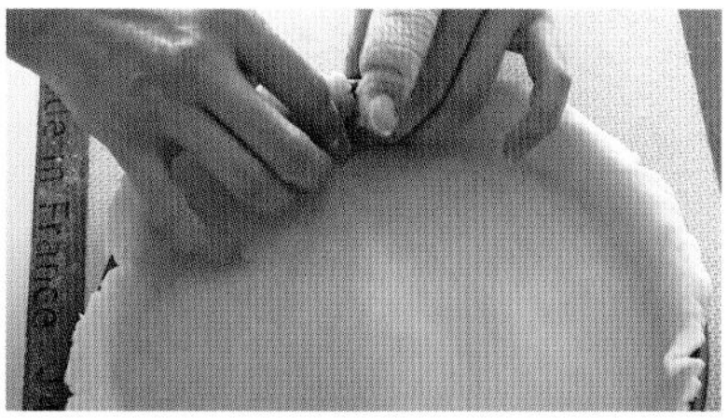

단호박 크림치즈 필링

1 볼에 실온 상태의 부드러운 크림치즈와 설탕을 넣고 주걱으로 으깨듯이 눌러가며 덩어리 없이 섞어 주세요.

2 1 에 꿀을 넣고 거품기로 잘 섞어 주세요.

3 2에 계란을 넣고 거품기로 잘 섞어 주세요.

4 3에 익혀서 체에 내린 단호박을 넣고 거품기로 섞어 주세요.

5 4에 생크림을 넣고 거품기로 섞어 주세요.

6 5에 옥수수 전분을 체 쳐서 넣고 거품기로 섞어 주세요.

» 필링을 만드는 과정에서 반죽에 공기가 너무 들어가면 오븐에서 부풀어서 좋지 않으니 조심조심 섞어 주세요.

» 취향에 따라 시나몬 파우더를 약간 추가해도 좋습니다.

7 초벌구이 해 둔 파트 브리제에 완성된 필링을 채운 후, 예열한 오븐에 160도에서 30분 동안 구워 주세요.

3	4
6	7

▲ HOW TO MAKE

단호박 크림

1 차가운 생크림을 볼에 담고, 차가운 마스카포네 치즈, 설탕, 단호박 가루를 넣고 핸드믹서로 휘핑해 주세요.

» 광택이 사라지고, 거품기 날을 들어 올렸을 때 짧고 뾰족뾰족한 뿔이 생길 때까지 단단하게 휘핑해 주세요.

2 구워서 완전히 식힌 파이 위에 단호박 크림을 스쿱으로 떠서 동그랗게 올려 주세요.

» 헤이즐넛, 타임, 시나몬 파우더로 장식해서 마무리해 주었어요.

1	2

▲ HOW TO MAKE

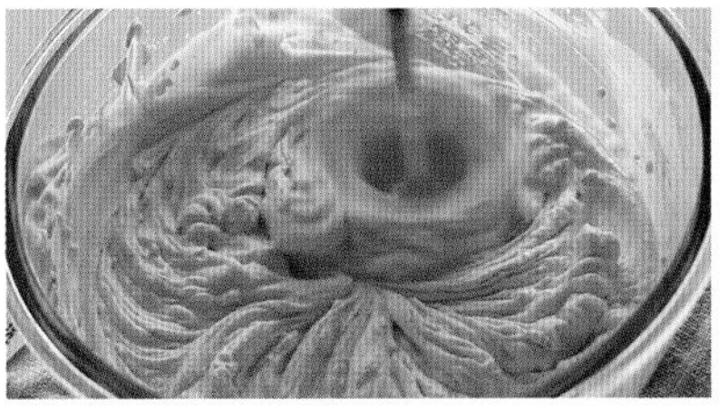

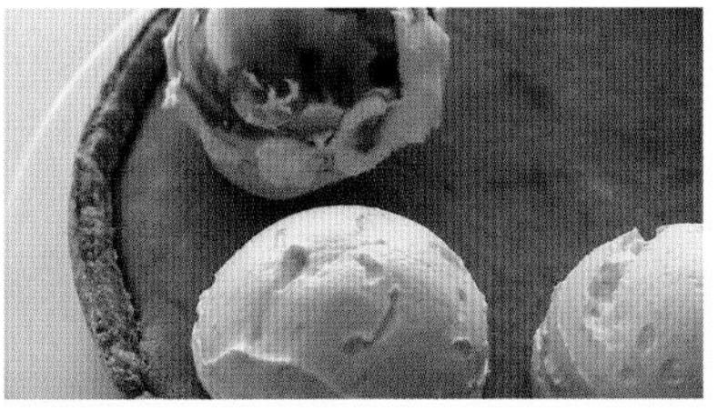

보관

- 시간이 지날수록 파트 브리제 부분이 눅눅해지므로 만든 당일 가장 맛있게 드실 수 있어요.
- 밀폐용기에 담아 냉장 2~3일, 냉동 약 1주까지 보관 가능합니다.

플랑

▲ GO TO VIDEO

큰 에그타르트처럼 생긴 '플랑'은 프랑스에서 유래한 과자예요. 프랑스에서는 계란, 우유로 만든 커스터드 반죽을 오븐에 구운 것을 넓은 의미에서 모두 플랑이라고 부르는데, 여기에서 소개하는 플랑은 파리 스타일로, 파트 푀이테(페이스트리 반죽) 또는 파트 브리제 반죽 안에 커스터드 크림을 담아 구워서 만들어요. 플랑은 따뜻할 때 먹어도 맛있지만 보통 완전히 식혀서 먹거나, 차갑게 해서 먹기 때문에 에그타르트와는 또 다른 매력을 느낄 수 있어요.

재료

지름 15cm, 높이 5cm
원형 무스링 1호
1개 분량

파트 브리제

박력분 70g, 강력분 70g, 무염버터 84g, 계란 노른자 12g, 우유 25g, 백설탕 5g, 소금 2g

커스터드 필링

우유 330g, 생크림 100g, 백설탕 100g, 소금 1.5g, 계란 노른자 120g, 옥수수 전분 30g, 바닐라 빈 1개

미리 준비하기

- 파트 브리제 재료는 버터, 가루류, 액체 모두 사용 직전까지 차갑게 보관하세요.
- 물에 소금을 녹인 후, 차갑게 만들어 두세요.
- 무염버터는 정육면체 모양으로 작게 썰어서 사용 직전까지 냉장고에 넣어 두세요.
- 커스터드 쪽에 들어갈 바닐라 빈은 칼등을 이용해서 씨앗을 긁어내 주세요.
- 오븐을 실제 굽는 온도보다 20~30도 높게 최소 20분 이상 충분히 예열해 주세요.

만드는 법

tip 파트 브리제 참고 p62

파트 브리제

1 파트 브리제 반죽을 만드세요.

2 휴지한 반죽을 밀대와 덧가루를 사용해 두께 3mm, 지름 약 25cm의 원형으로 밀어 펴 주세요.

» 강력분은 입자가 크고 무거워서 박력분보다 더 잘 흩뿌려지고, 반죽에도 덜 스며들기 때문에 덧가루로 강력분을 사용합니다.

3 무스링에 반죽을 끼워 넣고, 틀에 반죽을 밀착한 후 가장자리를 깔끔하게 잘라내세요.

4 포크 등으로 반죽에 작은 구멍을 여러 개 낸 후, 반죽이 차갑고 단단해질 때까지 틀 채로 냉장 휴지하세요.

» 타르트 반죽은 차갑고 단단한 상태에서 구워야 타르트 쉘의 수축이나 변형을 최소화할 수 있어요.

5 단단해진 반죽 위에 유산지를 깔고 누름돌을 가득 채운 후, 예열한 오븐에 180도에서 20분 동안 굽고, 누름돌을 제거한 후 10분 더 구워 주세요.

2	3

▲ HOW TO MAKE

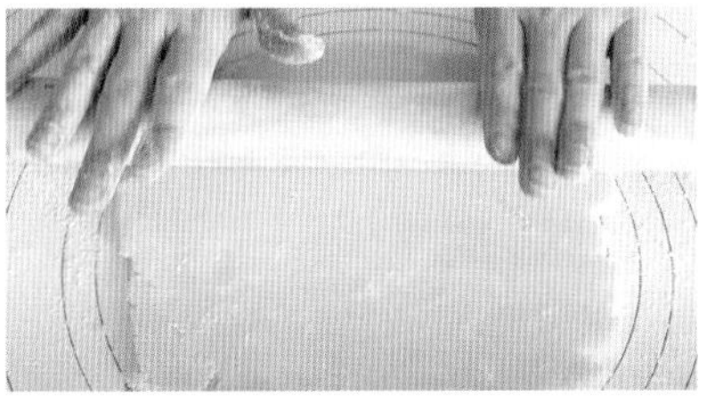

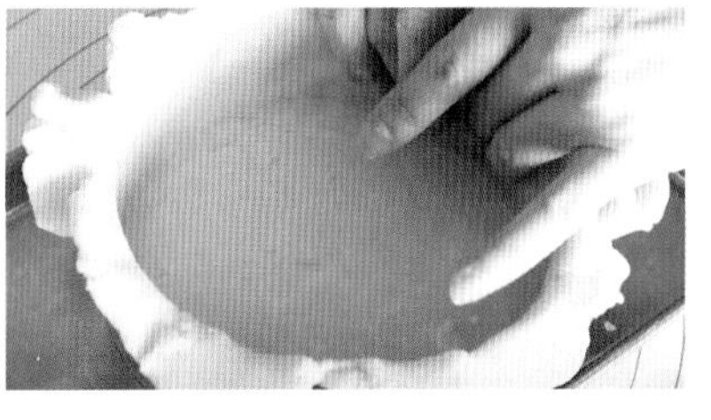

커스터드 필링

1 계란 노른자를 볼에 담고, 백설탕과 소금을 넣고 거품기로 잘 섞어 주세요.

2 옥수수 전분을 체 쳐서 넣고 거품기로 덩어리 없이 잘 섞어 주세요.

» 옥수수 전분은 박력분으로 대체 가능합니다. 옥수수 전분으로 만들면 식감이 더 가벼워요.

3 냄비에 우유, 생크림, 씨를 긁어낸 바닐라 빈, 바닐라 빈 껍질을 넣고 가장자리가 부글부글 끓을 때까지 데워 주세요.

4 2 에 3 을 조금씩 넣어가며 계란이 익지 않도록 거품기로 잘 섞어 주세요.

5 4를 다시 냄비에 모두 옮겨 넣고, 거품기로 바닥이 익지 않게 계속 저어 가면서 중불로 가열해 주세요.

6 전분이 호화되어 되직한 질감이 되기 시작하면 계속 힘차게 저으면서 크림에 윤기가 흐르고 다시 약간 묽어질 때까지 가열해 주세요.

7 완성된 커스터드 필링은 바닐라 빈 껍질을 건져내고, 식기 전에 초벌 굽기한 타르트 안에 바로 부어 주세요.

8 예열한 오븐에 230도에서 15분 동안 구워 주세요.

» 구워진 플랑은 실온에서 한 김 식힌 후 틀 채로 6시간 이상 냉장 보관하여 차게 해서 드세요.

2	3
6	7

▲ HOW TO MAKE

보관

- 시간이 지날수록 파트 브리제 부분이 눅눅해지므로 만든 당일 가장 맛있게 드실 수 있어요.
- 밀폐용기에 담아 냉장 2~3일, 냉동 약 1주까지 보관 가능합니다.

에그타르트

▲ GO TO VIDEO

파이 반죽을 밀고 접는 번거로운 과정 없이 쉽고 빠르게 바삭한 결을 만들 수 있는 에그타르트예요. 간단한 방법인 만큼 실내 온도나 반죽 온도 등에 유의하지 않으면 실패하기도 쉬우니 반드시 설명을 잘 읽고 재료들의 온도에 유의해 가며 만들어 주세요.

재료

높은 머핀틀 6개 분량

파트 브리제

무염버터 118g, 백설탕 10g, 물 58g, 박력분 150g, 소금 1g

커스터드 필링

계란 노른자 70g, 생크림 154g, 우유 126g, 백설탕 53g, 바닐라 빈 반 개

미리 준비하기

- 파트 브리제 재료는 버터, 가루류, 액체 모두 사용 직전까지 차갑게 보관하세요.
- 물에 소금을 녹인 후, 차갑게 만들어 두세요.
- 무염버터는 정육면체 모양으로 작게 썰어서 사용 직전까지 냉장고에 넣어 두세요.
- 커스터드 쪽에 들어갈 바닐라 빈은 칼등을 이용해서 씨앗을 긁어내 주세요.
- 오븐을 실제 굽는 온도보다 20~30도 높게 최소 20분 이상 충분히 예열해 주세요.

만드는 법

커스터드 필링

1 생크림, 우유, 백설탕, 긁어낸 바닐라 빈 씨앗을 냄비에 넣고 설탕이 완전히 녹을 때까지 데워 주세요.

2 노른자를 볼에 담고, 1 을 조금씩 넣어가며 노른자가 익지 않도록 거품기로 섞어 주세요.

3 2 를 체에 걸러 알끈과 덩어리를 제거한 후, 12시간 동안 냉장 휴지해 주세요.

» 냉장 숙성을 하면 풍미가 더 좋아지고, 굽는 도중 필링이 많이 부풀어 오르거나 갈라지는 것을 줄여 줍니다.

2	3

▲ HOW TO MAKE

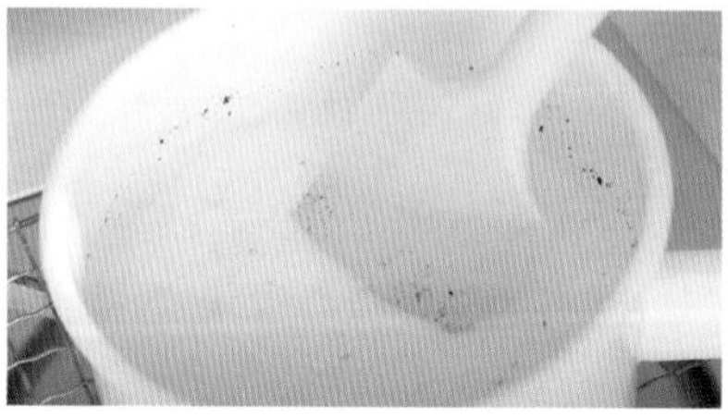

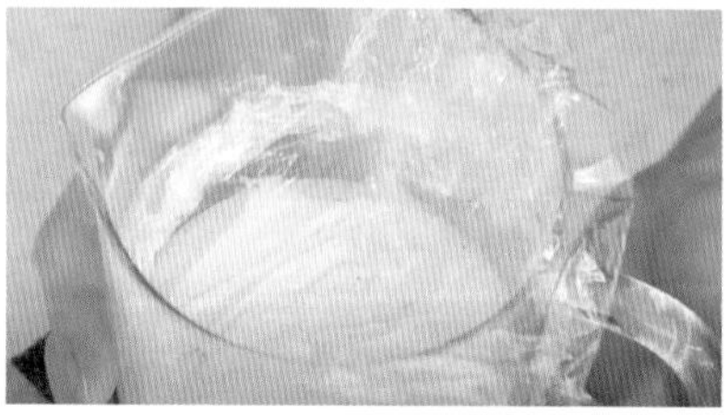

파트 브리제

tip 파트 브리제 참고 p62

1 파트 브리제 반죽을 만드세요.

» 이 반죽은 충분히 휴지하지 않으면 수축이 심하게 일어날 수 있으므로 냉장고에서 12시간 이상 휴지를 권장합니다.

2 휴지한 반죽을 꺼내서 밀대와 덧가루를 이용해 약 2mm 두께로 넓게 밀어 펴 주세요.

» 강력분은 입자가 크고 무거워서 박력분보다 더 잘 흩뿌려지고, 반죽에도 덜 스며들기 때문에 덧가루로 강력분을 사용합니다.

3 반죽을 지름 11~12cm 원형 쿠키커터로 찍어내 머핀틀 안에 구겨 넣은 후 손으로 꾹꾹 눌러서 틀 표면에 밀착시켜 주세요.

» 이때 가장자리의 단면을 손으로 만지면 결이 뭉개져요. 쿠키커터로 잘라낸 반죽의 절단면은 가급적 손을 대지 말아 주세요.

4 다시 반죽이 차갑고 단단해질 때까지 틀 채로 냉장 휴지하세요.

» 타르트 반죽은 차갑고 단단한 상태에서 구워야 타르트 쉘의 수축이나 변형을 최소화할 수 있어요.

5 휴지한 커스터드 필링을 90% 정도씩 채우고, 예열한 오븐에 190도에서 35분 동안 구워 주세요.

2	3
3	5

▲ HOW TO MAKE

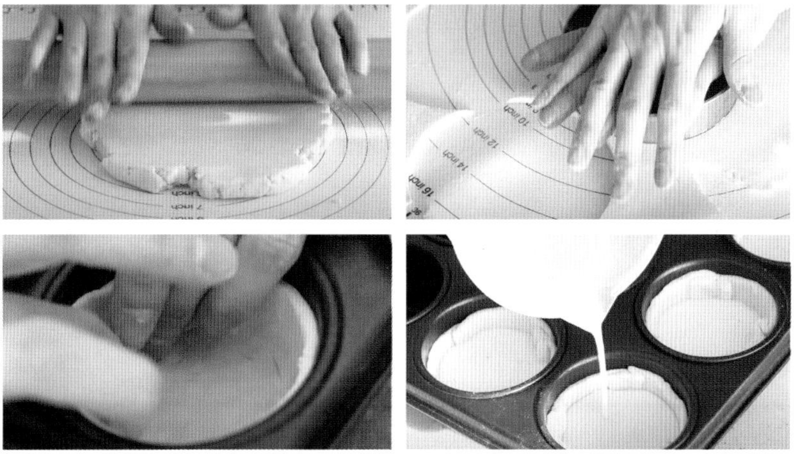

보관

- 시간이 지날수록 파트 브리제 부분이 눅눅해지므로 만든 당일 가장 맛있게 드실 수 있어요.
- 밀폐용기에 담아 냉장 2~3일, 냉동 약 1주까지 보관 가능합니다.
- 보관 후 오븐이나 에어프라이어에 180도로 5분 정도 데워서 따뜻하게 드시면 더 맛있습니다.

키슈

▲ GO TO VIDEO

키슈는 독일로부터 프랑스로 전해 내려온, 달지 않은 파이 반죽에 여러 가지 속재료와 크림, 계란으로 만든 아파레이유를 부어 익혀낸 요리 같은 파이예요. 키슈는 넣는 속재료에 따라 맛이 전혀 달라지기 때문에, 같은 파트 브리제 반죽과 아파레이유에 좋아하는 재료를 넣어서 얼마든지 응용해 볼 수 있어요.

재료

윗지름×밑지름×높이
18.5×16×4cm
망게틀 1개 분량

tip 속재료 종류와 양은 상황에 따라 변경 가능합니다.

파트 브리제

박력분 162g, 무염버터 84g, 계란 노른자 12g, 물 38g, 소금 1g

아파레이유

계란 70g, 생크림 100g, 우유 50g, 소금 1g, 통후추 1g, 넛맥 한 꼬집

속재료

베이컨 80g, 아스파라거스 90g, 양파 90g, 양송이 버섯 70g, 방울토마토 5알, 청양고추 2개, 체다 치즈 20g, 그뤼에르 치즈 35g, 위에 뿌릴 파마산 치즈 블럭 적당량

미리 준비하기

- 파트 브리제 재료는 버터, 가루류, 액체 모두 사용 직전까지 차갑게 보관하세요.
- 물에 소금을 녹인 후, 차갑게 만들어 두세요.
- 무염버터는 정육면체 모양으로 작게 썰어서 사용 직전까지 냉장고에 넣어 두세요.

- 양파와 양송이 버섯은 얇게 썰고, 베이컨과 아스파라거스는 한입 크기로 썰어서 기름을 약간 두르고 팬에서 볶아 익혀 주세요.
- 방울토마토와 청양고추는 알맞은 크기로 잘라 익히지 않고 준비해 주세요.
- 체다 치즈와 그뤼에르 치즈는 작게 잘라 주세요.
- 통후추는 굵게 갈아 두세요.
- 오븐을 실제 굽는 온도보다 20~30도 높게 최소 20분 이상 충분히 예열해 주세요.

만드는 법

tip 파트 브리제 참고 p62

파트 브리제

1 파트 브리제 반죽을 만드세요.

2 휴지한 반죽을 밀대와 덧가루를 사용해 두께 3mm, 지름 약 27cm의 원형으로 밀어 펴 주세요.

» 강력분은 입자가 크고 무거워서 박력분보다 더 잘 흩뿌려지고, 반죽에도 덜 스며들기 때문에 덧가루로 강력분을 사용합니다.

3 틀에 반죽을 끼워 넣고, 틀에 반죽을 밀착한 후 가장자리를 틀보다 1인치 여유 있게 잘라낸 후 손으로 꼬집어서 모양을 만드세요.

4 포크 등으로 반죽에 작은 구멍을 여러 개 낸 후, 반죽이 차갑고 단단해질 때까지 틀 채로 냉장 휴지하세요.

» 타르트 반죽은 차갑고 단단한 상태에서 구워야 타르트 쉘의 수축이나 변형을 최소화할 수 있어요.

5 단단해진 반죽 위에 유산지를 깔고 누름돌을 가득 채운 후, 예열한 오븐에 180도에서 15분 동안 굽고, 누름돌을 제거한 후 15분 더 구워 주세요.

6 구워져 나온 파트 브리제가 뜨거울 때, 여분의 노른자를 붓으로 얇게 발라 주세요.

» 노른자 막이 타르트 쉘을 얇게 코팅해 아파레이유에 의해 타르트 쉘이 눅눅해지는 것을 늦춰 줍니다.

3 3
4 6

▲ HOW TO MAKE

■ 아파레이유

1 볼에 생크림, 우유, 달걀, 소금을 넣고, 거품기로 잘 섞어 주세요.

2 1을 체에 걸러 알끈과 불순물을 제거한 후, 굵게 간 통후추와 넛맥 파우더를 넣어 아파레이유를 완성해 주세요.

3 초벌 굽기 한 파이 크러스트 바닥에 체다 치즈와 그뤼에르 치즈를 깔아 주세요.

4 3 위에 야채와 베이컨을 넣어서 파이 크러스트 안을 가득 채워 주세요.

5 아파레이유를 가득 채워지도록 부어 주세요.

6 윗면에 파마산 치즈를 갈아서 올리고 예열해 둔 오븐에 180도에서 35분 동안 구워 주세요.

7 키슈가 구워져 나오면 파마산 치즈를 더 갈아서 올려 주세요. (선택사항)

1 3

▲ HOW TO MAKE

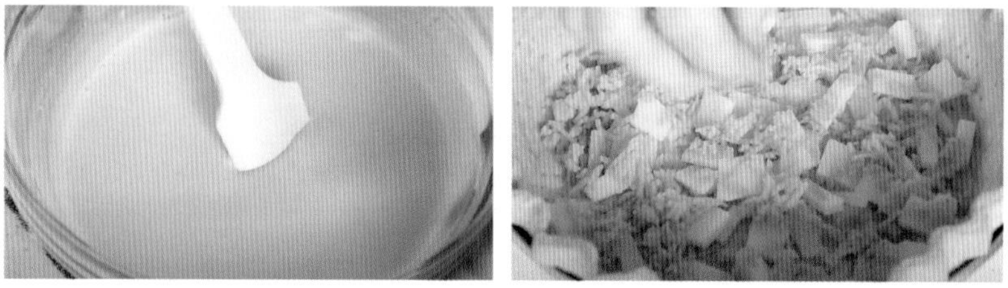

5 6

▲ HOW TO MAKE

보관

- 시간이 지날수록 파트 브리제 부분이 눅눅해지므로 만든 당일 가장 맛있게 드실 수 있어요.
- 밀폐용기에 담아 냉장 2일, 냉동 약 1주까지 보관 가능합니다.
- 오븐이나 에어프라이어에 따뜻하게 데우면 더 맛있게 드실 수 있어요.

복숭아 갈레트

▲ GO TO VIDEO

미국에서 '갈레트'라고 하면 파이 틀 없이 자연스러운 모양으로 만드는 파이를 말하는데, 주로 바삭하고 잘 부서지는 반죽 위에 생과일이나 과일 필링을 얹어서 함께 구워서 만들어요. 새콤한 황도 복숭아가 제철일 때는 복숭아로, 그 밖의 계절에는 사과, 딸기, 블루베리 등 다른 과일들로 응용해서 만들어 보세요.

재료

지름 18cm 갈레트
1개 분량

복숭아 필링

복숭아(황도) 두 개, 레몬즙 8g, 옥수수 전분 5g, 백설탕 20g, 바닐라 익스트랙 2g, 소금 한 꼬집

파트 브리제

박력분 120g, 무염버터 90g, 백설탕 6g, 소금 1g, 계란 40g, 물 10g, 표면에 바를 계란물 약간, 터비나도 설탕 약간

tip 계란물은 계란 흰자와 노른자를 잘 풀어서 사용합니다.

미리 준비하기

- 파트 브리제 재료는 버터, 가루류, 액체 모두 사용 직전까지 차갑게 보관하세요.
- 파트 브리제 재료 중 물과 계란을 잘 섞어 소금을 완전히 녹인 후, 차갑게 만들어 두세요.
- 무염버터는 정육면체 모양으로 작게 썰어서 사용 직전까지 냉장고에 넣어 두세요.
- 오븐을 실제 굽는 온도보다 20~30도 높게 최소 20분 이상 충분히 예열해 주세요.

만드는 법

복숭아 필링

1 복숭아는 반 잘라 씨앗을 제거한 후 웨지 모양으로 썰어 주세요.

2 1 을 볼에 담고, 나머지 재료들을 모두 넣고 골고루 버무려 주세요.

» 취향에 따라 필링에 시나몬 파우더 1/3 ~ 1/4 티스푼 정도를 추가하셔도 좋습니다.

1 2

▲ HOW TO MAKE

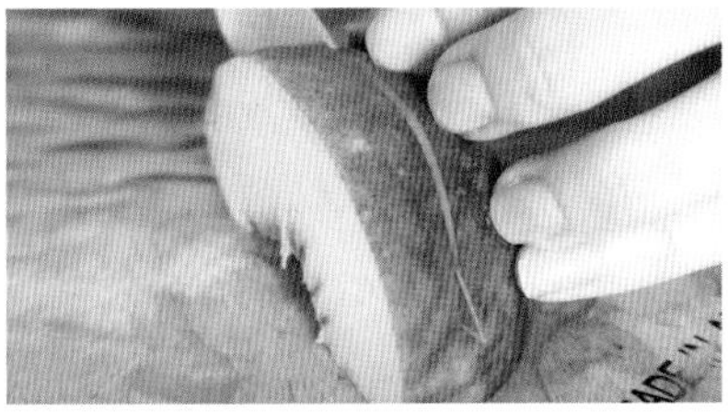

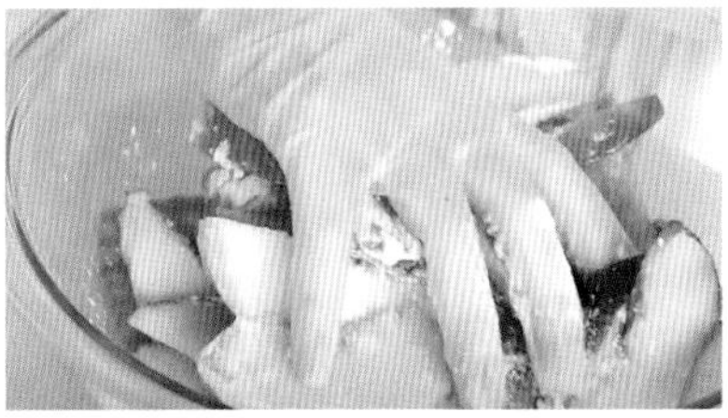

파트 브리제

tip 파트 브리제 참고 p62

1 파트 브리제 반죽을 만드세요.

2 휴지한 반죽을 밀대와 덧가루를 사용해 두께 3mm, 지름 25cm 정도 되는 원형으로 밀어 펴 주세요.

» 강력분은 입자가 크고 무거워서 박력분보다 더 잘 흩뿌려지고, 반죽에도 덜 스며들기 때문에 덧가루로 강력분을 사용합니다.

3 복숭아 필링을 가운데에 동그란 모양으로 올리고, 반죽 가장자리를 자연스럽게 접어주세요.

4 가장자리의 파이 반죽 부분에 계란물을 얇게 바르고, 터비나도 설탕을 뿌려주세요.

5 미리 예열한 오븐에 170도에서 35분 동안 구워 주세요.

2 3

▲ HOW TO MAKE

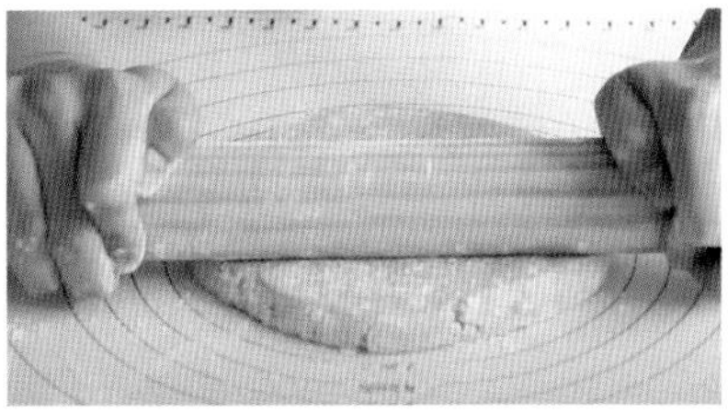

4	4

▲ HOW TO MAKE

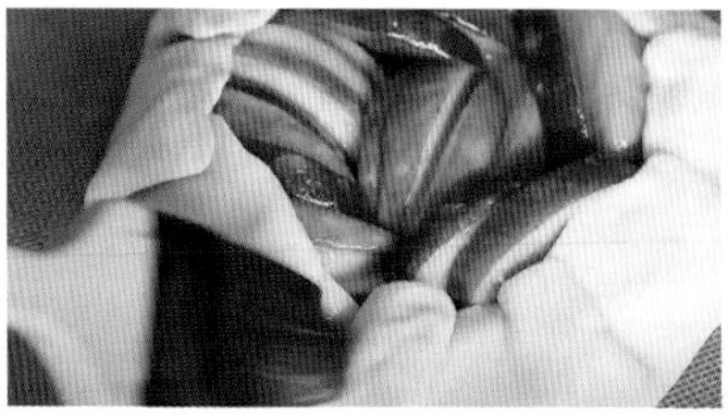

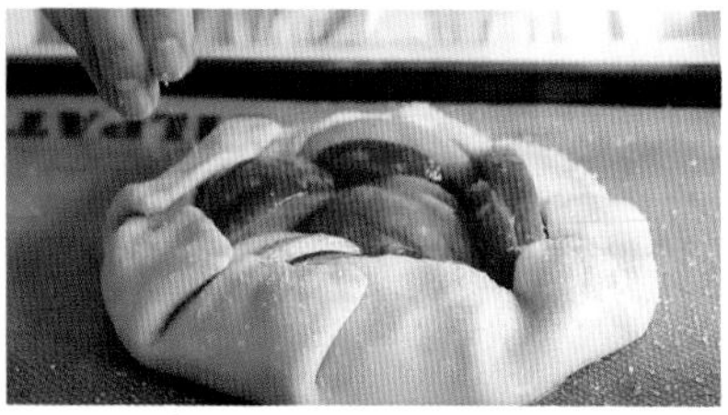

보관

- 공기가 통하는 곳에 실온 보관합니다.
- 시간이 갈수록 파이지 바닥 부분이 점점 눅눅해지기 때문에 만든 당일이 가장 맛있습니다.

키 라임 파이

▲ GO TO VIDEO

'키 라임 파이'는 미국 플로리다 키 웨스트 일대의 특산물인 '키 라임'을 사용해 키 웨스트 지역에서 처음 만들어진 파이예요. 일반적인 레몬 파이나 타르트와는 달리 키 라임 파이는 과자를 부수어 굳힌 파이 크러스트와 연유가 들어간 라임 필링으로 구성되며, 파이 위에 생크림을 휘핑해서 곁들여요. 키 라임이 없을 경우 그냥 일반 라임(페르시안 라임)과 레몬을 반반 섞어 사용하면 비슷한 맛을 낼 수 있어요.

재료

윗지름 23.3cm, 아랫지름 18cm, 높이 3cm 분리형 주름파이팬 1개 분량

파이 크러스트

그레이엄 크래커 120g, 무염버터 60g, 백설탕 25g

라임 필링

사워크림 110g, 연유 300g, 라임즙 150g, 라임 제스트 3g

샹티 크림

생크림 200g, 백설탕 16g

미리 준비하기

- 파이 크러스트에 사용할 무염버터는 녹여서 준비해 두세요.
- 라임은 깨끗이 씻어서 껍질 부분을 제스터로 갈아 제스트를 만들고, 알맹이는 즙을 내주세요.
- 샹티 크림을 만드는 데 사용할 생크림은 차갑게 준비해 두세요.
- 오븐을 실제 굽는 온도보다 20~30도 높게 최소 20분 이상 충분히 예열해 주세요.

만드는 법

파이 크러스트

1 그레이엄 크래커를 지퍼백에 넣고 밀대로 두드려서 곱게 부숴 주세요.

» 과자 입자가 굵으면 결합력이 떨어져요. 최대한 곱게 부숴 주세요.

2 1 에 녹인 버터와 백설탕을 넣고 주걱으로 골고루 섞어 주세요.

3 2 를 파이 팬에 꾹꾹 눌러서 단단히 고정하고, 라임 필링을 올리기 전까지 냉장고나 냉동실에서 굳혀 주세요.

1	3

▲ HOW TO MAKE

라임 필링

1 볼에 사워크림과 연유를 넣고 거품기로 섞어 주세요.

2 1 에 라임즙과 라임 제스트를 넣고 거품기로 섞어 주세요.

3 굳힌 파이 크러스트 위에 2 를 붓고 예열한 오븐에 160도에서 15분 동안 구워 주세요.

4 실온에서 한 김 식힌 후, 냉장고에서 최소 3시간 이상 굳혀 주세요.

1	3

▲ HOW TO MAKE

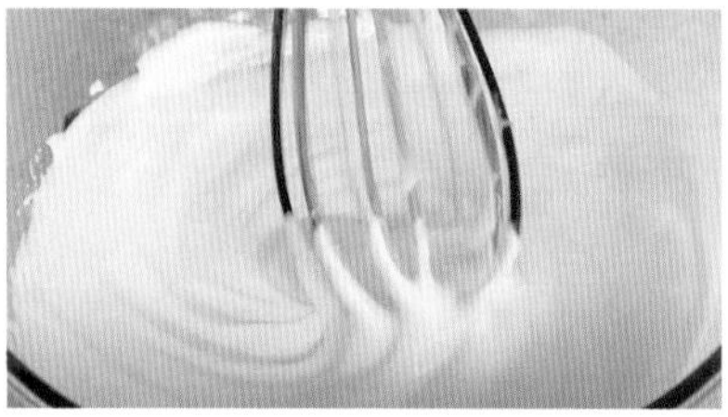

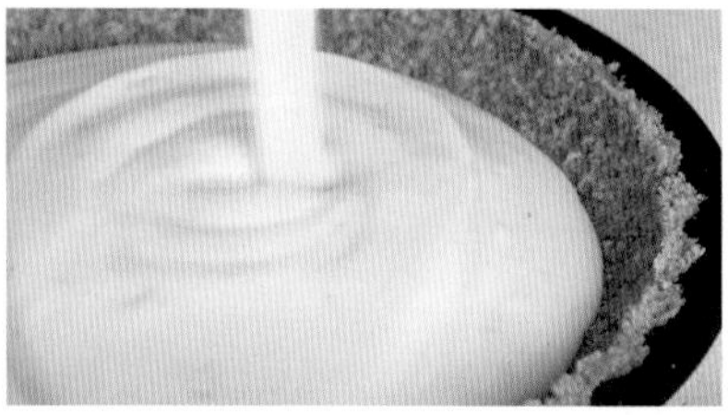

샹티 크림

1 차가운 생크림에 설탕을 넣고 핸드믹서로 휘핑하여 단단한 크림을 만드세요.

2 차갑게 식혀둔 파이 위에 크림을 모두 올리고, 스패출러를 이용해 자연스러운 모양으로 다듬어서 마무리해 주세요.

» 얇게 슬라이스한 라임과 라임 제스트로 장식해 주었어요.

1	2
2	

▲ HOW TO MAKE

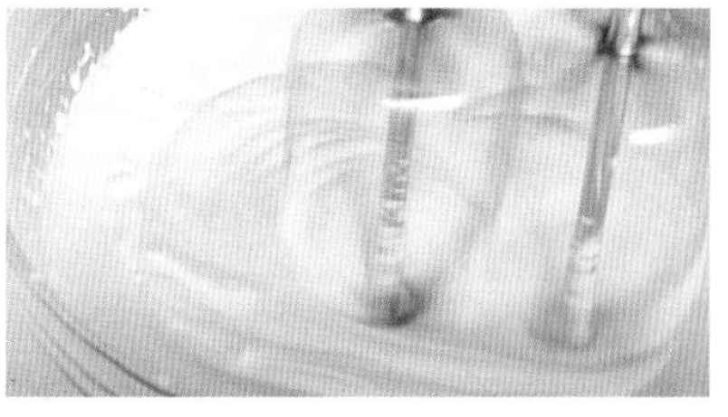

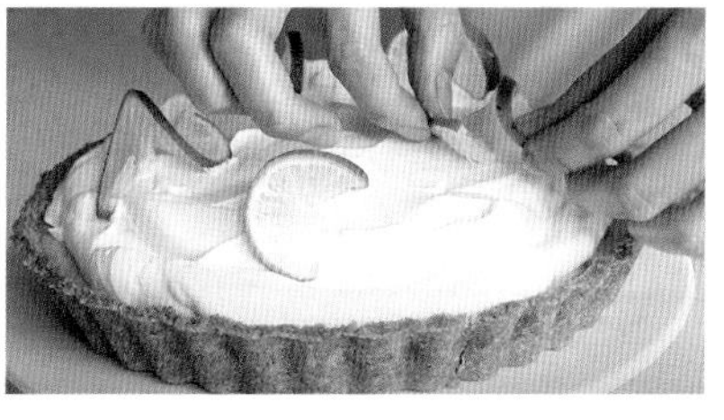

보관

- 밀폐용기에 담아 냉장 2~3일, 냉동 약 3주까지 보관 가능합니다.

바노피 파이

▲ GO TO VIDEO

남미식 밀크 카라멜 소스인 '둘세 데 레체'로 손쉽게 만드는 달달한 파이예요. 바나나와 바삭한 쿠키, 달콤한 캐러멜과 씁쓸한 커피맛 생크림의 조화가 환상적이에요.

재료

윗면 지름 22.8cm,
바닥면 지름 20cm,
높이 3.8cm
9인치 파이팬 1개 분량

파이 크러스트

그레이엄 크래커(통밀쿠키) 150g, 무염버터 75g, 백설탕 32g

파이 필링

둘세 데 레체 260g, 바나나 3~4개

커피 샹티 크림

생크림 360g, 백설탕 36g, 바닐라 익스트랙 2g, 인스턴트 커피 가루 3g(파우더형)

미리 준비하기

tip 둘세 데 레체 참고 p83

- 파이 크러스트에 사용할 무염버터는 녹여서 준비해 두세요.
- 커피 샹티 크림을 만들 생크림은 차갑게 준비해 두세요.
- 오븐을 실제 굽는 온도보다 20~30도 높게 최소 20분 이상 충분히 예열해 주세요.

만드는 법

파이 크러스트

1 그레이엄 크래커를 지퍼백에 넣고 밀대로 두드려서 곱게 부숴 주세요.

» 과자 입자가 굵으면 결합력이 떨어져요. 최대한 곱게 부숴 주세요.

2 1 에 녹인 버터와 백설탕을 넣고 주걱으로 골고루 섞어 주세요.

3 2 를 파이 팬에 꾹꾹 눌러서 단단히 고정해 주세요.

4 예열한 오븐에 160도에서 15분 동안 구워 주세요.

5 구워져 나온 파이 크러스트는 냉장고나 냉동실에서 차갑게 굳힌 후, 토치나 뜨거운 수건을 이용하여 파이 팬 겉면을 살짝 데워서 틀로부터 분리해 주세요.

2	2
3	5

▲ HOW TO MAKE

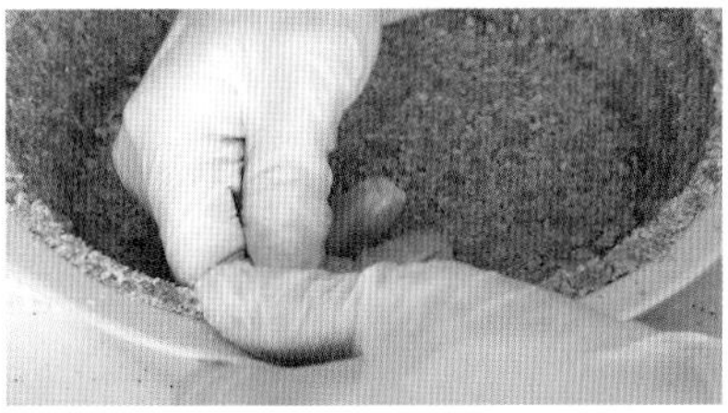

파이 필링

1 바나나를 두께 2~2.5cm 정도로 썰어 주세요.

2 파이 크러스트 안쪽에 자른 바나나를 세워서 촘촘히 가득 채워 주세요.

3 둘세 데 레체를 바나나 위에 올리고, 스패출러로 평평하게 펴 발라서 파이 크러스트 안쪽을 가득 채워 주세요.

2	3

▲ HOW TO MAKE

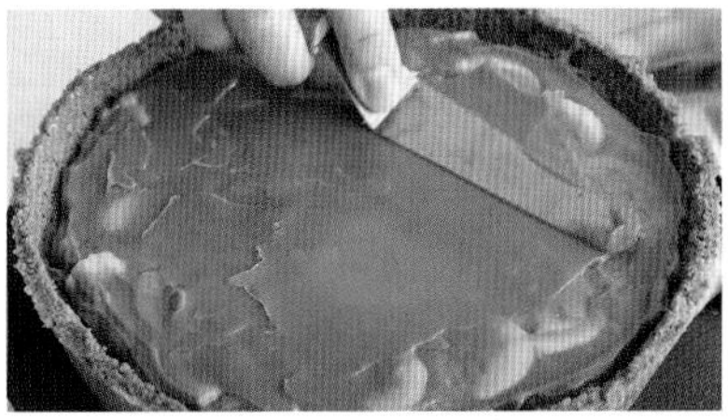

커피 샹티 크림

1 차가운 생크림, 백설탕, 바닐라 익스트랙, 인스턴트 커피 파우더를 볼에 담고, 핸드믹서로 단단해질 때까지 휘핑해 주세요.

» 알커피같이 굵은 입자의 인스턴트 커피를 사용하시려면 생크림 소량을 따뜻하게 데워서 커피를 녹인 후, 다시 차갑게 식혀서 생크림 쪽에 넣은 다음 휘핑하시면 됩니다.

2 완성된 크림을 파이 위에 모두 올리고, 스패출러를 이용해 자연스러운 모양으로 다듬어서 마무리해 주세요.

» 윗면에 칼로 긁어낸 초콜릿을 약간 뿌려서 장식해 주었어요.

1 2

▲ HOW TO MAKE

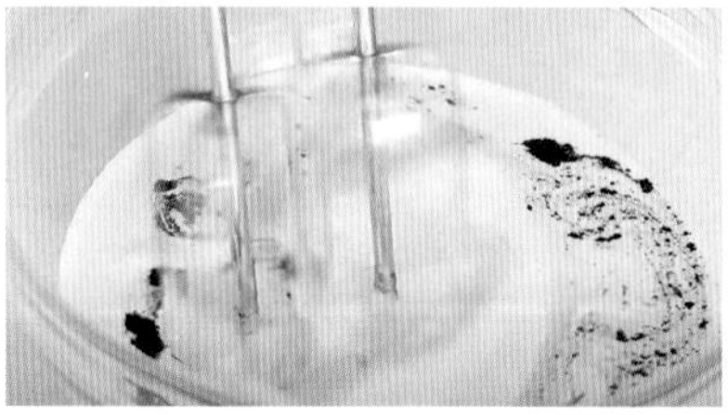

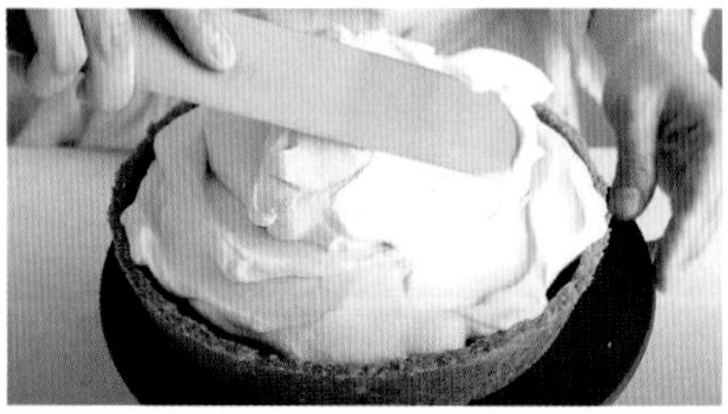

보관

- 밀폐용기에 담아 냉장 약 1일까지 보관 가능합니다.
- 생과일이 들어있어 가능한 빠른 시일 내에 섭취하는 것이 좋아요.

05 POUND CAKE 파운드케이크

진한 초코 파운드

얼그레이 파운드

레몬 크림치즈 파운드

티라미수 파운드

단호박 파운드

사워크림 파운드

마블 파운드

레몬 위크엔드

진한 초코 파운드

▲ GO TO VIDEO

반죽에 진한 다크 초콜릿 가나슈를 만들어 넣어 진하고 촉촉한 초콜릿의 풍미가 일품인 파운드케이크예요. 파운드케이크 반죽에 생크림을 넣으면 촉촉해지고 초콜릿이 들어가면 촉촉하면서 묵직한 식감이 나는데, 두 가지 재료를 합친 가나슈를 넣어 반죽의 촉촉함을 극대화 했어요.

재료

가로×세로×높이
5×5×5cm 큐브 파운드
8개 분량

파운드케이크

다크 커버춰 초콜릿 100g(카카오 고형분 70%), 생크림 100g, 물엿 40g, 무염버터 120g, 백설탕 108g, 계란 110g, 중력분 130g, 코코아 파우더 20g, 베이킹파우더 3g

다크 초콜릿 글라사주

다크 코팅 초콜릿 60g, 다크 커버춰 초콜릿 30g(카카오 고형분 70%), 식물성 오일 6g

미리 준비하기

- 모든 재료는 실온 상태로 준비하세요.
- 중력분, 코코아 파우더, 베이킹파우더는 함께 섞어서 체 쳐 두세요.
- 오븐을 실제 굽는 온도보다 20~30도 높게 최소 20분 이상 충분히 예열해 주세요.

만드는 법

파운드케이크

1. 생크림과 물엿을 냄비에 담아 가장자리가 끓어오를 때까지 데워 주세요.
2. 1 을 다크 커버춰 초콜릿 쪽에 붓고 초콜릿이 액체의 열기에 의해 녹을 때까지 3분 정도 기다려 주세요.
3. 주걱으로 가운데부터 천천히 저어서 유화시켜 가나슈를 만든 후 30도 이하로 식혀 두세요.
4. 실온 상태의 부드러운 무염버터를 가볍게 풀어 주세요.
5. 4 에 백설탕을 넣고 부피가 1.5배 정도 증가하고, 버터의 색이 하얗게 밝아질 때까지 휘핑해 주세요.
6. 5 에 실온 상태의 계란을 여러 번에 걸쳐 조금씩 나눠 넣어가면서 휘핑해서 반죽이 분리되지 않고 크림처럼 잘 유화된 상태로 만들어 주세요.

   » 계란을 넣고 섞는 도중에 몽글몽글하게 분리되는 것 같으면, 체 쳐둔 가루류를 한 줌 정도 덜어 넣고 휘저어 섞어 주세요. 가루류가 수분을 흡수해 분리를 잡아 줍니다.
7. 6 에 30도 이하로 식혀둔 가나슈를 넣고, 골고루 잘 섞일 때까지 핸드믹서로 가볍게 섞어 주세요.

   » 가나슈의 온도가 높으면 반죽의 버터가 녹을 수 있으므로 충분히 식힌 후 반죽과 섞어 주세요.
8. 체에 친 중력분과 베이킹파우더, 코코아 파우더를 넣고 주걱으로 가볍게 섞어 주세요.
9. 완성된 반죽을 짤주머니에 담아 틀 안에 70%씩 채우고, 예열한 오븐에 160도에서 20분 정도 구워 주세요.

   » 완성된 파운드케이크는 뜨거울 때 억지로 꺼내려다 보면 부서질 수 있어요. 손으로 만질 수 있을 정도로 식힌 후 틀에서 조심스럽게 꺼내서 식힘망 위에서 마저 식혀 주세요.

2 5

▲ HOW TO MAKE

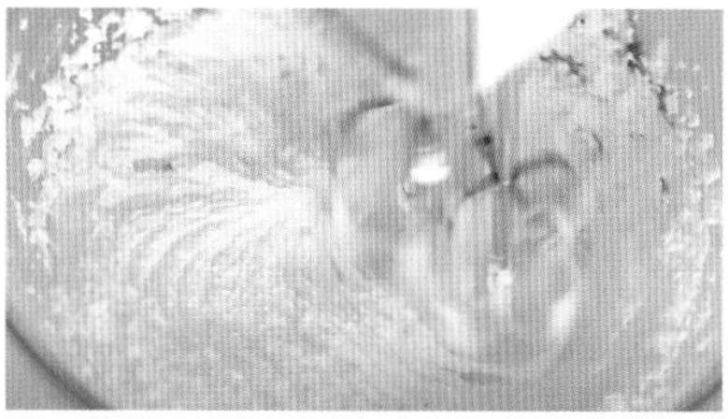

6 7
8 9

▲ HOW TO MAKE

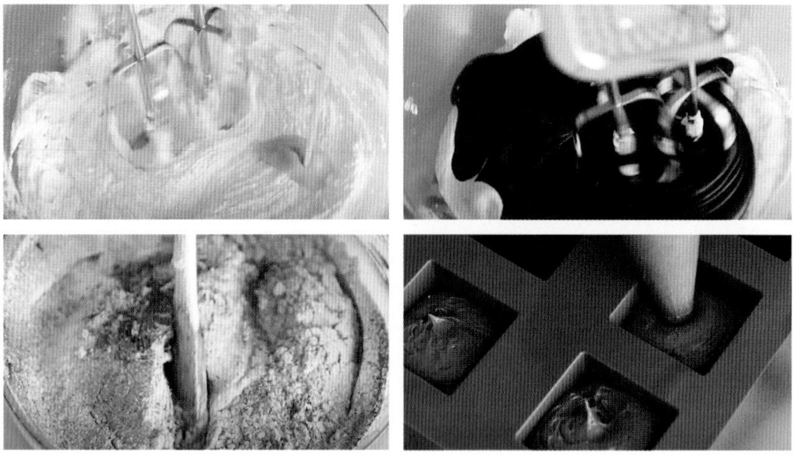

다크 초콜릿 글라사주

1 다크 코팅 초콜릿과 커버춰 초콜릿을 함께 볼에 담아 전자레인지나 중탕으로 녹여 주세요.

2 1 에 식물성 오일을 넣고 잘 섞은 후, 미지근하게 식혀 주세요.

3 글라사주를 짤주머니에 담아 파운드케이크 윗면에 뿌려 주세요.

» 파운드케이크가 미지근하면 초코 글라사주가 잘 굳지 않으니 냉장고에 잠깐 넣어서 차갑게 만든 후 뿌려 주세요.

2 3

▲ HOW TO MAKE

보관

- 완전히 식힌 후, 밀폐용기에 담거나 개별 포장해서 실온 4~5일, 냉동 약 3주까지 보관 가능합니다.

얼그레이 파운드

▲ GO TO VIDEO

기본 파운드케이크 레시피에 얼그레이 맛을 더해서 만들어 본 파운드예요. 윗면에 뿌린 글레이즈가 얼그레이 맛을 한층 더 진하게 더해 주는 데다 자연스럽게 주르륵 흘러내리는 비주얼까지 담당하는 예쁘고 맛있는 파운드케이크예요.

재료

가로×세로×높이
5×5×5cm 큐브 파운드
7개 분량

얼그레이 소스
생크림 50g, 얼그레이 찻잎 6g

파운드케이크
무염버터 100g, 백설탕 90g, 계란 100g, 박력분 100g, 베이킹파우더 2.5g, 소금 1g, 얼그레이 찻잎 4g, 얼그레이 소스 30g

얼그레이 시럽
물 30g, 백설탕 12g, 얼그레이 찻잎 2g, 얼그레이 리큐르 3g

얼그레이 글레이즈
슈가파우더 100g, 생크림 50g, 얼그레이 찻잎 3g

미리 준비하기

- 반죽에 들어갈 얼그레이 찻잎은 곱게 갈아 주세요.
- 모든 재료는 실온 상태로 준비하세요.

- 반죽에 넣을 박력분, 베이킹파우더, 얼그레이 찻잎은 함께 섞어서 체 쳐 두세요.
- 오븐을 실제 굽는 온도보다 20~30도 높게 최소 20분 이상 충분히 예열해 주세요.

만드는 법

얼그레이 소스

1 분량의 생크림을 70도 정도로 따뜻하게 데워 주세요.

2 얼그레이 찻잎을 넣고 뚜껑을 덮어 20~30분 우려내세요.

3 2를 체에 거른 후, 액체만 모아 30g을 계량해서 파운드케이크 반죽에 넣을 수 있도록 준비해 두세요.

» 체에 거른 액체의 무게를 잰 후, 만약 30g보다 적을 경우 생크림을 추가해서 무게를 맞춰 주세요.

3	3

▲ HOW TO MAKE

파운드케이크

1 실온 상태의 부드러운 무염버터를 가볍게 풀어 주세요.

2 1에 백설탕, 소금을 넣고 부피가 1.5배 정도 증가하고, 버터의 색이 하얗게 밝아질 때까지 휘핑해 주세요.

3 2에 실온 상태의 계란을 여러 번에 걸쳐 조금씩 나눠 넣어가면서 휘핑해서 반죽이 분리되지 않고 크림처럼 잘 유화된 상태로 만들어 주세요.

» 계란을 넣고 섞는 도중에 몽글몽글하게 분리되는 것 같으면, 체 쳐둔 가루류를 한 줌 정도 덜어 넣고 휘저어 섞어 주세요. 가루류가 수분을 흡수해 분리를 잡아 줍니다.

4 체에 친 박력분, 베이킹파우더, 곱게 간 얼그레이 찻잎을 넣고 주걱으로 가볍게 섞어 주세요.

5 우려서 식혀둔 얼그레이 소스를 넣고 섞어 반죽을 마무리해 주세요.

6 완성된 반죽을 짤주머니에 담아 틀에 50% 정도씩 채우고, 예열한 오븐에 160도에서 20분 동안 구워 주세요.

» 완성된 파운드케이크는 뜨거울 때 억지로 꺼내려다 보면 부서질 수 있어요. 손으로 만질 수 있을 정도로 식힌 후 틀에서 조심스럽게 꺼내서 식힘망 위에서 마저 식혀 주세요.

2	4
5	6

▲ HOW TO MAKE

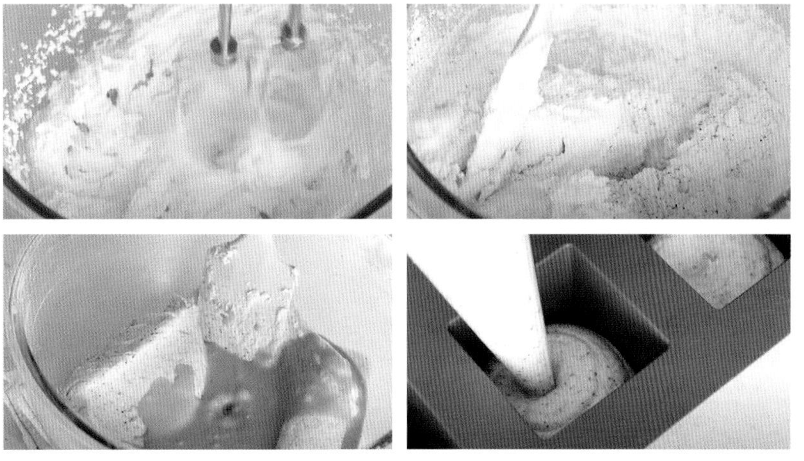

얼그레이 시럽

1 분량의 물을 70도로 따뜻하게 데워 주세요.

2 1 에 얼그레이 찻잎과 백설탕을 넣고 뚜껑을 덮어 20~30분 우려내 주세요.

3 2 를 체에 거른 후, 얼그레이 리큐르를 넣어 주세요.

» 얼그레이 리큐르는 생략 가능합니다.

4 구워져 나온 파운드케이크가 아직 뜨거울 때 시럽을 붓으로 전체적으로 골고루 발라 주세요.

» 시럽은 파운드케이크의 보존성을 높이고, 식감을 촉촉하게 만들어 줘요.

» 파운드케이크가 뜨거울 때 시럽을 발라야 겉면이 끈적이지 않고 제대로 흡수되어요. 만약 파운드케이크가 식은 상태라면 시럽을 아주 뜨겁게 데워서 발라 주세요.

3 4

▲ HOW TO MAKE

얼그레이 글레이즈

1 분량의 생크림을 70도 정도로 따뜻하게 데워 주세요.

2 얼그레이 찻잎을 넣고 뚜껑을 덮어 20~30분 우려내 주세요.

3 2를 체에 거른 후, 액체를 슈가파우더 쪽에 조금씩 섞어가며 농도를 맞춰 주세요.

» 떨어뜨려 보았을 때 무겁게 주르륵 흐르는 상태가 적당합니다.

4 한 김 식은 파운드케이크 위에 글레이즈를 뿌려 주세요.

2 3
3 4

▲ HOW TO MAKE

보관

- 완전히 식힌 후, 밀폐용기에 담거나 개별 포장해서 실온 4~5일, 냉동 약 3주까지 보관 가능합니다.

레몬 크림치즈 파운드

▲ GO TO VIDEO

레몬과 크림치즈는 잘 어울리는 조합이지요. 베이킹에 크림치즈가 많이 들어가면 자칫 느끼하거나 질릴 수 있는데 여기에 레몬 플레이버가 더해지면 상큼함이 추가되어 언제 먹어도 물리지 않는 맛이 되는 것 같아요.

재료

가로×세로×높이
5×5×5cm 큐브 파운드
8개 분량

파운드케이크

무염버터 130g, 크림치즈 110g, 백설탕 145g, 소금 1g, 계란 120g, 계란 노른자 34g, 박력분 170g, 베이킹파우더 5g, 레몬즙 17g, 레몬 제스트 한 개 분량

레몬 아이싱

슈가파우더 155g, 레몬즙 30g

미리 준비하기

- 모든 재료는 실온 상태로 준비하세요.
- 레몬은 깨끗이 씻어서 껍질 부분을 제스터로 갈아 제스트를 만들고, 알맹이는 즙을 내주세요.
- 박력분, 베이킹파우더는 함께 섞어서 체 쳐 두세요.
- 오븐을 실제 굽는 온도보다 20~30도 높게 최소 20분 이상 충분히 예열해 주세요.

만드는 법

파운드케이크

1 실온 상태의 부드러운 무염버터와 크림치즈를 볼에 담아 핸드믹서로 풀어 주세요.

2 1 에 백설탕과 레몬 제스트, 소금을 넣고 부피가 1.5배 정도 증가하고, 버터의 색이 하얗게 밝아질 때까지 휘핑해 주세요.

3 차갑지 않은 실온 상태의 계란과 계란 노른자를 여러 번에 걸쳐 조금씩 나눠 넣어 가면서 휘핑해서 반죽이 분리되지 않고 크림처럼 잘 유화된 상태로 만들어 주세요.

» 계란을 넣고 섞는 도중에 몽글몽글하게 분리되는 것 같으면, 체 쳐둔 가루류를 한 줌 정도 덜어 넣고 휘저어 섞어 주세요. 가루류가 수분을 흡수해 분리를 잡아 줍니다.

4 3 에 체에 친 박력분과 베이킹파우더를 넣고 주걱으로 가볍게 섞어 주세요.

5 4 에 실온 상태의 레몬즙을 넣고 골고루 잘 섞어서 반죽을 마무리해 주세요.

6 완성된 반죽을 짤주머니에 담아 틀의 80%씩 채우고, 예열된 오븐에 160분에서 22분 동안 구워 주세요.

» 완성된 파운드케이크는 뜨거울 때 억지로 꺼내려다 보면 부서질 수 있어요. 손으로 만질 수 있을 정도로 식힌 후 틀에서 조심스럽게 꺼내서 식힘망 위에서 마저 식혀 주세요.

3	3
4	6

▲ HOW TO MAKE

레몬 아이싱

1 분량의 슈가파우더와 레몬즙을 잘 섞어 주세요.

2 아이싱을 짤주머니에 담아 식힌 파운드케이크 위에 자연스럽게 뿌려 주세요.

3 실온에 두어 자연스럽게 굳혀 주세요.

1 2

▲ HOW TO MAKE

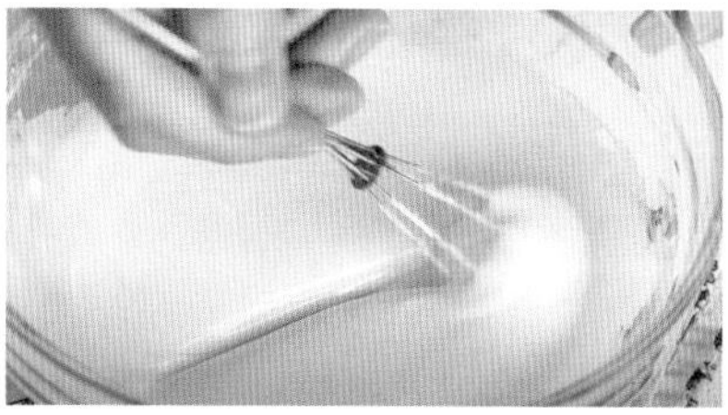

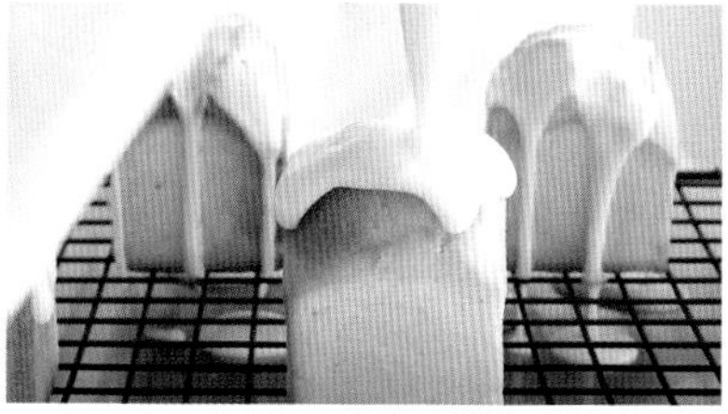

보관

- 완전히 식힌 후, 밀폐용기에 담거나 개별 포장해서 실온 4~5일, 냉동 약 3주까지 보관 가능합니다.

티라미수 파운드

▲ GO TO VIDEO

항상 모든 이에게 사랑받는 디저트인 티라미수를 파운드케이크 형태로 만들어 봤어요. 크림 없이 파운드케이크 자체만으로도 촉촉해서 맛있는 부드러운 파운드케이크 위에 진한 마스카포네 크림을 올려서 마치 진짜 티라미수를 먹는 듯한 느낌이 들어요.

재료

가로×세로×높이
5×5×5cm 큐브 파운드
8개 분량

파운드케이크

무염버터 140g, 백설탕 120g, 아몬드 가루 105g, 계란 105g, 계란 노른자 52g, 우유 35g, 커피 파우더 7g, 박력분 90g, 베이킹파우더 2g, 소금 1g

커피 시럽

물 50g, 백설탕 20g, 깔루아 8g

tip 칼루아는 커피 리큐르인데 생략 가능합니다.

마스카포네 크림

마스카포네 치즈 210g, 무염버터 40g, 슈가파우더 35g, 여분의 코코아 파우더

미리 준비하기

- 모든 재료는 마스카포네 치즈를 제외하고 실온 상태로 준비하세요.
- 마스카포네 치즈는 차갑게 준비해 두세요.
- 분량의 우유에 커피 파우더를 넣은 다음 따뜻하게 데워서 커피를 녹인 후 실온 상태까지 식혀 주세요.

- 박력분과 베이킹파우더는 함께 섞어서 체 쳐 두세요.
- 오븐을 실제 굽는 온도보다 20~30도 높게 최소 20분 이상 충분히 예열해 주세요.

만드는 법

파운드케이크

1 실온 상태의 부드러운 무염버터를 볼에 담아 핸드믹서로 풀어 주세요.

2 1에 백설탕, 소금을 넣고 부피가 1.5배 정도 증가하고, 버터의 색이 하얗게 밝아질 때까지 휘핑해 주세요.

3 2에 아몬드 가루를 넣고 핸드믹서로 잘 섞어 주세요.

4 3에 차갑지 않은 실온 상태의 계란과 계란 노른자를 여러 번에 걸쳐 조금씩 나눠 넣어가면서 휘핑해서 반죽이 분리되지 않고 크림처럼 잘 유화된 상태로 만들어 주세요.

5 4에 체에 친 박력분과 베이킹파우더를 넣고 주걱으로 가볍게 섞어 주세요.

6 5에 실온 상태의 커피 우유를 넣고 골고루 잘 섞어서 반죽을 마무리해 주세요.

7 완성된 반죽을 짤주머니에 담아 틀의 70%씩 채우고, 예열된 오븐에 160분에서 22분 동안 구워 주세요.

» 완성된 파운드케이크는 뜨거울 때 억지로 꺼내려다 보면 부서질 수 있어요. 손으로 만질 수 있을 정도로 식힌 후 틀에서 조심스럽게 꺼내서 식힘망 위에서 마저 식혀 주세요.

3	5
6	7

▲ HOW TO MAKE

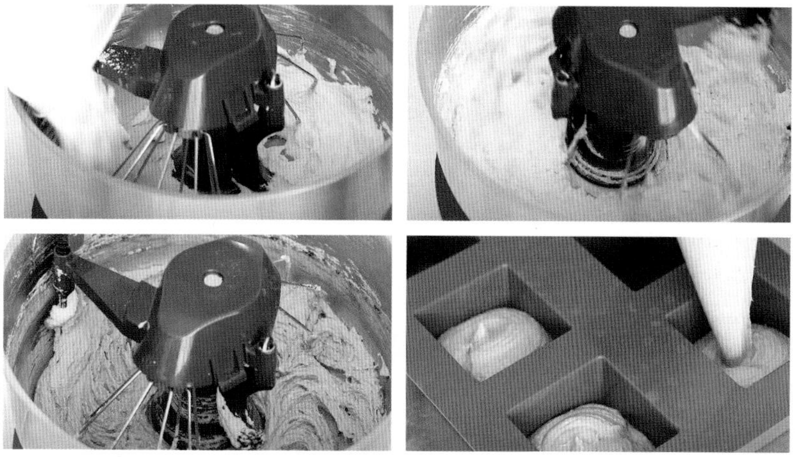

커피 시럽

1 분량의 물에 백설탕을 넣고 설탕이 완전히 녹을 때까지만 데워 주세요.

2 1을 한 김 식힌 후 깔루아를 넣고 섞어 주세요.

3 구워져 나온 파운드케이크가 아직 뜨거울 때 시럽을 붓으로 전체적으로 골고루 발라 주세요.

» 시럽은 파운드케이크의 보존성을 높이고, 식감을 촉촉하게 만들어 줘요.

» 파운드케이크가 뜨거울 때 시럽을 발라야 겉면이 끈적이지 않고 제대로 흡수되어요. 만약 파운드케이크가 식은 상태라면 시럽을 아주 뜨겁게 데워서 발라 주세요.

2 3

▲ HOW TO MAKE

마스카포네 크림

1 차가운 마스카포네 치즈를 볼에 담아 주걱으로 가볍게 풀어 주세요.

2 1에 슈가파우더를 넣고 잘 섞일 때까지 주걱으로 가볍게 섞어 주세요.

3 2에 실온 상태의 부드러운 무염버터를 넣고 섞어 주세요.

» 마스카포네 치즈를 과하게 휘핑하면 분리될 수 있으니 핸드믹서 저속으로 가볍게 섞거나, 주걱으로 섞어 주세요.

4 원형 깍지(805호)를 끼운 짤주머니에 크림을 담은 후, 완전히 식힌 파운드케이크 윗면에 파이핑해 주세요.

3 4

▲ HOW TO MAKE

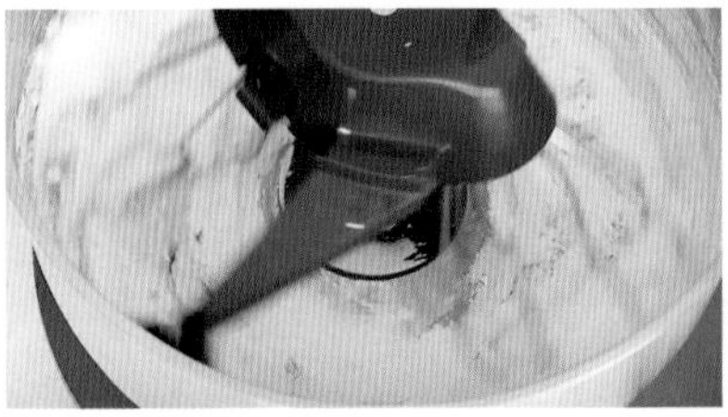

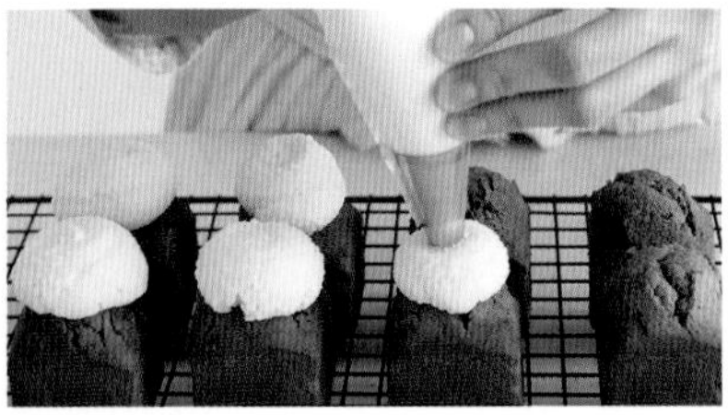

보관

- 밀폐용기에 담거나 개별 포장해서 냉장 3~4일, 냉동 약 3주까지 보관 가능합니다.

단호박 파운드

▲ GO TO VIDEO

담백한 단호박 본연의 맛을 살린, 달지 않고 묵직 촉촉한 한국식 파운드케이크예요. 단호박 크림을 만들어 모자처럼 귀엽게 씌워 주니 보기에도 좋아요.

재료

가로×세로×높이
15.5×7.5×6.5cm
오란다틀(대) 1개 분량

단호박 파운드케이크

무염버터 90g, 황설탕 55g, 꿀 12g, 계란 50g, 단호박 가루 13g, 박력분 80g, 베이킹파우더 2.5g, 소금 한 꼬집, 쪄서 으깬 단호박 70g, 익혀서 깍뚝 썬 단호박 50g

단호박 크림

마스카포네 치즈 60g, 연유 25g, 생크림 100g, 쪄서 으깬 단호박 120g

미리 준비하기

- 파운드케이크에 들어갈 모든 재료는 실온 상태로 준비하세요.
- 단호박 크림에 들어갈 모든 재료는 차갑게 준비해 두세요.
- 단호박은 전자레인지나 찜통에 쪄서 익힌 후, 190g은 뜨거울 때 체에 거르고, 50g은 깍뚝썰기 해서 식혀 주세요.
- 파운드케이크 반죽에 들어갈 박력분, 단호박 가루, 베이킹파우더는 함께 섞어서 체 쳐 두세요.
- 코팅이 되어 있지 않은 틀을 사용할 경우 실온 상태의 버터를 붓으로 얇게 바른 후 냉장고에 넣어 두세요.
- 오븐을 실제 굽는 온도보다 20~30도 높게 최소 20분 이상 충분히 예열해 주세요.

만드는 법

단호박 파운드케이크

1 실온 상태의 무염버터를 가볍게 풀어 주세요.

2 1 에 황설탕, 소금, 꿀을 넣고 부피가 1.5배 정도 증가하고, 버터의 색이 하얗게 밝아질 때까지 휘핑해 주세요.

3 차갑지 않은 실온 상태의 계란을 여러 번에 걸쳐 조금씩 나눠 넣어가면서 휘핑해서 반죽이 분리되지 않고 크림처럼 잘 유화된 상태로 만들어 주세요.

» 계란을 넣고 섞는 도중에 몽글몽글하게 분리되는 것 같으면, 체 쳐둔 가루류를 한 줌 정도 덜어 넣고 휘저어 섞어 주세요. 가루류가 수분을 흡수해 분리를 잡아 줍니다.

4 실온 상태로 쪄서 으깬 단호박을 넣고 핸드믹서로 골고루 섞어 주세요.

5 체 친 박력분과 베이킹파우더, 단호박 가루를 넣고 주걱으로 가볍게 섞어 주세요.

6 실온 상태로 식힌 깍뚝 썬 단호박을 넣고 섞어서 반죽을 마무리해 주세요.

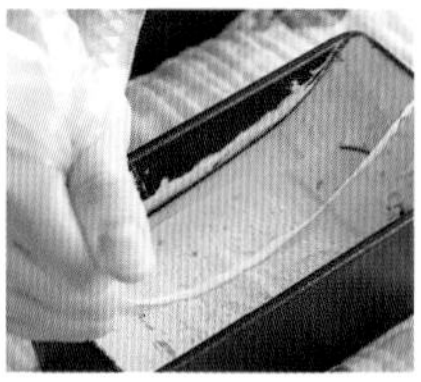

CHECK POINT. 7

7 틀에 반죽을 담은 후 양 끝 쪽은 높게, 가운데는 오목하게 주걱으로 표면을 정리해 주세요.

» 틀 중앙을 가로질러 실온의 부드러운 버터를 가늘게 파이핑해 주면 오븐 안에서 파운드케이크가 부풀면서 가운데가 반듯하게 터져요.

8 예열한 오븐에 160도에서 40분 동안 구운 후, 틀에서 분리해서 식힘망 위에서 식혀 주세요.

3	4
6	7

▲ HOW TO MAKE

■ 단호박 크림

1 차가운 마스카포네 치즈를 볼에 담아 가볍게 풀어 주세요.

2 1 에 연유를 넣고 잘 섞어 주세요.

3 2 에 쪄서 으깬 단호박을 넣고 핸드믹서로 섞어 주세요.

4 3 에 차가운 생크림을 넣고 단단한 상태까지 휘핑해 주세요.

5 완성된 크림을 식힌 파운드케이크 윗면에 올린 후 스패출러로 모양을 동그랗게 잡아 주세요.

3	4
5	5

▲ HOW TO MAKE

보관

- 밀폐용기에 담거나 개별 포장해서 냉장 3~4일, 냉동 약 3주까지 보관 가능합니다.

사워크림 파운드

▲ GO TO VIDEO

사워크림을 구입해서 베이킹에 사용하고 나면 항상 남아서 버리기 일쑤인데요. 사워크림이 많이 들어가 남는 사워크림 처리하기에 좋은 파운드케이크 레시피를 만들어 봤어요. 사워크림이 들어간 반죽을 구우면 신맛은 날아가면서 독특한 풍미가 생기고, 식감은 촉촉해져요. 이 케이크를 만들어 맛보게 되면 더 이상 냉장고에 사워크림이 남는 일은 없을 거예요!

재료

가로×세로×높이
15.5×7.5×6.5cm
오란다틀(대) 1개 분량

무염버터 60g, 백설탕 85g, 소금 1g, 계란 60g, 박력분 100g, 베이킹파우더 3g, 사워크림 90g, 바닐라 익스트랙 3g

미리 준비하기

- 모든 재료는 실온 상태로 준비하세요.
- 박력분, 베이킹파우더는 함께 섞어서 체 쳐 두세요.
- 코팅이 되어 있지 않은 틀을 사용할 경우 실온 상태의 버터를 붓으로 얇게 바른 후 냉장고에 넣어 두세요.
- 오븐을 실제 굽는 온도보다 20~30도 높게 최소 20분 이상 충분히 예열해 주세요.

만드는 법

1 실온 상태의 부드러운 무염버터를 볼에 담아 핸드믹서로 풀어 주세요.

2 1 에 백설탕과 소금을 넣고 부피가 1.5배 정도 증가하고, 버터의 색이 하얗게 밝아질 때까지 휘핑해 주세요.

3 차갑지 않은 실온 상태의 계란과 바닐라 익스트랙을 여러 번에 걸쳐 조금씩 나눠 넣어가면서 휘핑해서 반죽이 분리되지 않고 크림처럼 잘 유화된 상태로 만들어 주세요.

» 계란을 넣고 섞는 도중에 몽글몽글하게 분리되는 것 같으면, 체 쳐둔 가루류를 한 줌 정도 덜어 넣고 휘저어 섞어 주세요. 가루류가 수분을 흡수해 분리를 잡아 줍니다.

4 3 에 체에 친 박력분과 베이킹파우더를 넣고 주걱으로 가볍게 섞어 주세요.

5 4 에 실온 상태의 사워크림을 넣고 골고루 잘 섞어서 반죽을 마무리해 주세요.

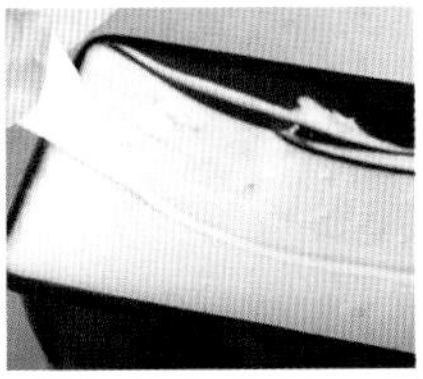

CHECK POINT. 6

6 틀에 반죽을 담은 후 양 끝 쪽은 높게, 가운데는 오목하게 주걱으로 표면을 정리해 주세요.

» 틀 중앙을 가로질러 실온의 부드러운 버터를 가늘게 파이핑해 주면 오븐 안에서 파운드케이크가 부풀면서 가운데가 반듯하게 터져요.

7 예열한 오븐에 160도에서 40분 동안 구운 후, 틀에서 분리해서 식힘망 위에서 식혀 주세요.

3	4
5	6

▲ HOW TO MAKE

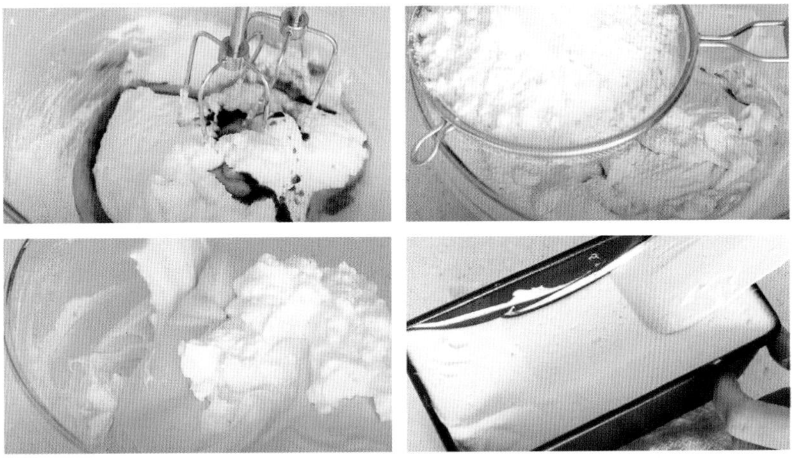

보관

• 완전히 식힌 후, 밀폐용기에 담거나 개별 포장해서 실온 4~5일, 냉동 약 3주까지 보관 가능합니다.

마블 파운드

▲ GO TO VIDEO

가나슈와 아몬드 가루가 들어가 촉촉하고 맛있는 파운드케이크예요. 보통 마블 모양 케이크를 만들 때는 두 가지 반죽을 팬닝한 다음 휘저어서 만드는데, 저는 두 가지 반죽을 교차로 파이핑해서 조금 독특한 형태의 단면을 만들어 봤어요. 반죽을 누르듯이 파이핑한 후, 두 반죽이 자연스럽게 섞이도록 틀을 계속 내리쳐 가면서 팬닝하는 것이 포인트랍니다.

재료

가로×세로×높이
15.5×7.5×6.5cm
오란다틀(대) 1개 분량

무염버터 90g, 백설탕 72g, 물엿 10g, 소금 1g, 계란 80g, 박력분 85g, 아몬드 가루 30g, 베이킹파우더 3g, 우유(A) 20g, 다크 커버춰 35g(카카오 고형분 57.9%), 우유(B) 17g

미리 준비하기

- 모든 재료는 실온 상태로 준비하세요.
- 박력분, 아몬드 가루, 베이킹파우더는 함께 섞어서 체 쳐 두세요.
- 코팅이 되어 있지 않은 틀을 사용할 경우 실온 상태의 버터를 붓으로 얇게 바른 후 냉장고에 넣어 두세요.
- 오븐을 실제 굽는 온도보다 20~30도 높게 최소 20분 이상 충분히 예열해 주세요.

만드는 법

1 우유(B)를 전자레인지나 가스불로 가장자리가 끓어오를 때까지(약 80도) 데워 주세요.

2 1 을 다크 커버춰 초콜릿 쪽에 붓고 초콜릿이 액체의 열기에 의해 녹을 때까지 3분 정도 기다려 주세요.

3 주걱으로 가운데부터 천천히 저어서 유화시켜 가나슈를 만든 후 30도 이하로 식혀 두세요.

4 실온 상태의 부드러운 무염버터를 볼에 담아 핸드믹서로 풀어 주세요.

5 4 에 백설탕과 물엿, 소금을 넣고 부피가 1.5배 정도 증가하고, 버터의 색이 하얗게 밝아질 때까지 휘핑해 주세요.

6 차갑지 않은 실온 상태의 계란과 바닐라 익스트랙을 여러 번에 걸쳐 조금씩 나눠 넣어가면서 휘핑해서 반죽이 분리되지 않고 크림처럼 잘 유화된 상태로 만들어 주세요.

» 계란을 넣고 섞는 도중에 몽글몽글하게 분리되는 것 같으면, 체 쳐둔 가루류를 한 줌 정도 덜어 넣고 휘저어 섞어 주세요. 가루류가 수분을 흡수해 분리를 잡아 줍니다.

7 6 에 체에 친 박력분과 아몬드 가루, 베이킹파우더를 넣고 주걱으로 가볍게 섞어 주세요.

8 7 에 실온 상태의 우유(A)를 넣고 주걱으로 섞어서 반죽을 완성해 주세요.

9 완성된 반죽 중 130g을 덜어낸 후, 만들어서 30도로 식혀둔 가나슈를 넣고 섞어서 초코 반죽을 만들어 주세요.

» 가나슈의 온도가 높으면 반죽의 버터가 녹을 수 있으므로 충분히 식힌 후 반죽과 섞어 주세요.

10 플레인 반죽과 초코 반죽을 짤주머니에 각각 담아 주세요.

11 틀에 반죽을 교차해 가며 지그재그로 담고, 주걱으로 양 끝 쪽은 높게, 가운데는 오목하게 주걱으로 표면을 정리해 주세요.

» 틀 중앙을 가로질러 실온의 부드러운 버터를 가늘게 파이핑해 주면 오븐 안에서 파운드케이크가 부풀면서 가운데가 반듯하게 터져요.

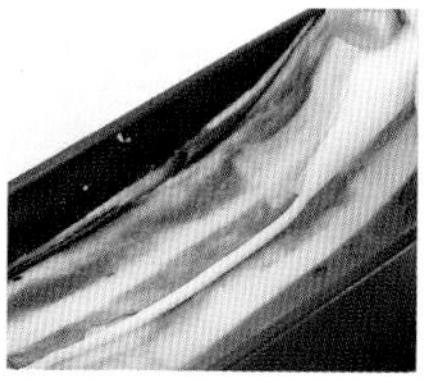

CHECK POINT. 11

12 예열한 오븐에 160도에서 40분 동안 구운 후, 틀에서 분리해서 식힘망 위에서 식혀 주세요.

2	6
9	9
11	11

▲ HOW TO MAKE

보관

- 완전히 식힌 후, 밀폐용기에 담거나 개별 포장해서 실온 4~5일, 냉동 약 3주까지 보관 가능합니다.

레몬 위크엔드

▲ GO TO VIDEO

기본 레몬 위크엔드 반죽을 귀여운 모양의 레몬틀에 구워 봤어요. 이 케이크는 일반적인 파운드케이크의 제법인 크림법이 아니라 '제누와즈법'이라는 제법을 사용해 만드는데, 계란 거품을 풍성하고 튼튼하게 낸 후 가루 재료를 섞고, 녹인 버터를 마지막에 섞는 방법이에요. 케이크가 계란 거품의 힘으로 부풀기 때문에 크림법으로 만든 파운드케이크에 비해 더 가볍고 폭신한 식감을 가지고 있답니다.

재료

8개 분량

레몬 위크엔드

계란 74g, 꿀 9g, 백설탕 57g, 박력분 70g, 무염버터 66g, 우유 8g, 레몬즙 11g, 레몬제스트 1개 분량, 겉에 바를 살구잼 약간

레몬 아이싱

슈가파우더 150g, 레몬즙 25g

미리 준비하기

- 박력분은 체 쳐 두세요.
- 레몬은 깨끗이 씻어서 껍질 부분을 제스터로 갈아 제스트를 만들고, 알맹이는 즙을 내주세요.
- 오븐을 실제 굽는 온도보다 20~30도 높게 최소 20분 이상 충분히 예열해 주세요.

만드는 법

레몬 위크엔드

1 계란을 볼에 담아 잘 풀어준 후, 설탕과 꿀을 넣고 거품기로 잘 섞어 주세요.

2 뜨거운 물에 계란물이 담긴 볼을 올려 온도를 45도까지 높여 주세요.

» 제누와즈에 비해 설탕 양이 많아서 반죽이 무겁기 때문에 온도가 낮으면 거품이 튼튼하게 안 올라와요. 확실하게 온도를 높여 주세요.

3 다른 볼에 버터, 우유, 레몬즙, 레몬 제스트를 담고, 뜨거운 물 위에 올려 온도를 50도 정도로 유지해 주세요.

4 2 를 핸드믹서 고속으로 휘핑해 떨어뜨려 보았을 때 제자리에서 거품이 쌓이는 정도까지 단단히 휘핑해 주세요.

» 계란에 비해 설탕 양이 많기 때문에 무거운 느낌의 반죽이 됩니다. 보통의 제누와즈와는 다르게 떨어뜨린 자국이 확실히 남지 않아요. 떨어뜨린 궤적이 1초 정도 그대로 남았다가 천천히 사라지는 상태면 됩니다.

5 핸드믹서를 가장 낮은 속도로 바꾸어 1~2분 동안 기공을 조밀하게 정리해 주세요.

6 체 쳐둔 박력분을 넣고 볼을 돌려 가면서 주걱으로 거품이 꺼지지 않도록 가볍게 섞어 주세요.

7 50도의 버터, 우유, 레몬즙, 레몬 제스트가 담긴 볼에 반죽한 주걱을 덜어 넣고 잘 섞어 주세요.

8 7 을 다시 본반죽에 넣고 완전히 섞일 때까지만 주걱으로 가볍게 섞어 주세요.

» 이때부터는 거품이 빨리 꺼지니 주걱질을 최소화해서 가볍게 섞고, 다 섞이면 바로 짤주머니에 담아 주세요.

9 완성된 반죽을 틀에 70%씩 채우고, 예열한 오븐에 160도에서 20분 동안 구워 주세요.

10 구워져 나온 케이크는 틀에서 바로 분리해 식힘망으로 옮기고, 따뜻할 때 뜨겁게 데운 살구잼을 붓으로 표면에 발라주세요.

3	4
6	8
9	10

▲ HOW TO MAKE

레몬 아이싱

1 분량의 슈가파우더와 레몬즙을 잘 섞어 주세요.

2 아이싱을 짤주머니에 담아 식힌 케이크 위에 자연스럽게 뿌려 주세요.

3 실온에 두어 자연스럽게 굳혀 주세요.

1	2

▲ HOW TO MAKE

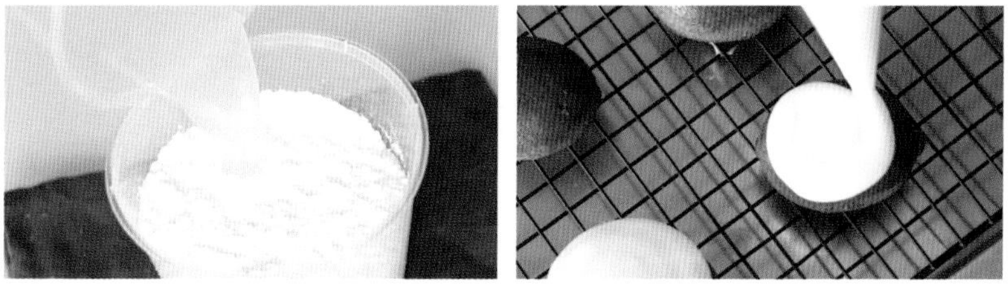

보관

- 완전히 식힌 후, 밀폐용기에 담거나 개별 포장해서 실온 4~5일, 냉동 약 3주까지 보관 가능합니다.

J'adore

간단한 공정으로 누구나 쉽게 만들 수 있는

즐거움과 특별함이 더해진 자도르의 베이킹 레시피!

누구나 홈 베이킹 『구움과자 편』에서 만나보세요!

케/이/크/편

누구나 홈베이킹

by J'ADORE

발행일 2024년 8월 30일(2쇄)

발행처 지식오름

발행인 조순자

저 자 자도르

편집·디자인 백진주

※ 낙장이나 파본은 교환해 드립니다.
※ 이 책의 무단 전제 또는 복제행위는 저작권법 제136조에 의거하여 처벌을 받게 됩니다.

정 가 26,000원

ISBN 979-11-92903-86-6

©자도르. ALL RIGHTS RESERVED.

©SANDBOX NETWORK Inc. ALL RIGHTS RESERVED.

본 상품은 ㈜샌드박스네트워크와의 정식 라이선스 계약에 의해 지식오름에서 제작, 판매하므로 무단 복제 및 전재를 금합니다.